“十四五”职业教育国家规划教材《化工制图》(第五版)配套用书

化工制图习题集

第五版

胡建生　主编
晋伶俐　冯利华　参编
张立新　主审

化学工业出版社
·北京·

内容简介

《化工制图习题集》（第五版）与胡建生主编的《化工制图》（第五版）配套使用。本书全面采用最新国家标准。根据教学需求，本书设计了三种习题答案：教师备课用习题答案（PDF格式）；教师讲解习题用答案（分为单独答案、包含解题步骤的答案、三维实体模型、轴测图、动画演示等多种形式）；学生用习题答案（每道习题均给出了单独的答案并对应一个二维码，二维码由教师掌控，教师按照教学实际可将二维码转达给学生）。

本书可作为应用型本科、职业本科、高职高专院校的石油化工技术、分析检验技术、精细化工技术等化工类专业及相近专业的制图课配套教材，亦可供成人教育工科相近专业使用或参考。

图书在版编目（CIP）数据

化工制图习题集/胡建生主编. —5版. —北京：化学工业出版社，2021.10（2024.8重印）

ISBN 978-7-122-39736-2

Ⅰ.①化… Ⅱ.①胡… Ⅲ.①化工机械-机械制图-高等学校-习题集 Ⅳ.①TQ050.2-44

中国版本图书馆CIP数据核字（2021）第171445号

责任编辑：张绪瑞 刘 哲 葛瑞祎　　装帧设计：张 辉

责任校对：张雨彤

出版发行：化学工业出版社（北京市东城区青年湖南街13号 邮政编码100011）

印　　刷：北京云浩印刷有限责任公司

装　　订：三河市振勇印装有限公司

787mm×1092mm 1/8 印张9 字数230千字 2024年8月北京第5版第9次印刷

购书咨询：010-64518888　　售后服务：010-64518899

网　　址：http://www.cip.com.cn

凡购买本书，如有缺损质量问题，本社销售中心负责调换。

定　　价：31.00元

第五版前言

本书是胡建生主编的“十二五”职业教育国家规划教材、“十三五”职业教育国家规划教材、“十四五”职业教育国家规划教材《化工制图》（第五版）的配套用书，可作为应用型本科、职业本科、高职高专院校的石油化工技术、分析检验技术、精细化工技术等化工类专业及相近专业的制图课配套教材，亦可供成人教育工科相近专业使用或参考。

本书具备如下特点：

（1）根据化工类应用型本科、职业本科、高职高专的培养目标，适当降低纯理论方面的要求，强化应用性、实用性技能的训练，突出读图能力的培养。大幅删减了传统的画法几何内容，注重基本内容的介绍，降低学生完成作业的难度，突出读图能力的训练。在教学中应适当减少尺规图作业次数，适当降低手工绘图的质量要求。

（2）全面贯彻制图国家标准和行业标准。《技术制图》和《机械制图》《建筑制图》等国家标准是绘制工程图样和制图教学内容的根本依据。本书内容所涉及的行业标准较多，近年来行业标准也进行了较大幅度的调整和更新，如机械行业标准 JB/T、化工行业标准 HG/T、能源行业标准 NB/T 等，全部在习题集中予以贯彻。

（3）在修订过程中，将插图中的各种线型、符号画法等，严格按照国家标准的规定绘制；所有插图全部重新处理或重新润饰，以确保图例规范、清晰，进一步提高了教材的版面质量。

（4）《化工制图习题集》（第五版）设计了三种习题答案：

① 教师备课用习题答案。部分习题的答案不是唯一的。根据教学需求，为任课教师编写了 PDF 格式的教学参考资料，即包含所有题目的习题答案，以方便教师备课。

② 教师讲解习题用答案。根据不同题型，将每道题的答案，分为单独答案、包含解题步骤的答案、配置 314 个三维实体模型、轴测图、动画演示等多种形式，按章节链接在教学软件中。在每节目录的 PPT 页面中，点击“习题答案”按钮，即可弹出本章所有习题的“答案按钮页”，教师可任意打开某道题，结合三维模型进行讲解、答疑。

③ 学生用习题答案。习题集中 320 余道习题均给出了单独的答案并对应一个二维码，共配置 587 个由教师掌控的二维码，其中 269 个由教师讲解习题，以微课视频的形式通过二维码转达给学生（即一题双码）。配套习题集不再印有二维码，而将二维码交由教师掌控。任课教师根据教学的实际状况，可随时选择某道题的二维码，发送给任课班级的群或某个学生，学生通过扫描二维码，即可看到解题步骤或答案。本书题目栏中标有?符号的，提示此题有单独答案的二维码；标有Q符号的，是配有讲解配音的二维码；同时标有两种符号的，即一题双码。

（5）在教学软件文件夹中，提供了 2 套 Word 格式的“模拟试卷”“试卷答案”及“评分标准”供任课教师参考。任课教师出考题时，既可以直接使用，也可以根据本校不同专业的要求，修改使用。

所有配套资源都在《(化工 5) 化工制图教学软件》压缩文件包中。凡使用本书作为教材的教师，请加责任编辑 QQ：455590372，然后加入化工制图 QQ 群，从群文件中下载《(化工 5) 化工制图教学软件》。

本书由胡建生教授主编。参加编写的有胡建生（编写第一章、第二章、第三章、第五章），晋伶俐（编写第四章、第六章、第八章），冯利华（编写第七章、第八章）。全书由胡建生教授统稿。《(化工 5) 化工制图教学软件》由胡建生、曾红、晋伶俐、冯利华设计制作。

本书由张立新教授主审。参加审稿的还有史彦敏教授、陈清胜教授、汪正俊副教授、张玉成副教授。参加审稿的各位老师对初稿进行了认真、细致的审查，提出了许多宝贵意见和建议，在此表示衷心感谢。

欢迎广大读者特别是任课教师指正，并将使用过程中发现的问题或建议反馈给我们（主编 QQ：1075185975；责任编辑 QQ：455590372）。

编　者

目　　录

第一章　制图的基本知识和技能

1-1　尺规图作业——线型练习

作业指导书（一）

一、目的

（1）熟悉主要线型的规格，掌握图框及标题栏的画法。

（2）练习使用绘图工具。

二、内容与要求

（1）按教师指定的图例，抄画图形。

（2）用 A4 图纸，竖放，不注尺寸，比例为 1∶1。

三、作图步骤

（1）画底稿（用 2H 或 3H 铅笔）。

① 画图框及对中符号。

② 在右下角画标题栏（见教材图 1-4）。

③ 按图例中所注的尺寸，开始作图。

④ 校对底稿，擦去多余的图线。

（2）铅笔加深（用 HB 或 B 铅笔）。

① 画粗实线圆、细虚线圆和细点画线圆。

② 依次画出水平方向和垂直方向的直线。

③ 画 45°的斜线，斜线间隔约 3mm（目测）。本习题集文字叙述和图例中的尺寸单位均为毫米。

④ 用长仿宋体字填写标题栏（参见下面三个图）。

四、注意事项

（1）绘图前，预先考虑图例所占的面积，将其布置在图纸有效幅面（标题栏以上）的中心区域。

（2）粗实线宽度采用 0.7mm。细虚线每一小段长度约为 3～4mm，间隙约为 1mm；细点画线每段长度约为 15～20mm，间隙及作为点的短画共约为 3mm；细虚线和细点画线的线段与间隔，在画底稿时就应正确画出。

（3）箭头的尾部宽约为 0.7mm，箭头长度约为 4mm。

（4）加深时，圆规的铅芯应比画直线的铅笔软一号。

1-1-1

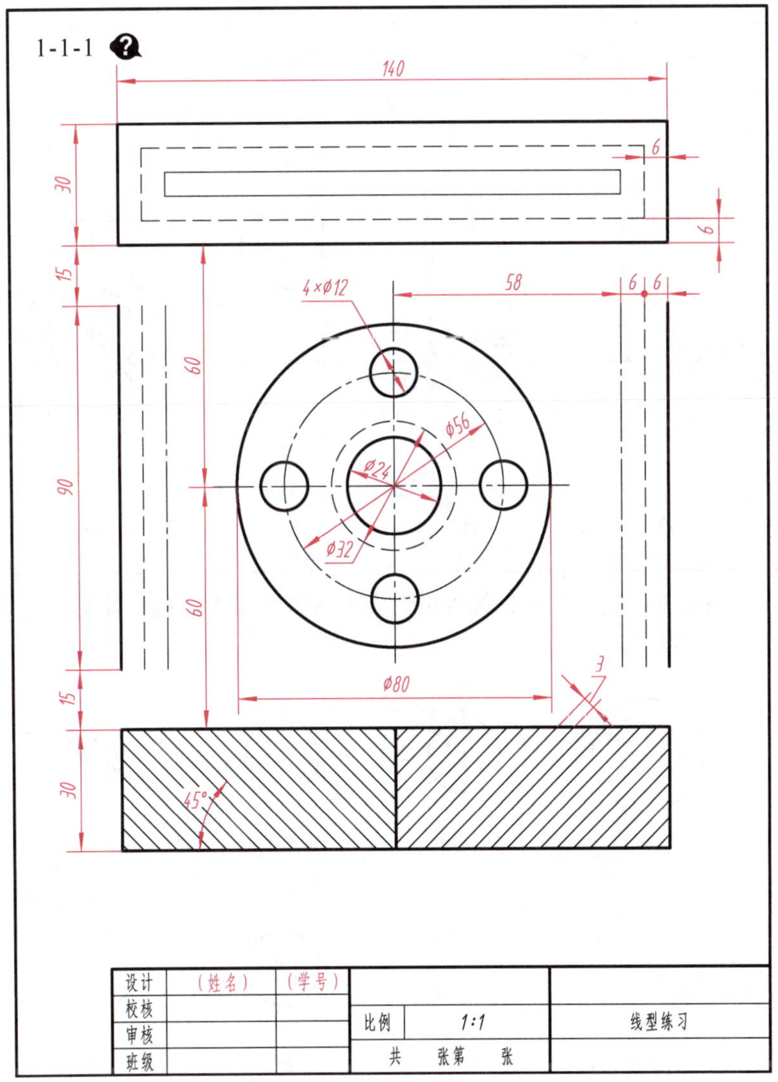

1-1-2

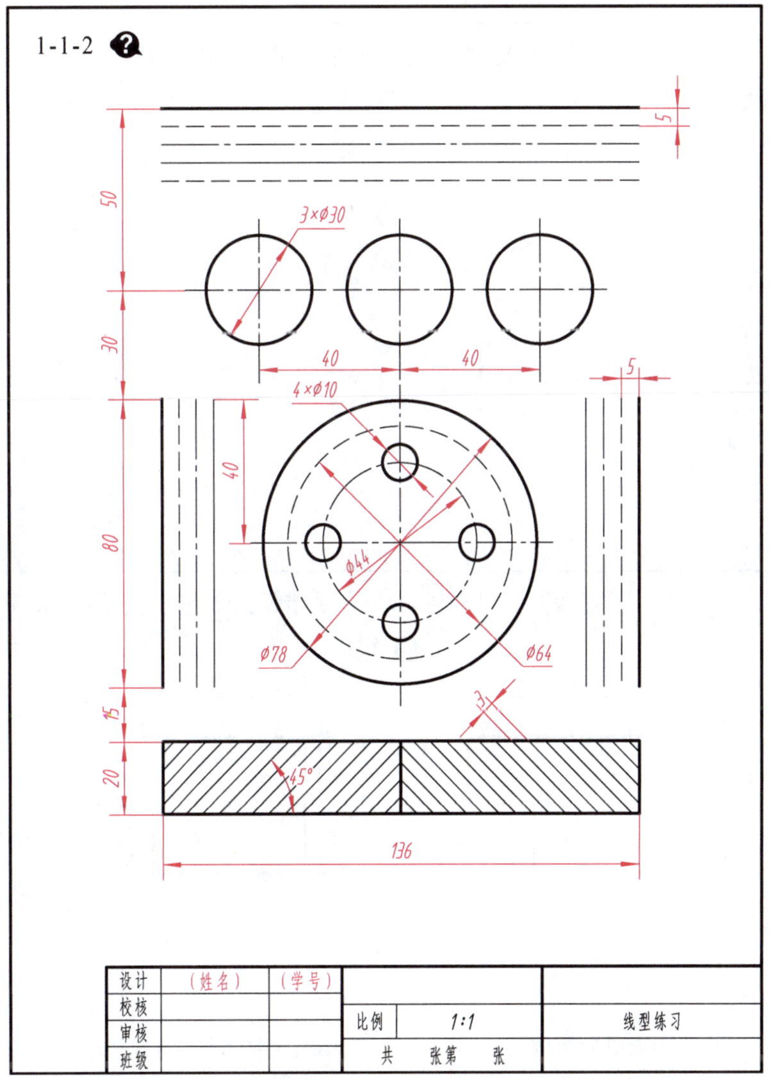

1-1-3

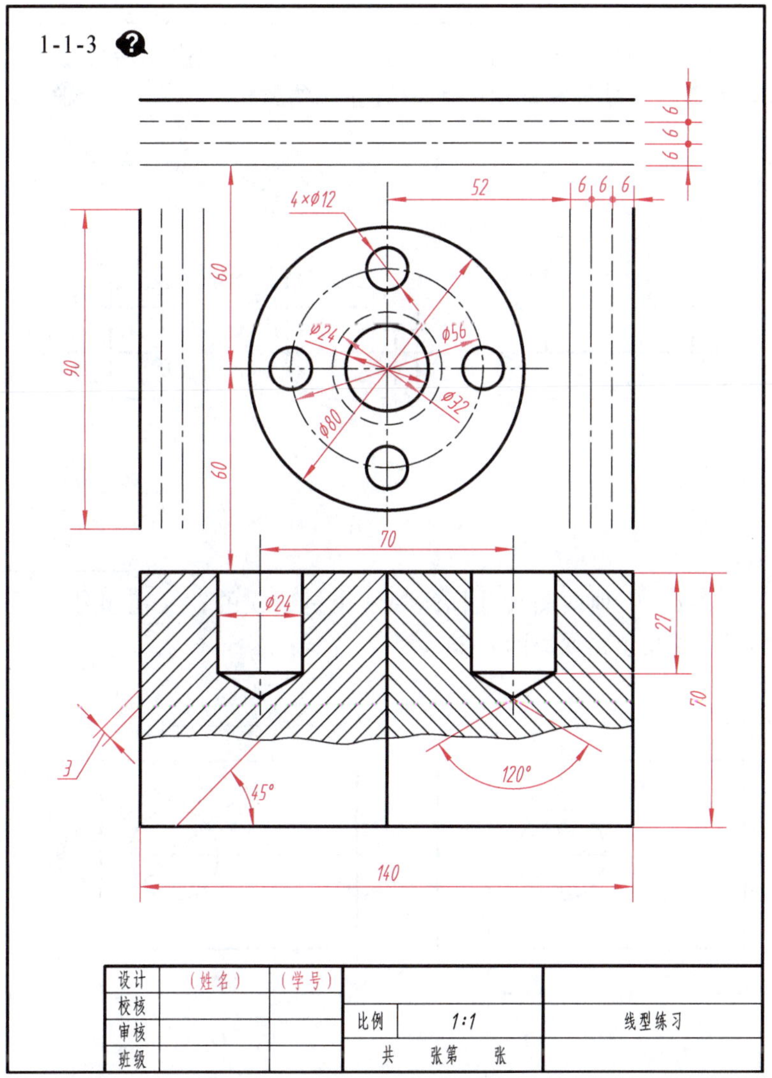

1-2 尺寸注法练习（一）

班级　　　　姓名　　　　学号

1-2-1 选择填空。

（1）图纸幅面尺寸应优先选用（　）种基本幅面尺寸。

A．3　　B．4　　C．5　　D．6

（2）绘制指示看图方向的方向符号时应采用（　）。

A．粗实线　　B．细点画线　　C．细实线　　D．细虚线

（3）图样中汉字应写成（　）体，采用国家正式公布的简化字。

A．宋体　　B．长仿宋　　C．隶书　　D．楷体

（4）制图国家标准规定，字体的号数，即字体的（　）。

A．长度　　B．宽度　　C．高度　　D．角度

（5）以下备选答案中，（　）是国家标准规定的字体高度。

A．2　　B．3　　C．4　　D．5

1-2-2 填空。

（1）A4 幅面的尺寸（$B \times L$）是（　　×　　）。

（2）国家标准规定，标题栏一般应置于图纸的（　　　）。

（3）比例是指（　　　）与其（　　　）相应要素的线性尺寸之比。

（4）某产品用放大一倍的比例绘图，在标题栏比例项中应填（　　　）。

（5）图样中的尺寸一般以（　　）为单位，不需标注其计量单位符号。

（6）机件的真实大小应以图样上（　　　　）为依据，与图形的大小及绘图的准确度无关。

（7）“ϕ”称为（　　　）符号。

1-2-3 双折线的几种画法中，哪一种是国际上通用且为我国现行标准所采用的画法？（在题号上画“√”）

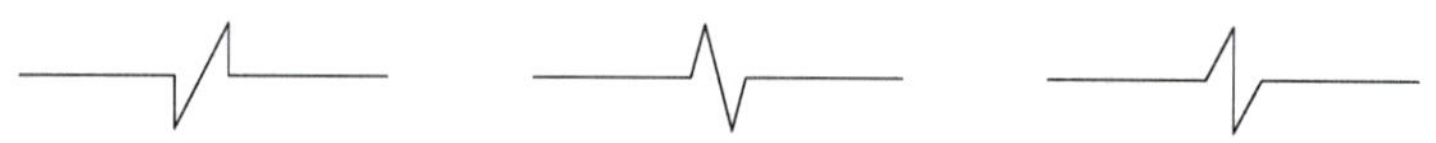

A　　B　　C

1-2-4 下列图形是同一个零件，但绘图比例不同，用尺量一量，判断其尺寸标注是否正确。（在正确的题号上画“√”）

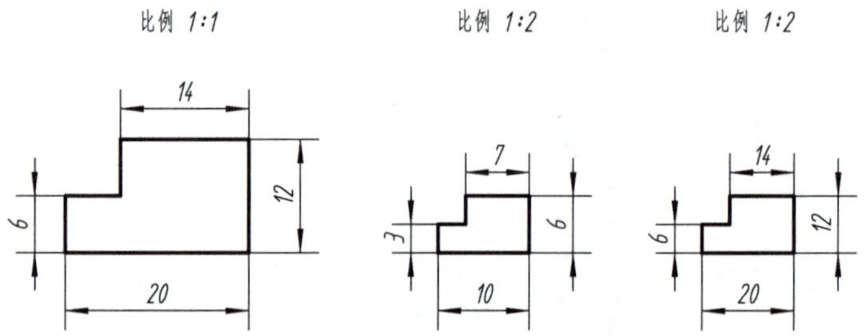

A　　B　　C

1-2-5 下列尺寸 20 的标注哪个是正确的？（在题号上画“√”）

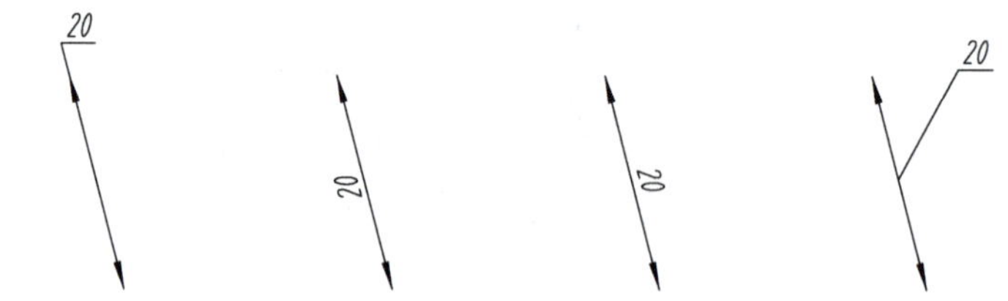

A　　B　　C　　D

1-2-6 图中的哪个尺寸标注是正确的？（在题号上画“√”）

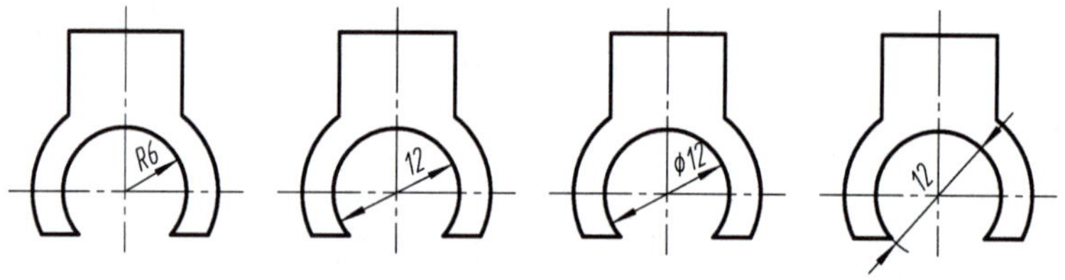

A　　B　　C　　D

1-2-7 下列两图尺寸标注哪一个是错误的？（在题号上画“×”，并指出错误原因）

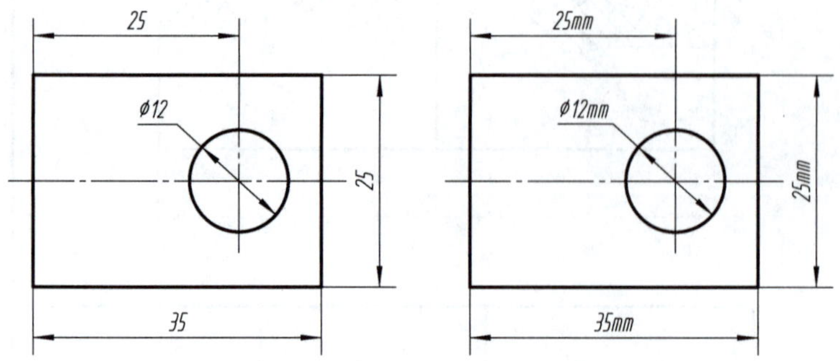

A　　B

错误原因：________________

1-2-8 下列两图尺寸标注哪一个是错误的？指出错误原因。

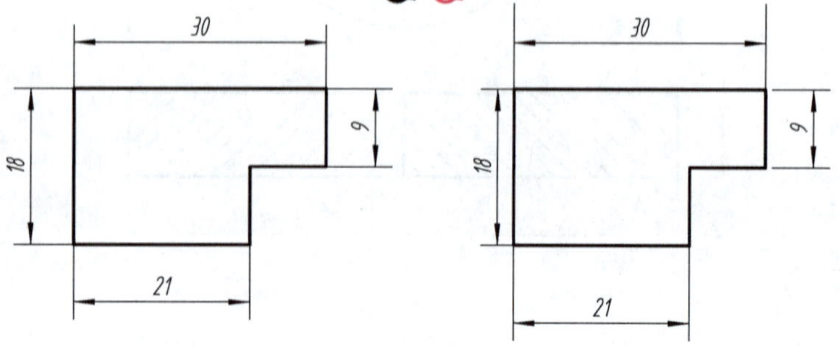

① 尺寸界线画得过长。　② 尺寸界线未与轮廓线接触。

③ 尺寸线与轮廓线距离过大。　④ 尺寸线与轮廓线距离过小。

1-2-9 找出直径标注“错误”图例中的错误之处，说明其错误原因。

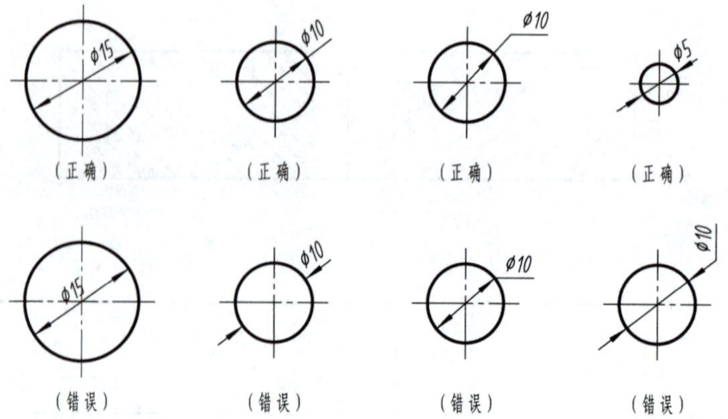

1-3 尺寸注法练习（二）

班级　　　　姓名　　　　学号

1-3-1　标注下列线性尺寸，尺寸数值从图中量取整数。

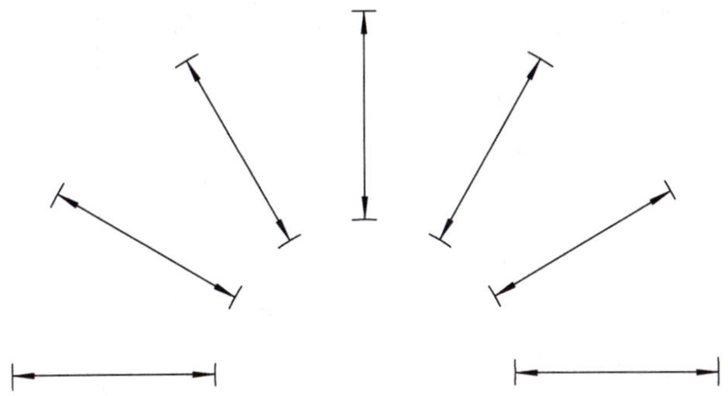

1-3-2　判断角度标注是否正确。（正确的在题号上画“√”，在错误的部位画“○”）

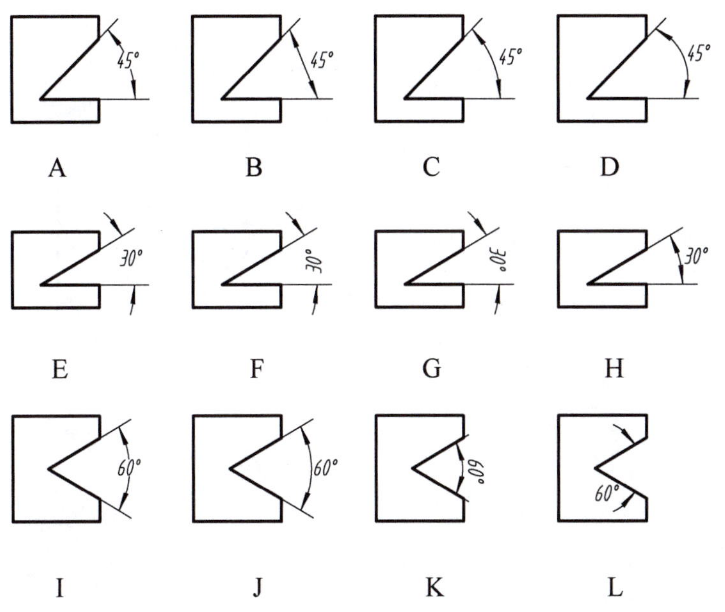

1-3-3　判断角度标注是否正确。（正确的在题号上画“√”，在错误的部位画“○”）

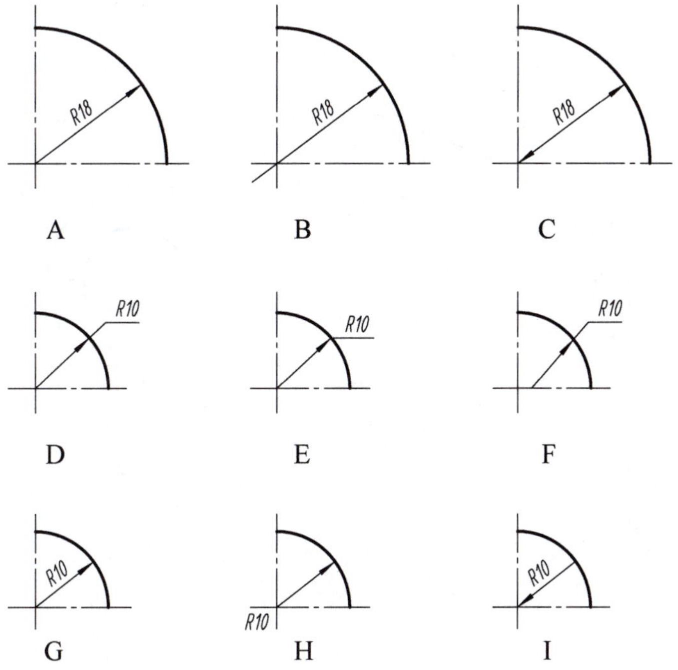

1-3-4　找出图中尺寸标注的错误，在错误的部位画“○”。

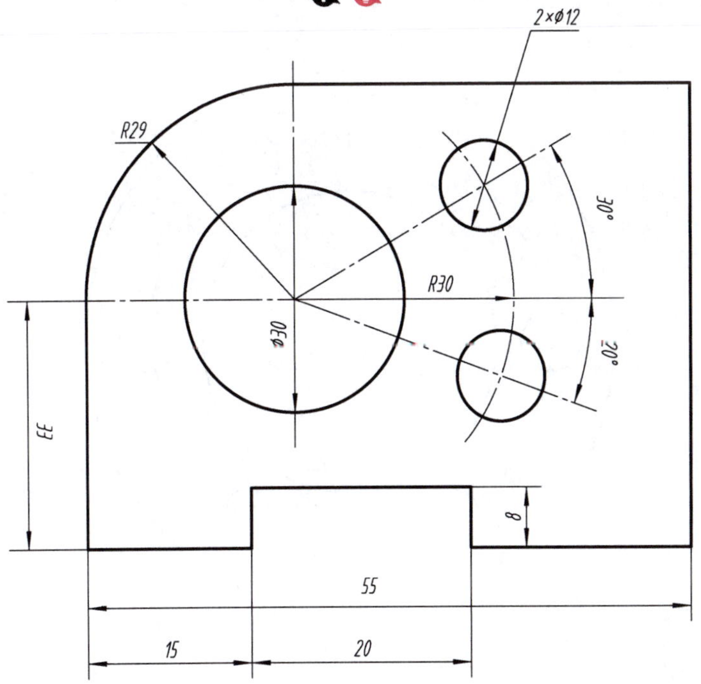

1-3-5　按1∶1的比例标注下列图中圆或圆弧的直径尺寸，尺寸数值从图中量取整数。

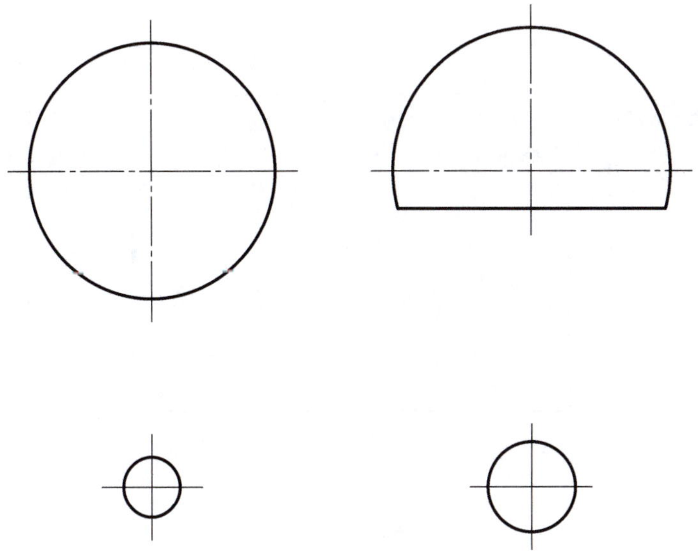

1-3-6　按1∶1的比例标注下列图中圆弧的半径尺寸，尺寸数值从图中量取整数。

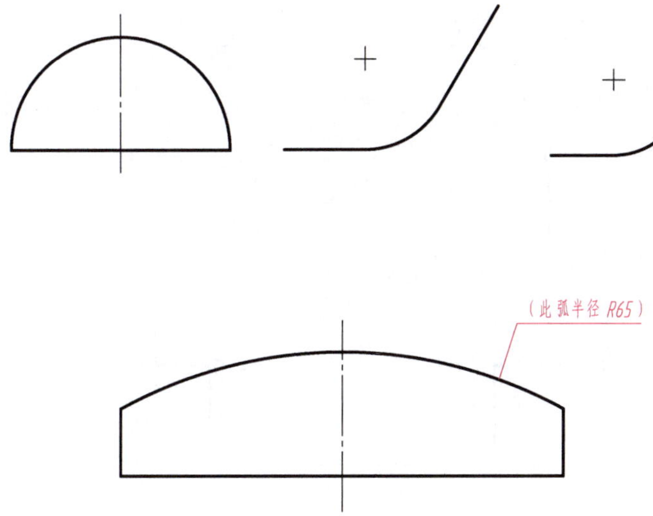

1-4-1 按 1∶1 的比例标注尺寸，尺寸数值从图中量取整数。

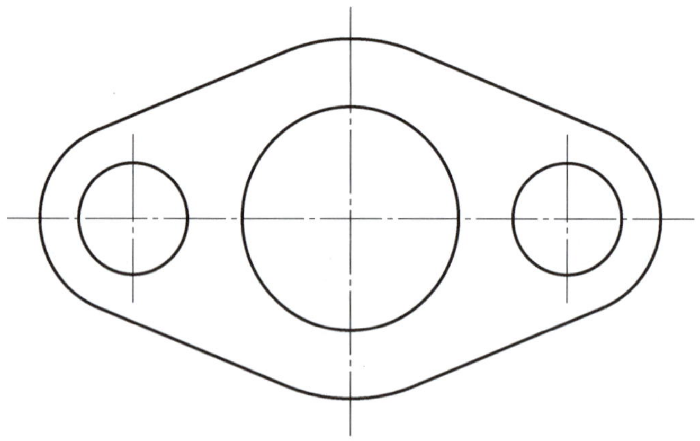

1-4-2 按 1∶1 的比例标注尺寸，尺寸数值从图中量取整数。

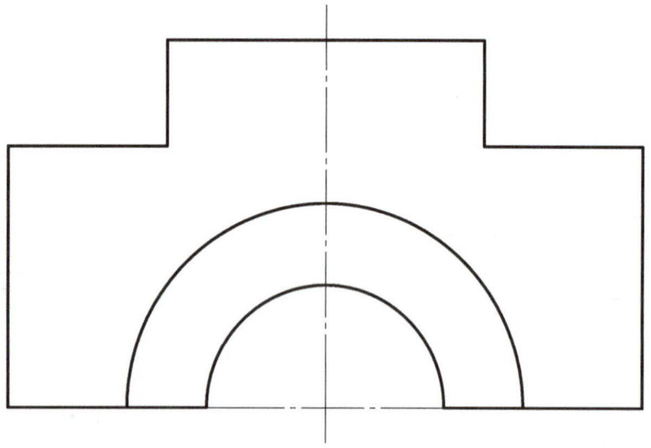

1-4-3 按 1∶1 的比例标注尺寸，尺寸数值从图中量取整数。

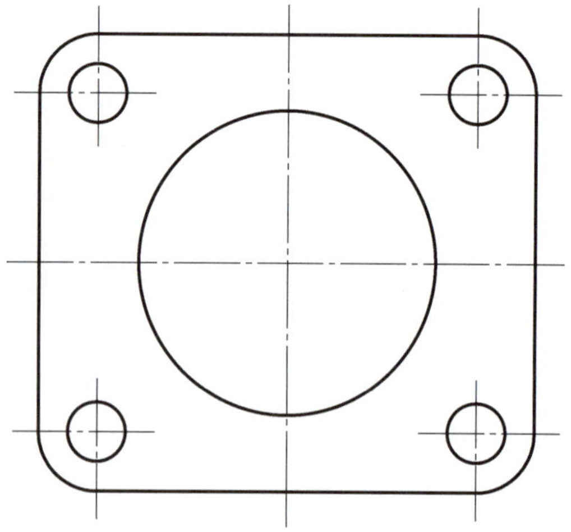

1-4-4 按 1∶1 的比例标注尺寸，尺寸数值从图中量取整数。

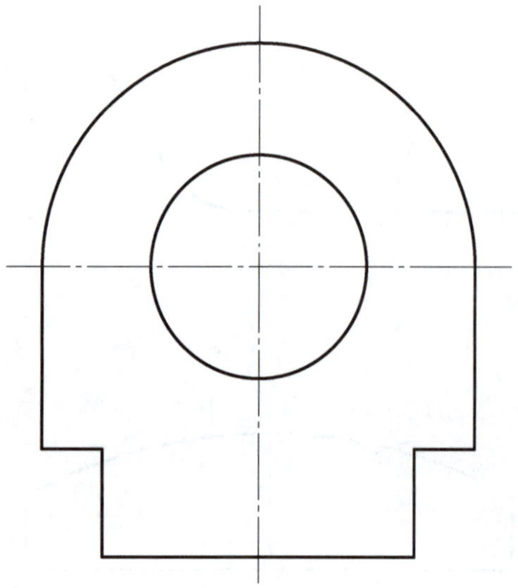

1-4-5 按 1∶1 的比例标注尺寸，尺寸数值从图中量取整数。

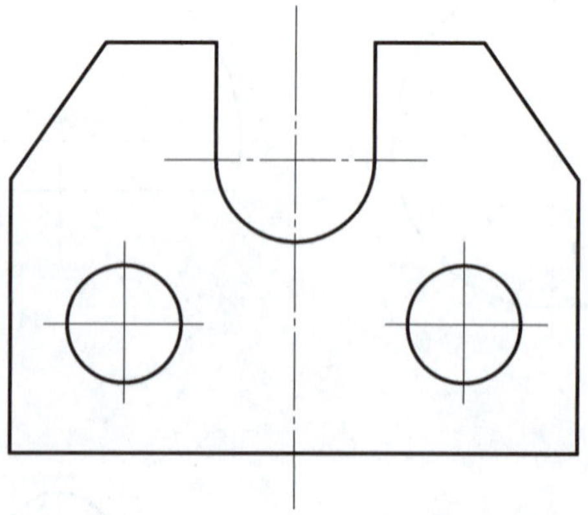

1-4-6 按 1∶1 的比例标注尺寸，尺寸数值从图中量取整数。

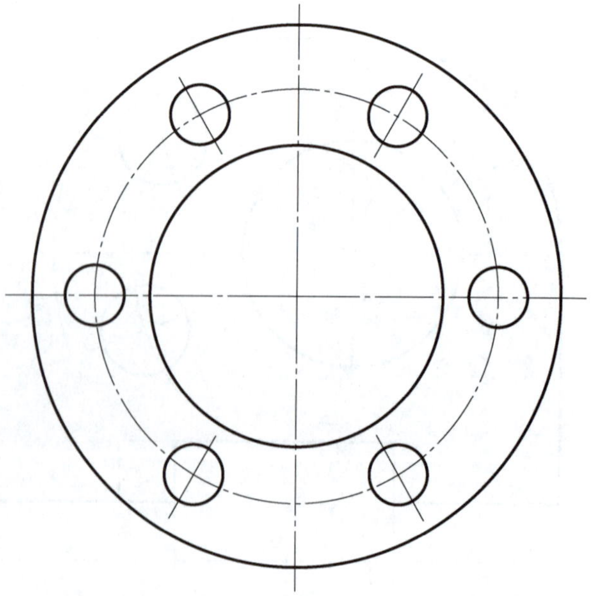

1-5 等分作图

班级　　　　姓名　　　　学号

1-5-1 作直线 *AB* 的垂直平分线；以 *CD* 为底边作正三角形。

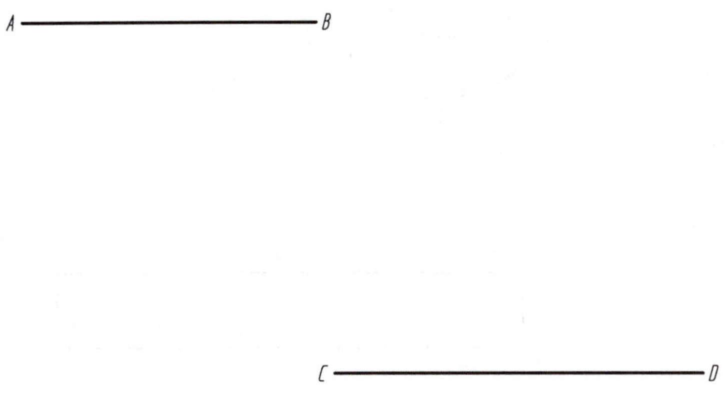

1-5-2 参照小图，利用圆（分）规作内接正三边形。

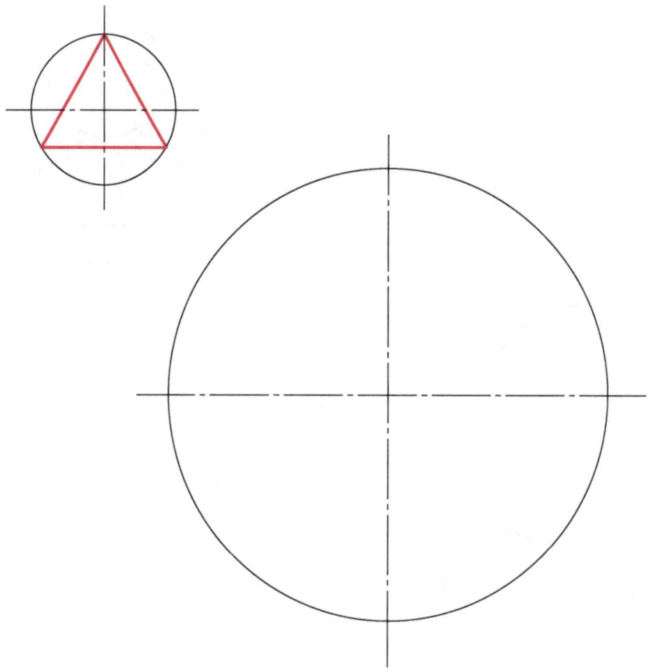

1-5-3 参照小图，利用圆（分）规作内接正六边形。

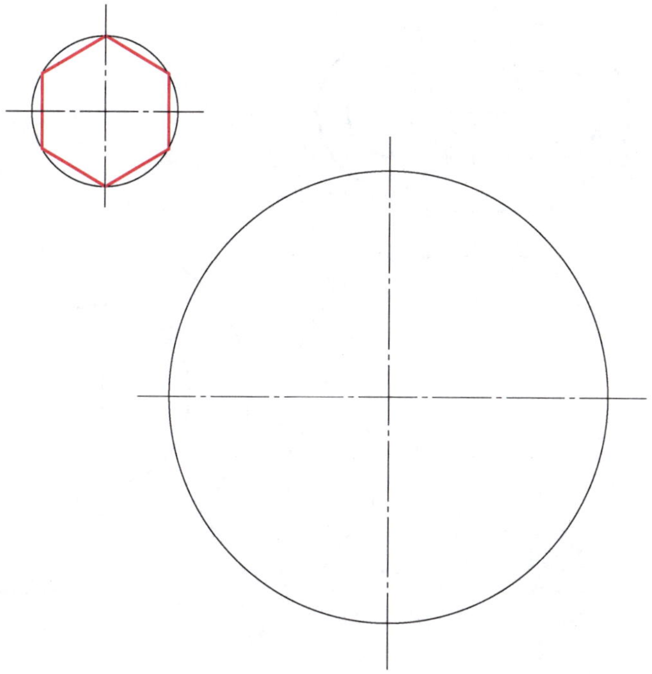

1-5-4 参照小图，利用圆（分）规作内接正三边形。

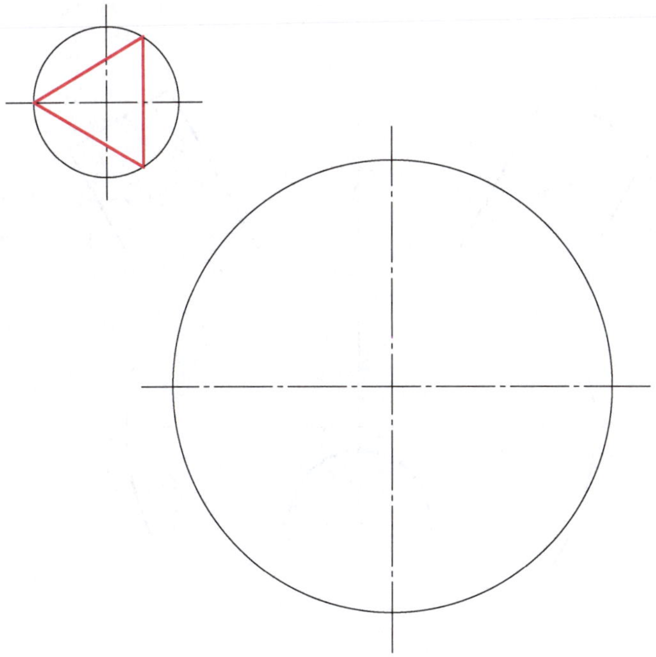

1-5-5 参照小图，利用圆（分）规作内接正六边形。

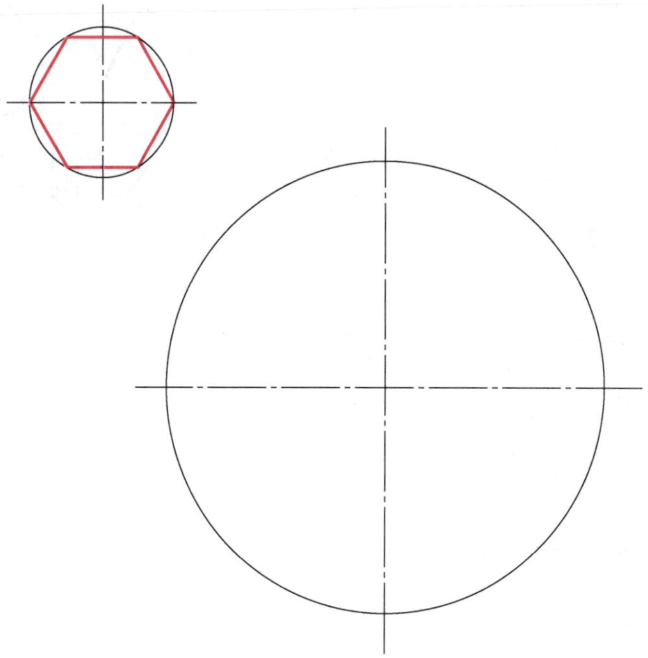

1-5-6 根据小图中给定的尺寸，按 1∶1 的比例抄画图形。

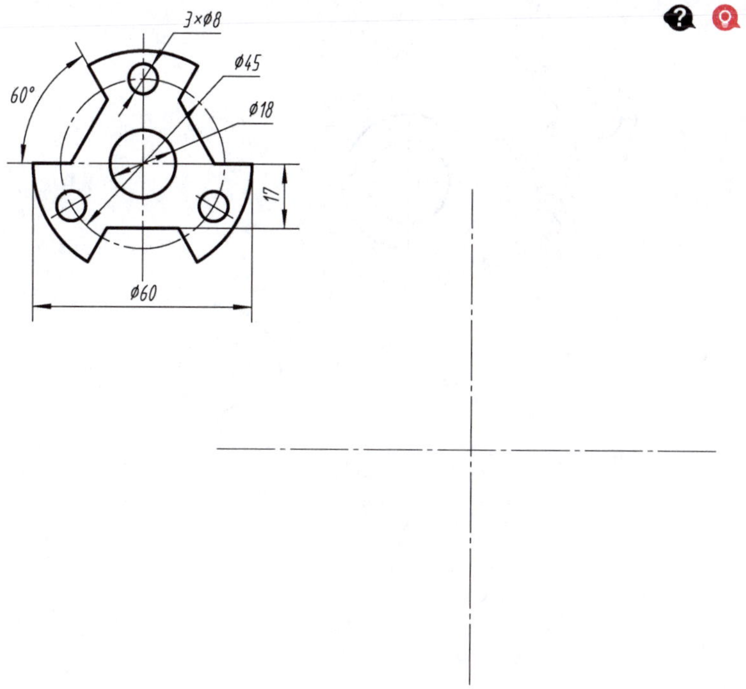

1-6-1　按 1∶1 的比例完成下面的图形，保留求连接弧圆心和连接点（切点）的作图线。

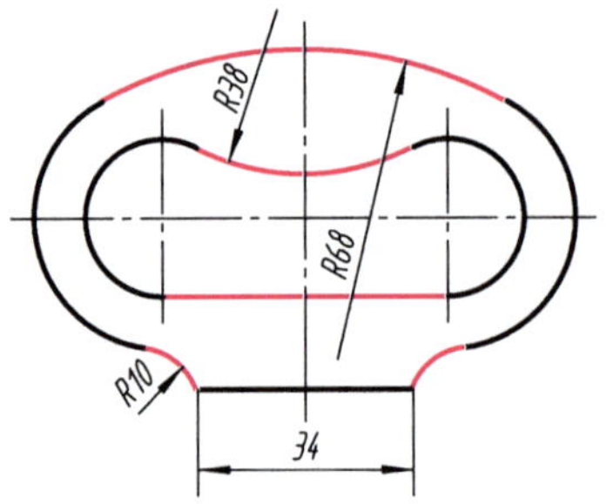

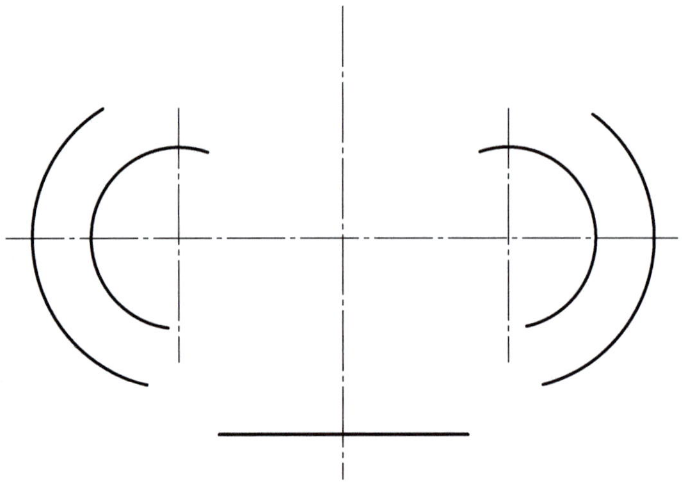

1-6-2　按 1∶1 的比例完成下面的图形，保留求连接弧圆心和连接点（切点）的作图线。

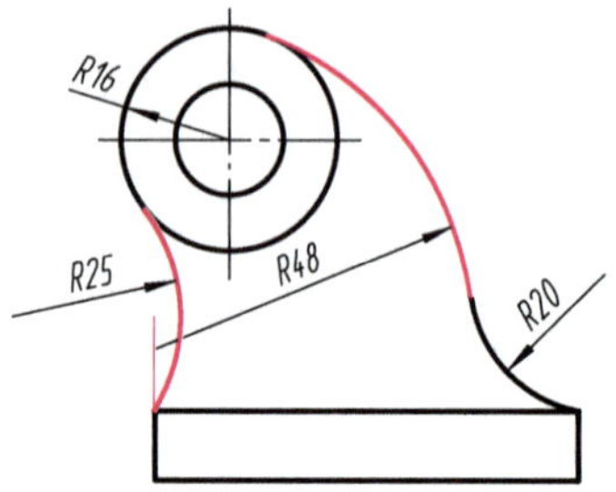

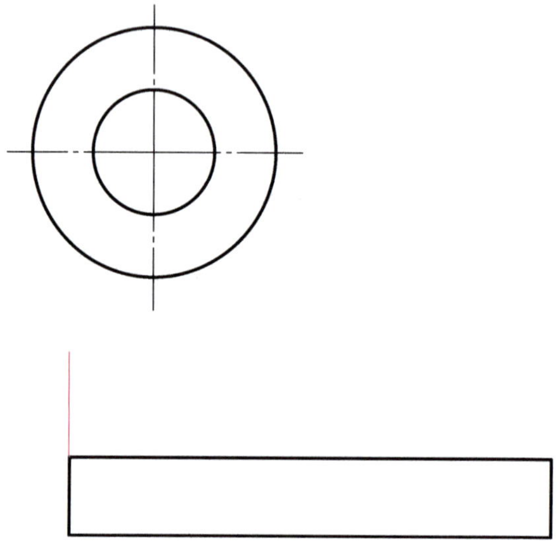

1-6-3　按 1∶1 的比例完成下面的图形，保留求连接弧圆心和连接点（切点）的作图线。

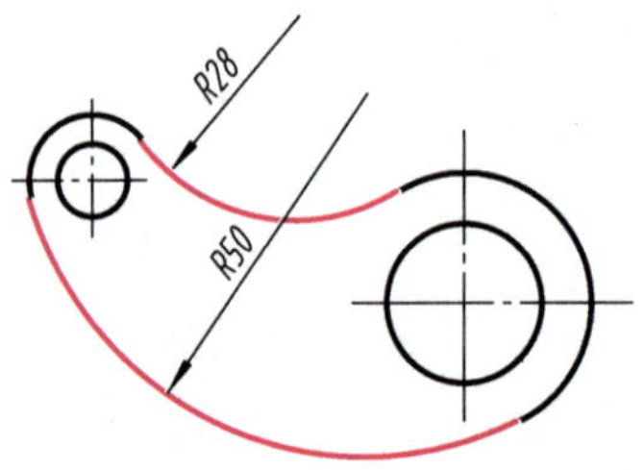

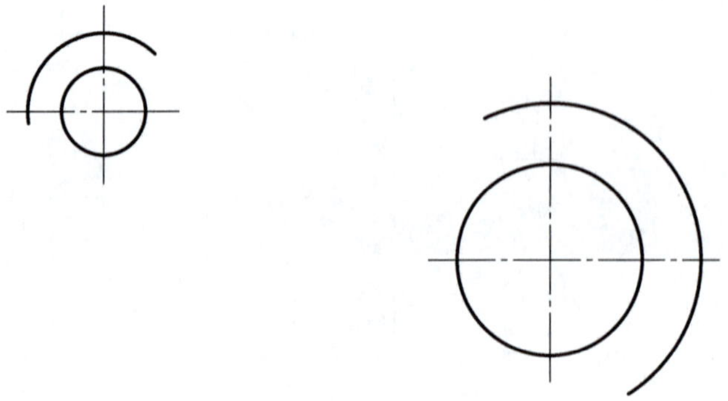

1-6-4　按 1∶1 的比例完成下面的图形，保留求连接弧圆心和连接点（切点）的作图线。

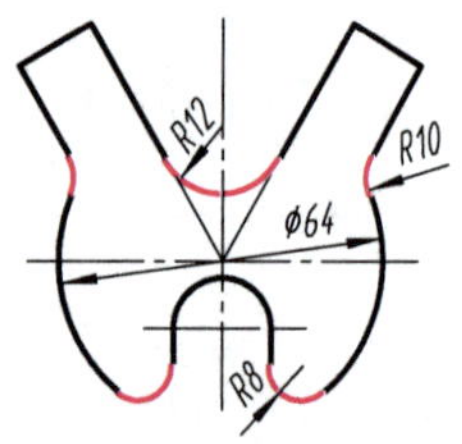

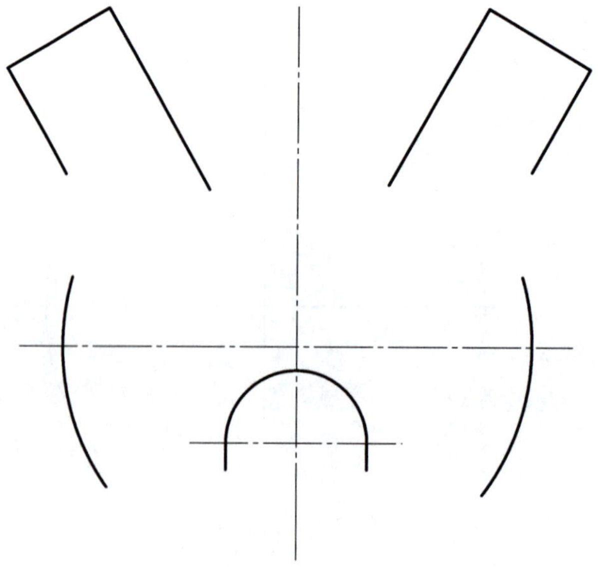

1-7　尺规图作业——绘制平面图形

作业指导书（二）

一、目的

（1）熟悉平面图形的绘图步骤和尺寸注法。

（2）掌握线段连接的作图方法和技巧。

二、内容与要求

（1）按教师指定的题号，绘制平面图形并标注尺寸。

（2）用 A4 图纸，自己选定绘图比例。

三、作图步骤

（1）分析图形中的尺寸作用及线段性质，确定作图步骤。

（2）画底稿。

① 画图框、对中符号和标题栏。

② 画出图形的基准线、对称线及圆的中心线等。

③ 按已知弧、中间弧、连接弧的顺序画出图形。

④ 画出尺寸界线、尺寸线。

（3）检查底稿，描深图形。

（4）标注尺寸，填写标题栏。

（5）校对，修饰图面。

四、注意事项

（1）布置图形时，应留足标注尺寸的位置，使图形布置匀称。

（2）画底稿时，作图线应细淡而准确，连接弧的圆心及切点要准确。

（3）加深时必须细心，按“先粗后细，先曲后直，先水平后垂直、倾斜”的顺序绘制，尽量做到同类图线规格一致、连接光滑。

（4）箭头应符合规定，并且大小一致。不要漏注尺寸或漏画箭头。

（5）作图过程中要保持图面清洁。

五、图例

见 1-7-1~1-7-3。

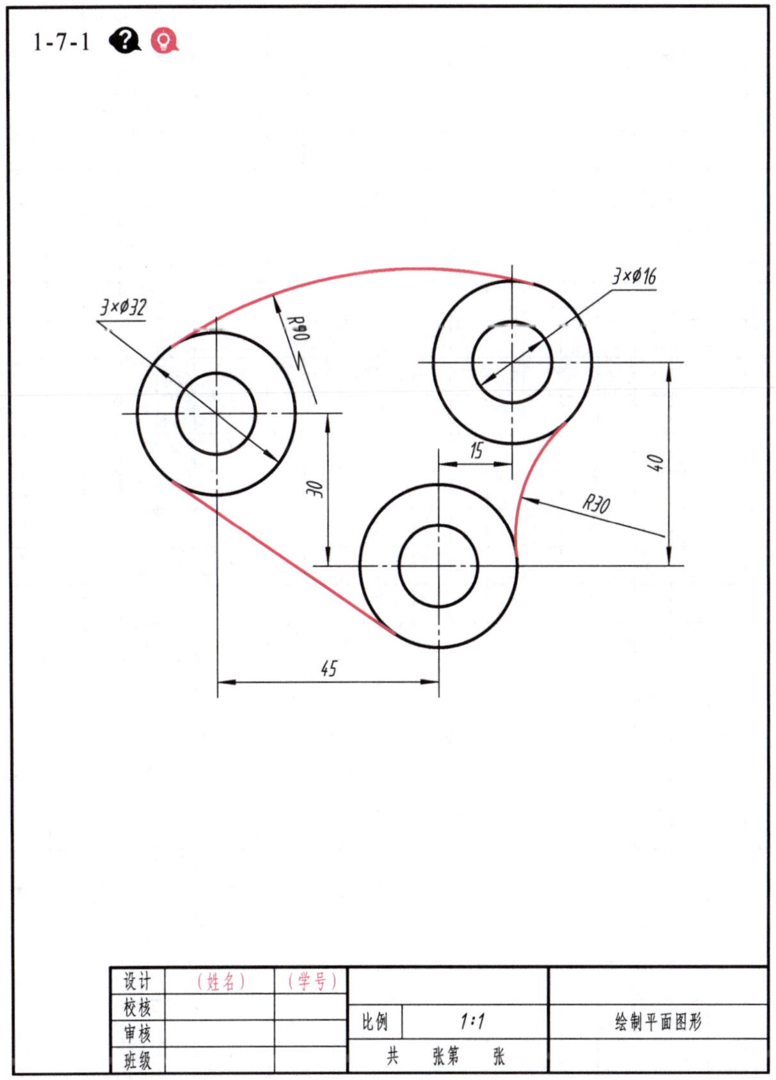

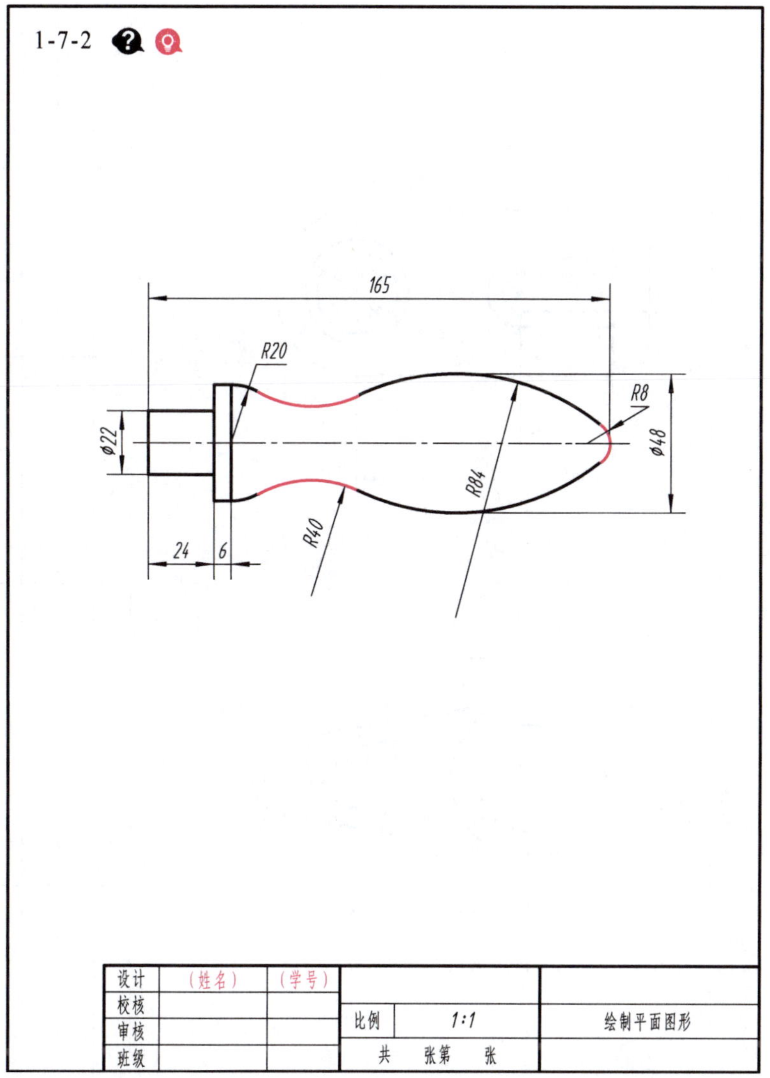

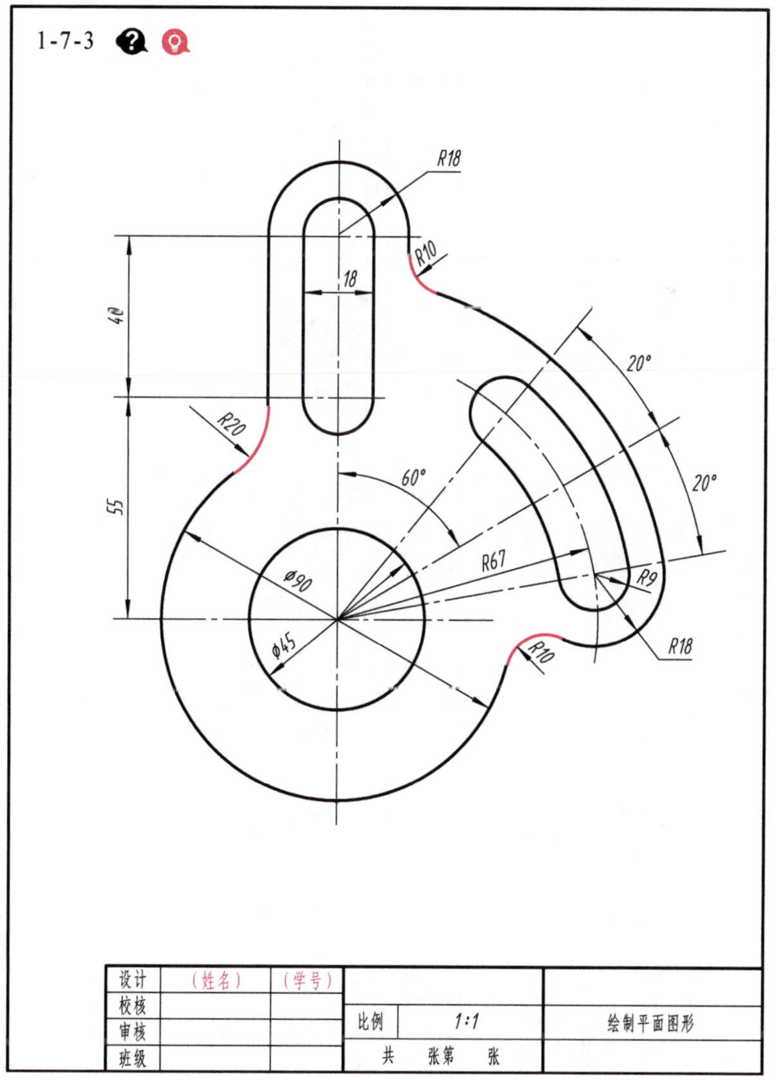

1-8-1 用四心近似画法画椭圆（长轴为90，短轴为50）。

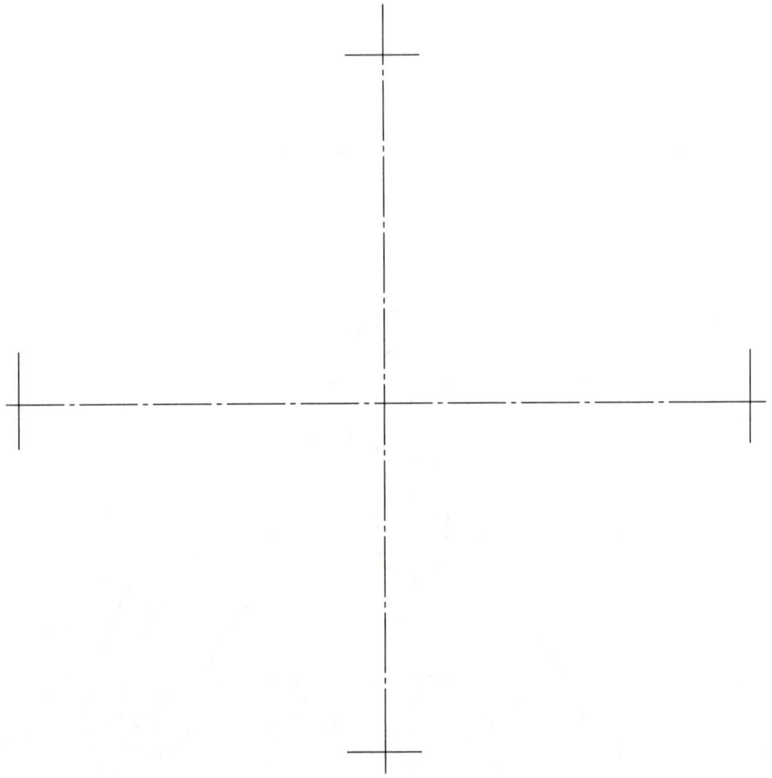

1-8-2 徒手画出下列图形，比例1∶1，不注尺寸。

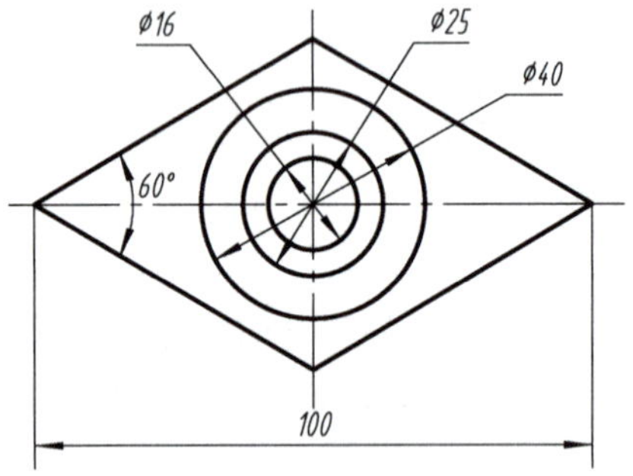

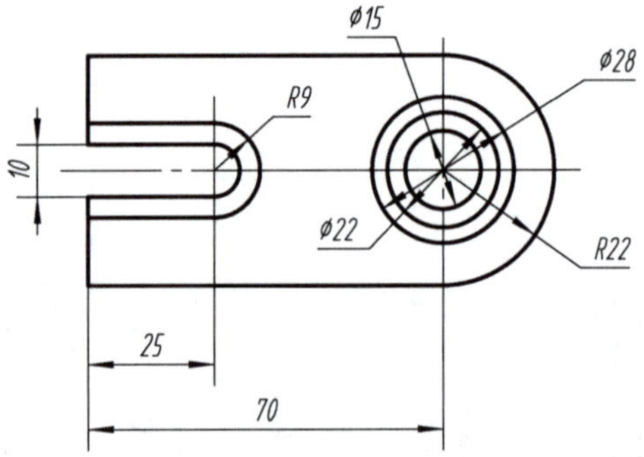

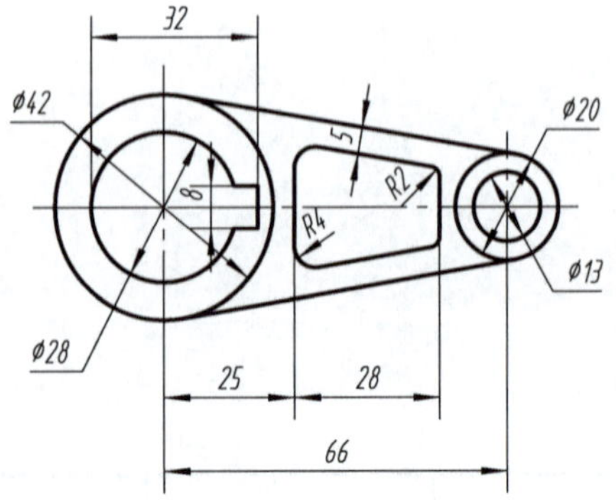

第二章　投影基础

2-1　观察三视图，辨认其相应的轴测图，并在○内填写对应的序号

班级　　　　姓名　　　　学号

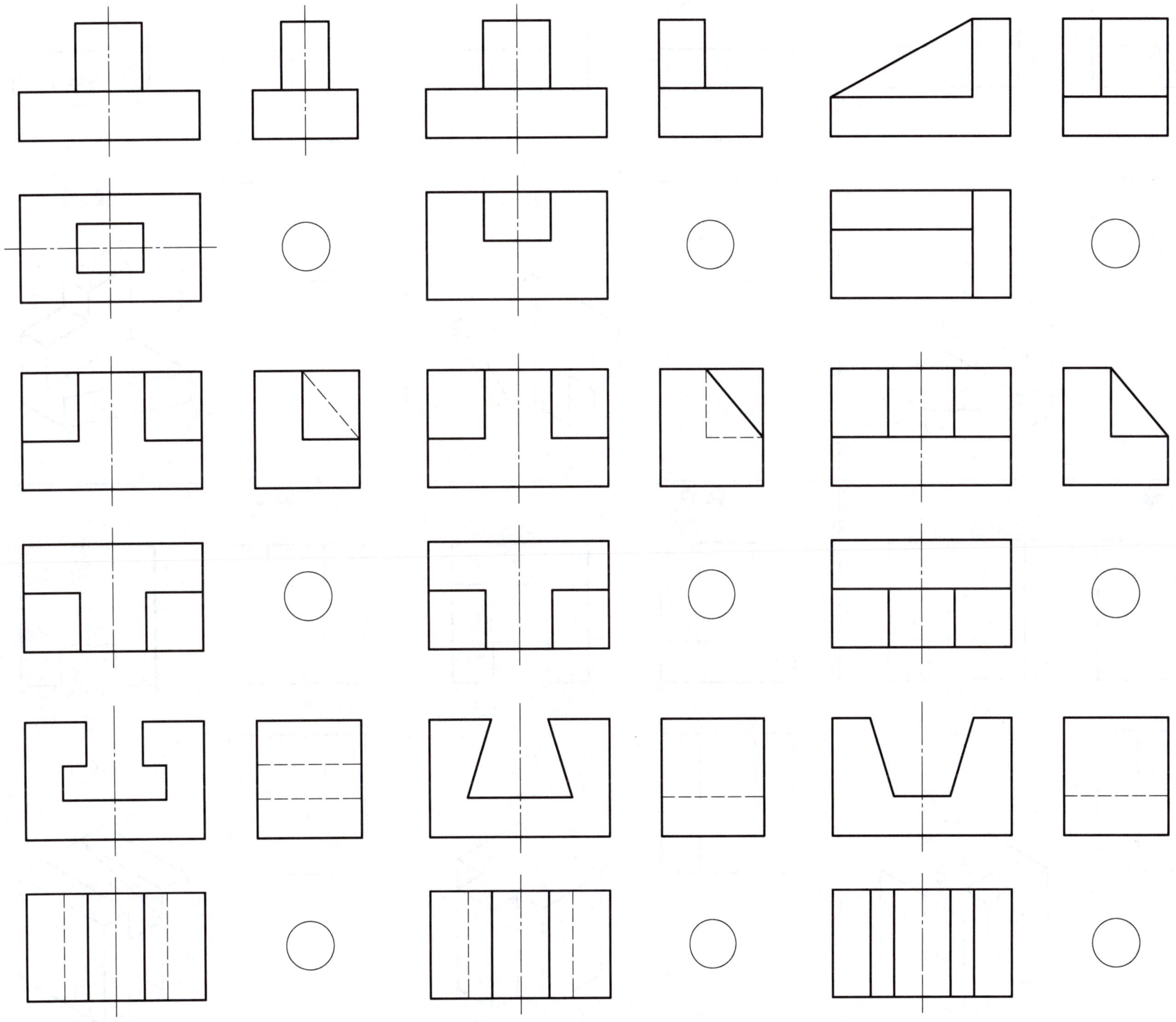

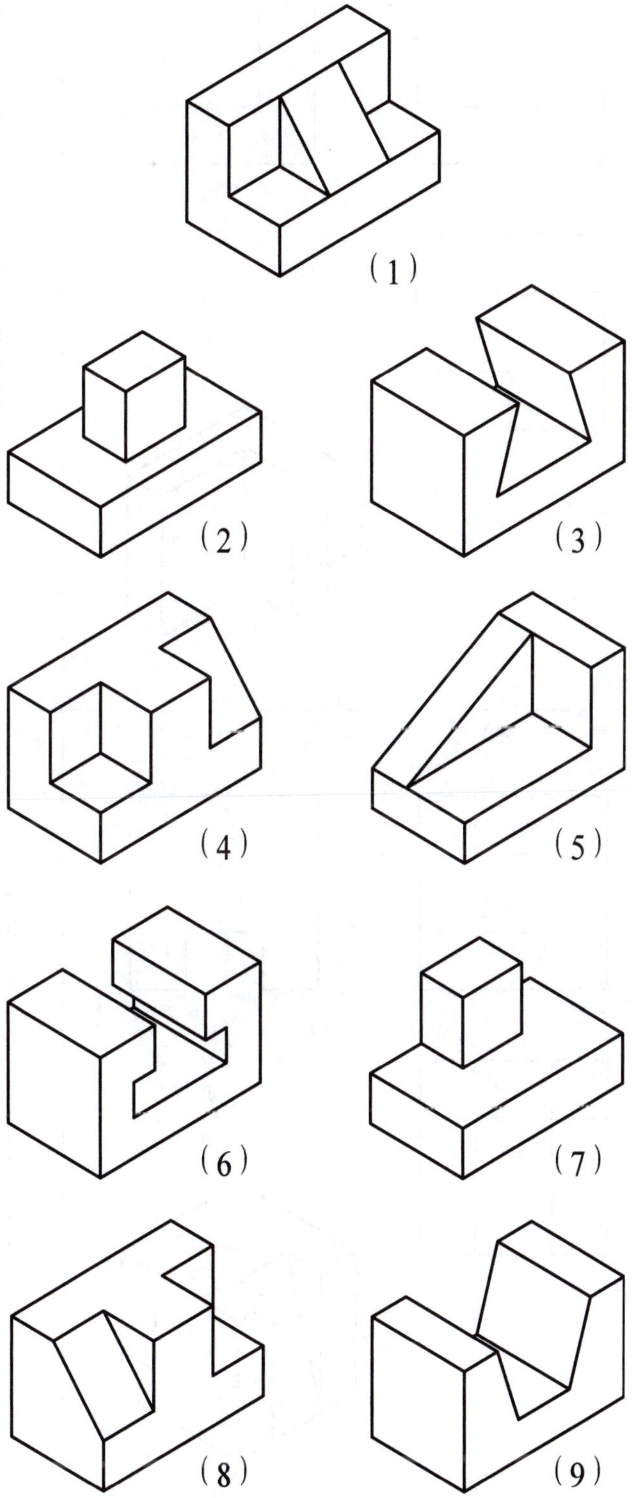

2-2 三视图与轴测图表达的是否同一个物体（在选项中画√）

班级　　　　姓名　　　　学号

2-2-1

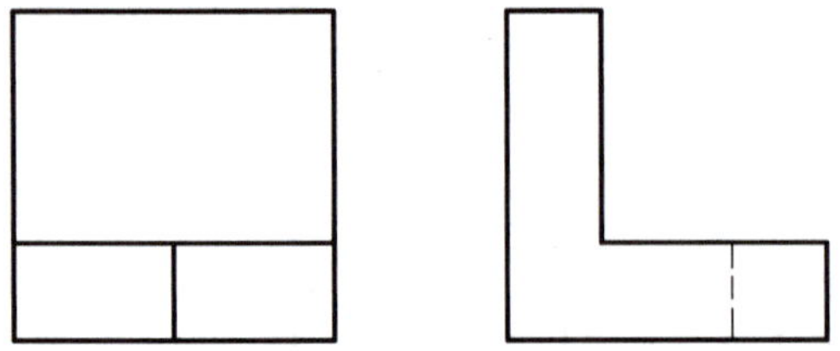

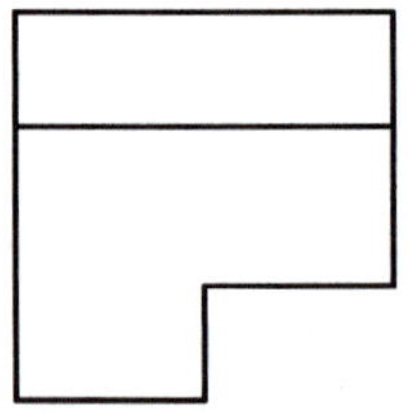

（是、否）

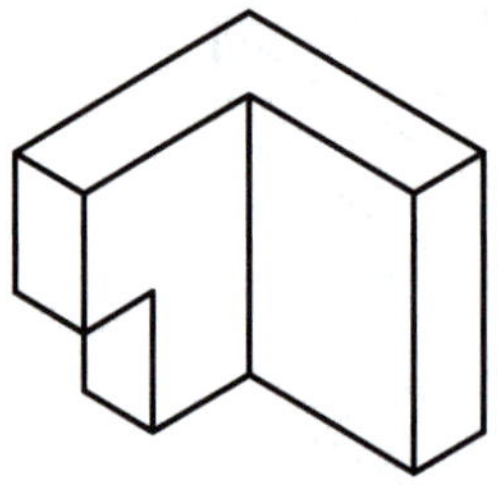

2-2-2

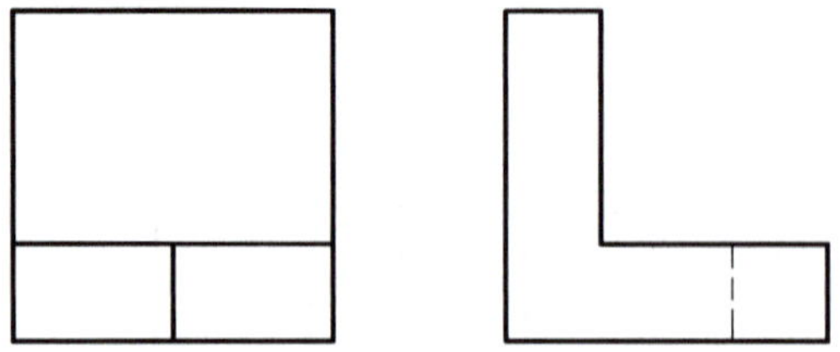

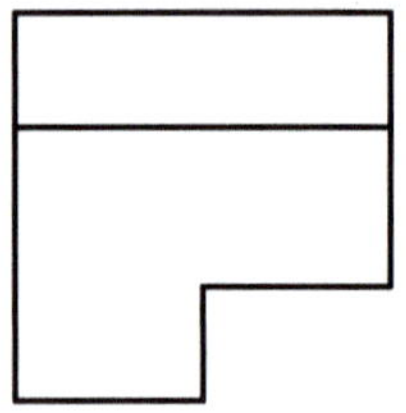

（是、否）

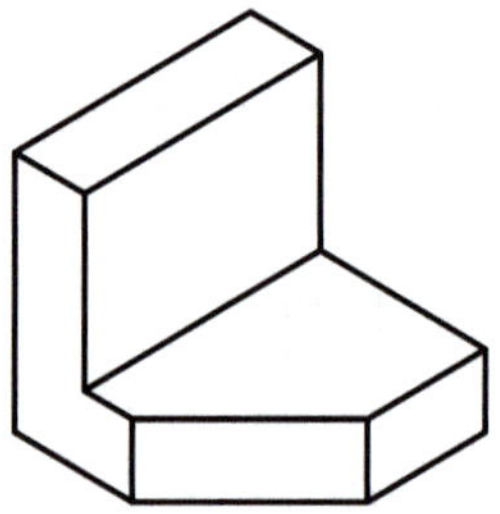

2-2-3

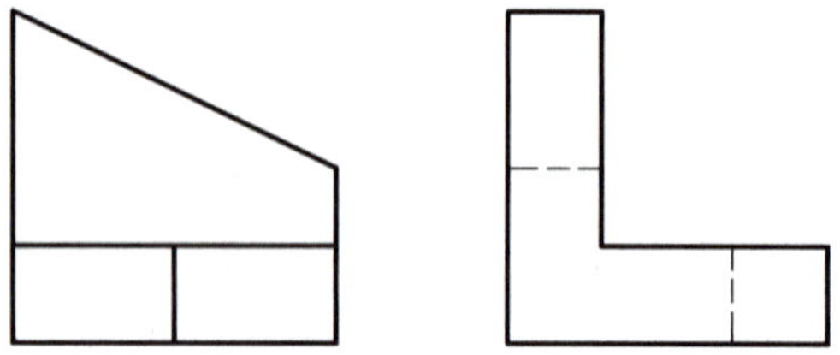

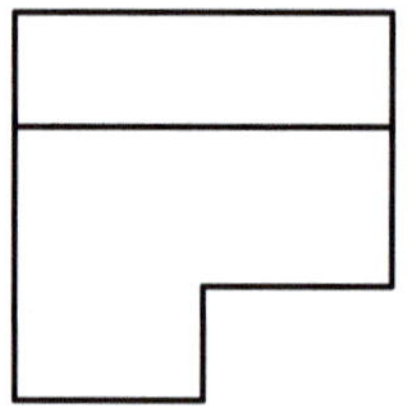

（是、否）

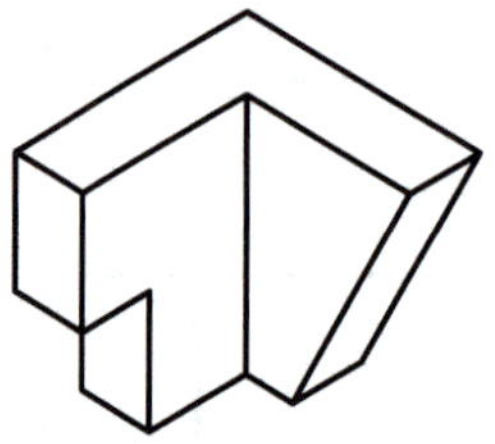

2-2-4

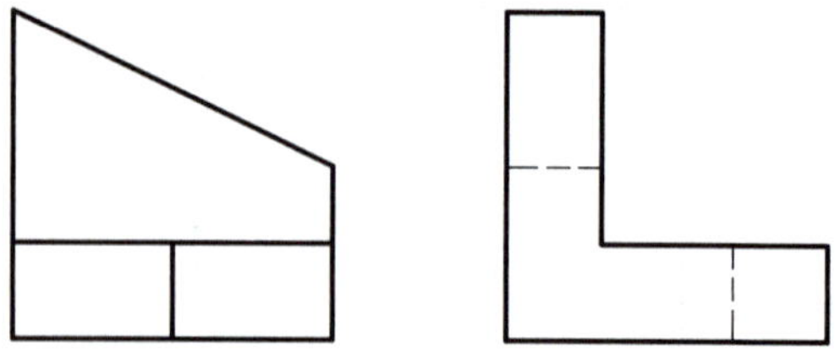

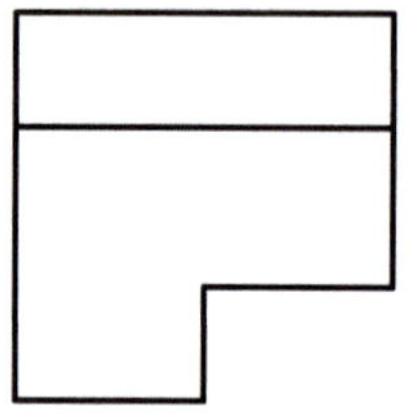

（是、否）

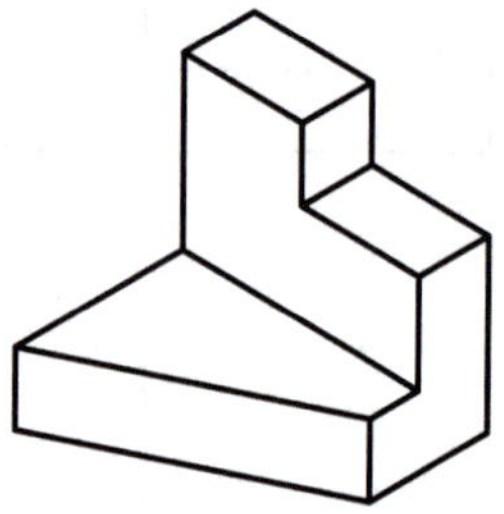

2-2-5

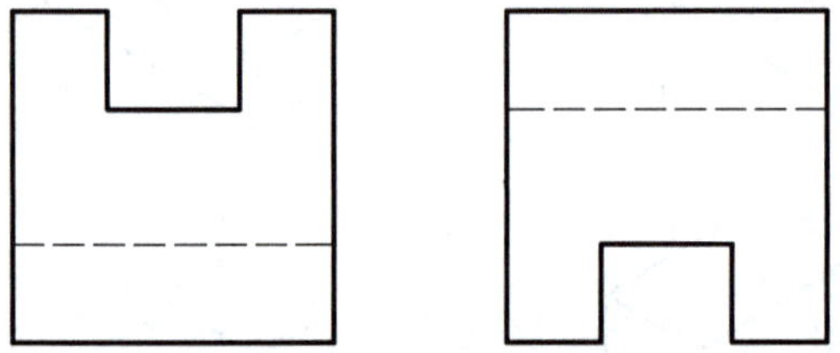

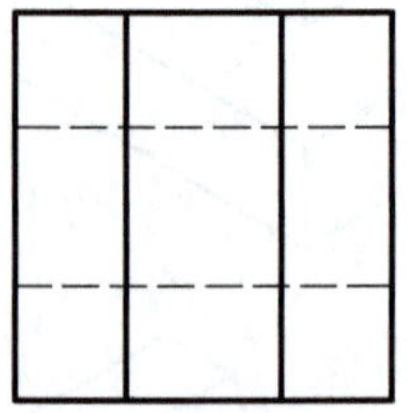

（是、否）

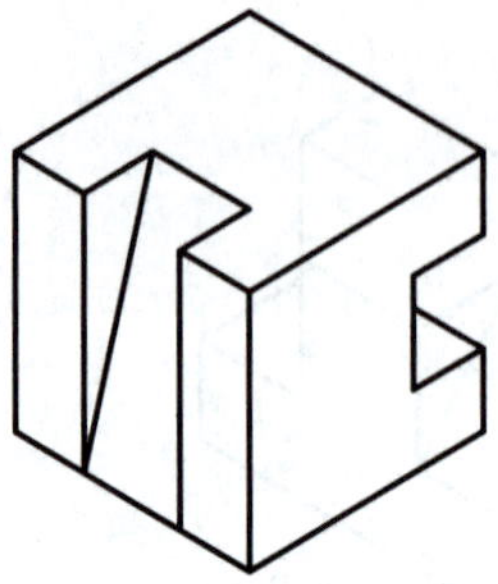

2-2-6

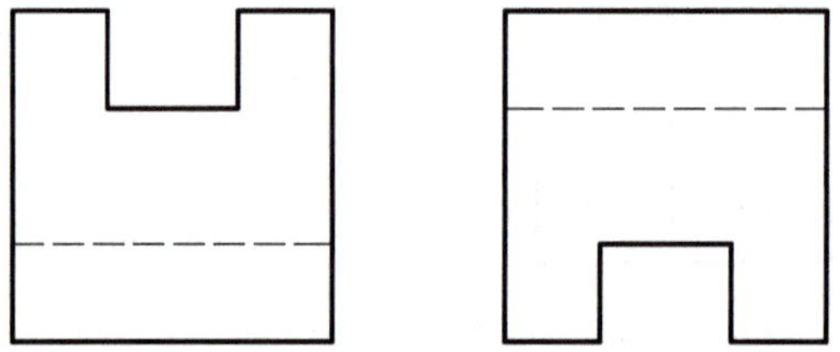

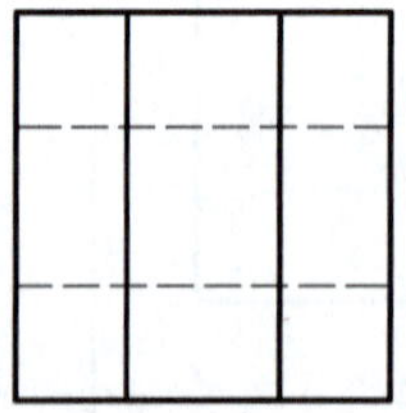

（是、否）

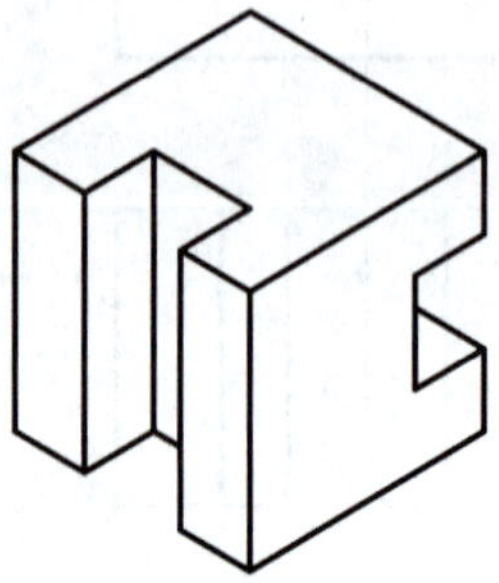

2-2-7

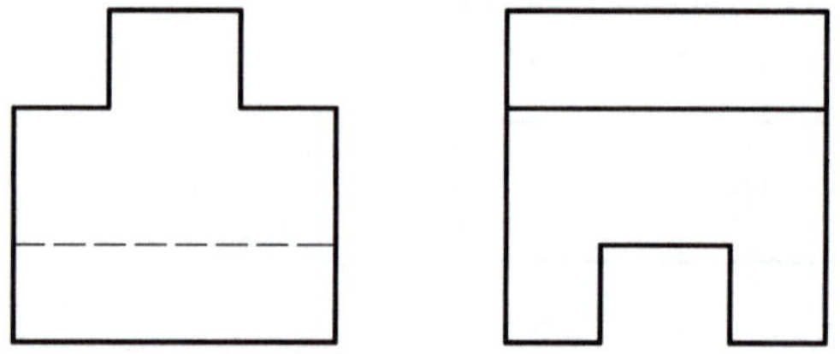

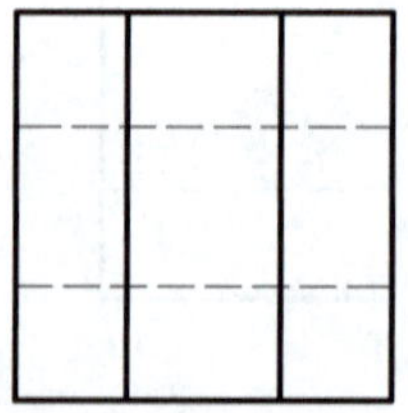

（是、否）

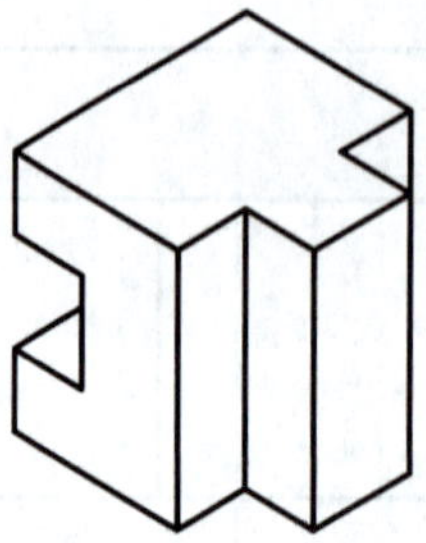

2-2-8

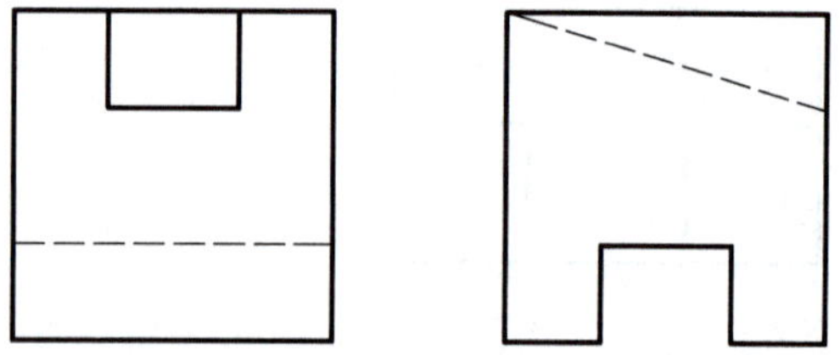

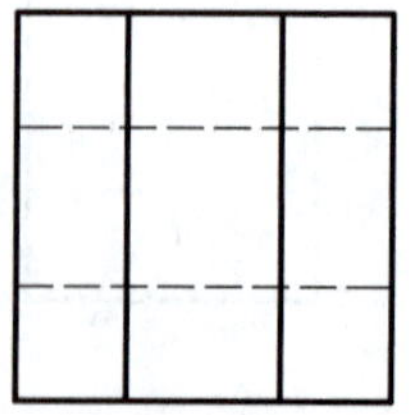

（是、否）

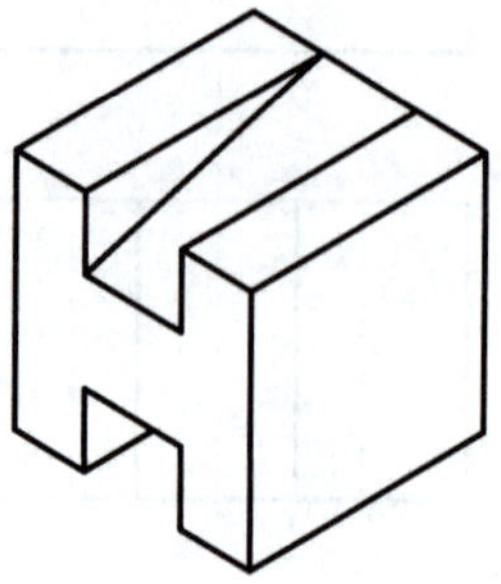

2-3 参考轴测图，在指定位置补画第三视图

班级　　姓名　　学号

2-3-1 补画俯视图。

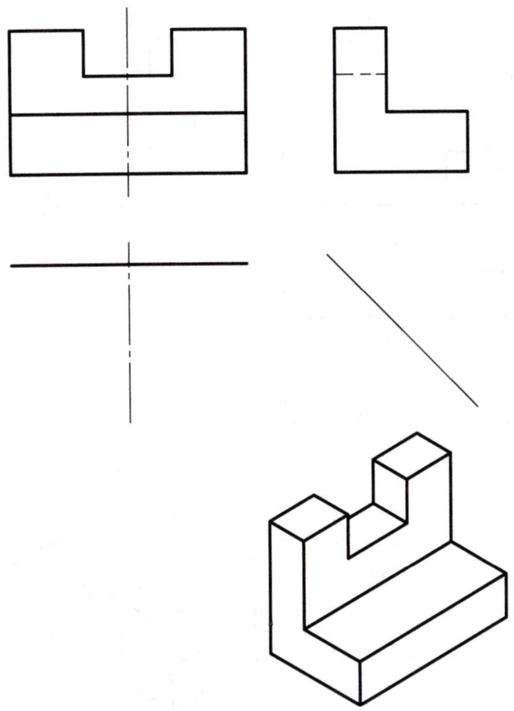

2-3-2 补画左视图。

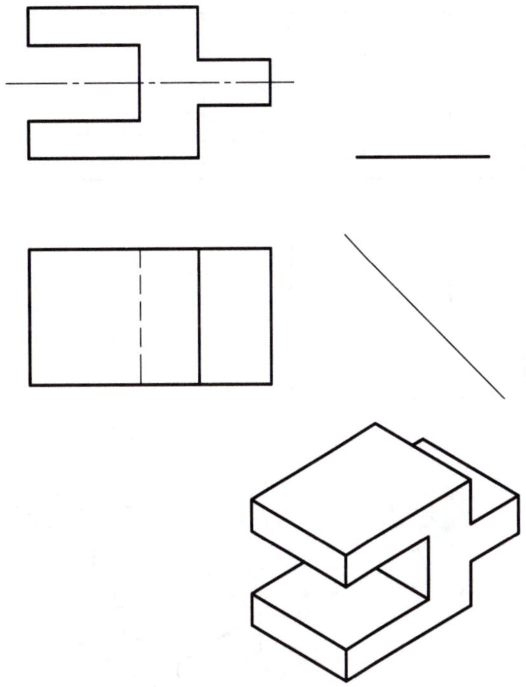

2-3-3 补画左视图。

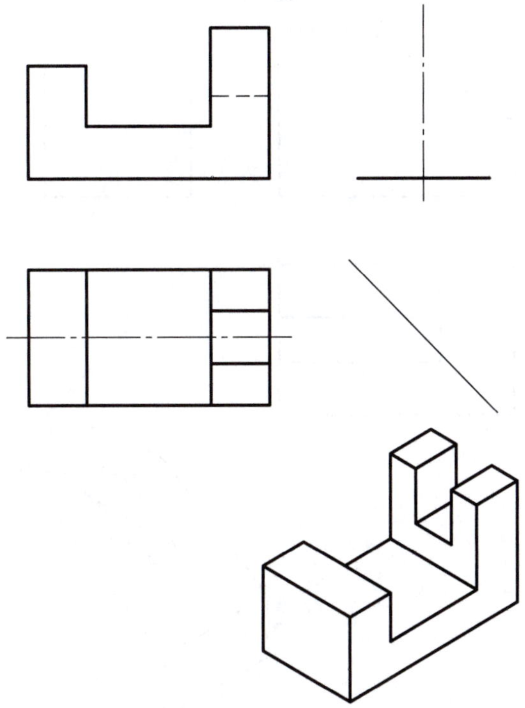

2-3-4 补画俯视图。

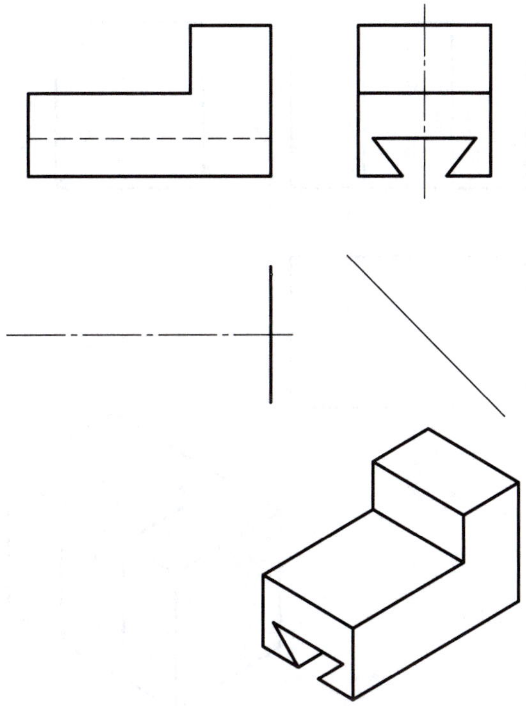

2-3-5 补画左视图。

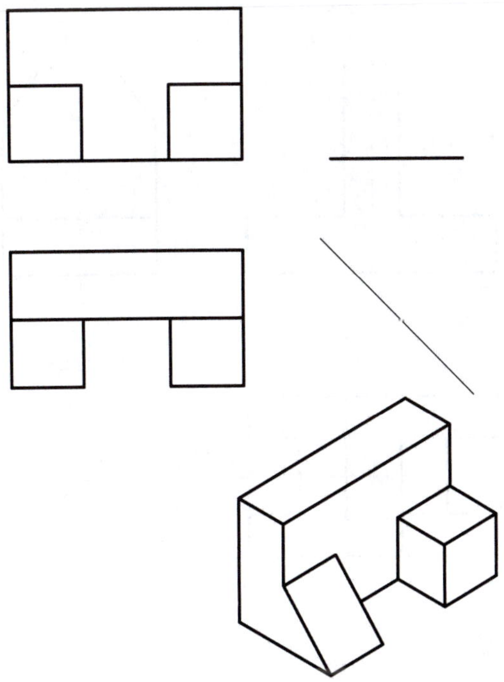

2-3-6 补画俯视图。

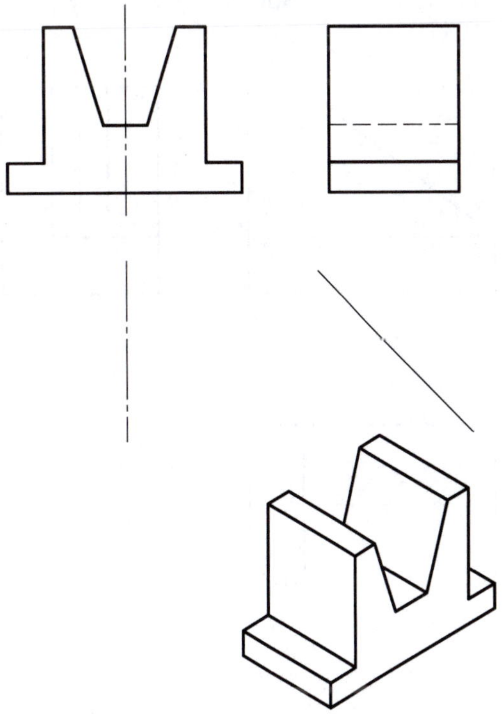

2-3-7 补画主视图。

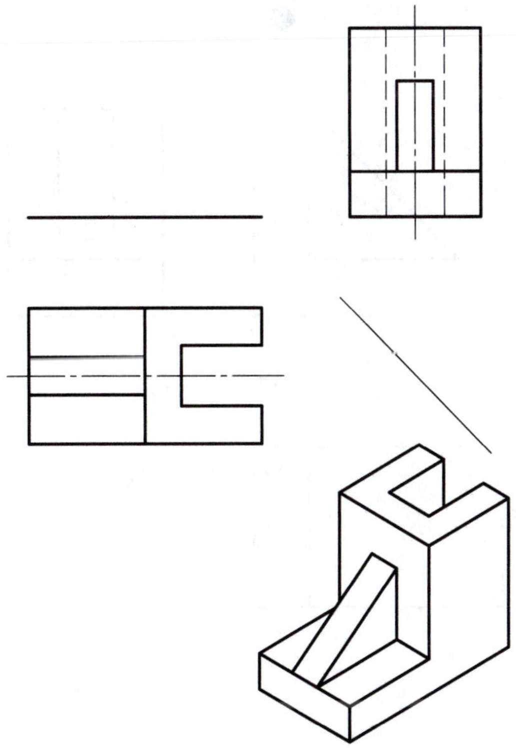

2-3-8 补画左视图。

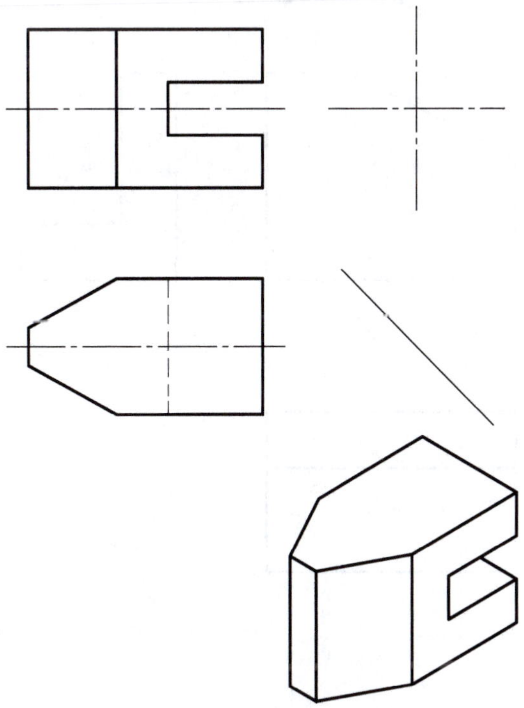

2-4 参考轴测图，补画视图中所缺的图线

班级　　　　姓名　　　　学号

2-4-1　参考轴测图补画视图中所缺的图线。

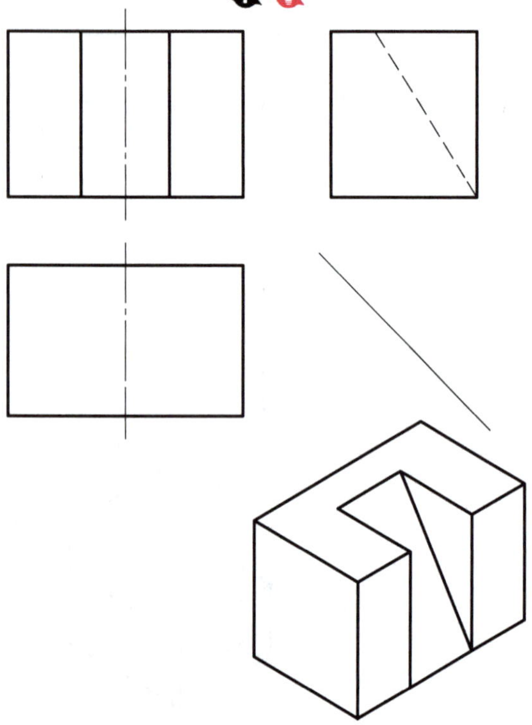

2-4-2　参考轴测图补画视图中所缺的图线。

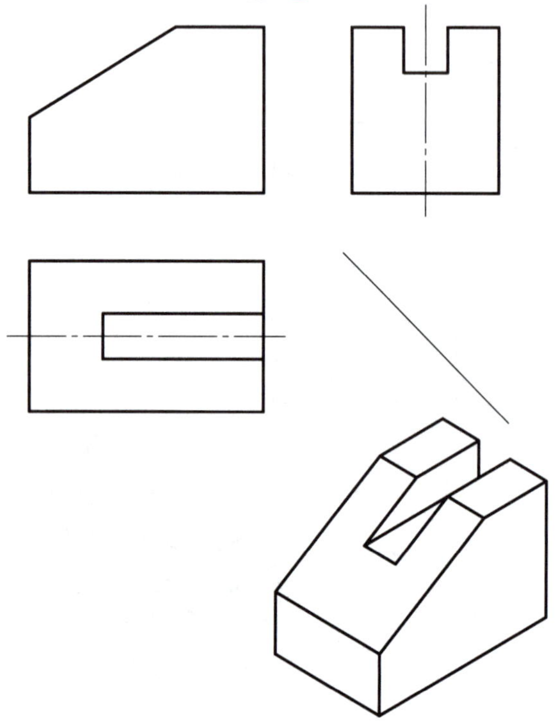

2-4-3　参考轴测图补画视图中所缺的图线。

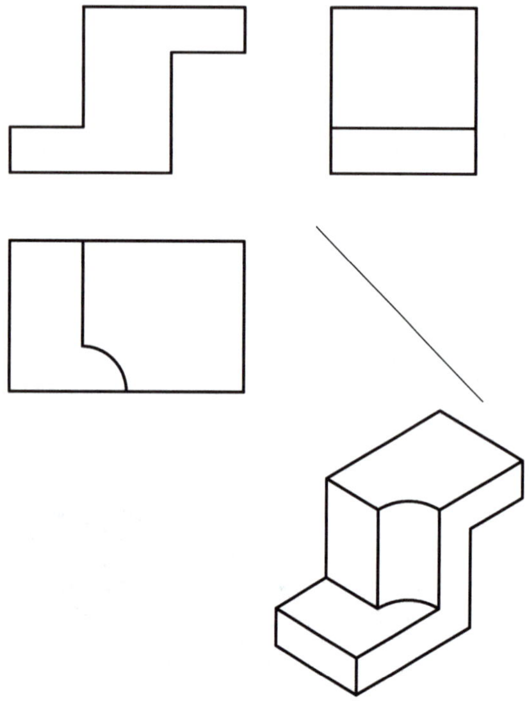

2-4-4　参考轴测图补画视图中所缺的图线。

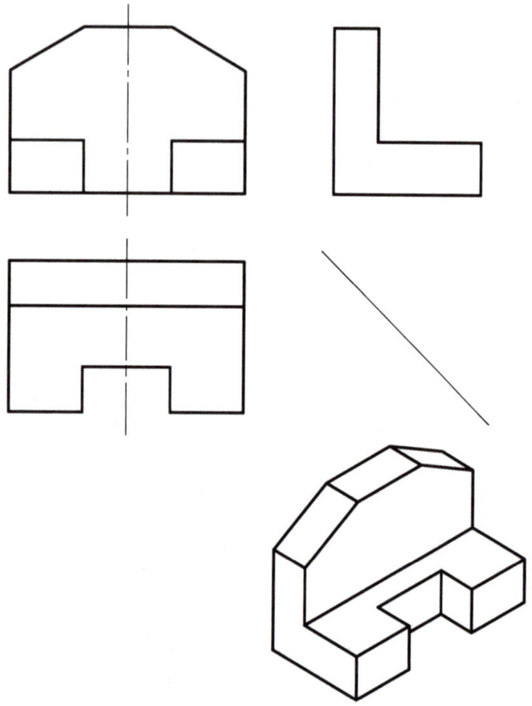

2-4-5　看懂三视图，补画视图中所缺的图线。

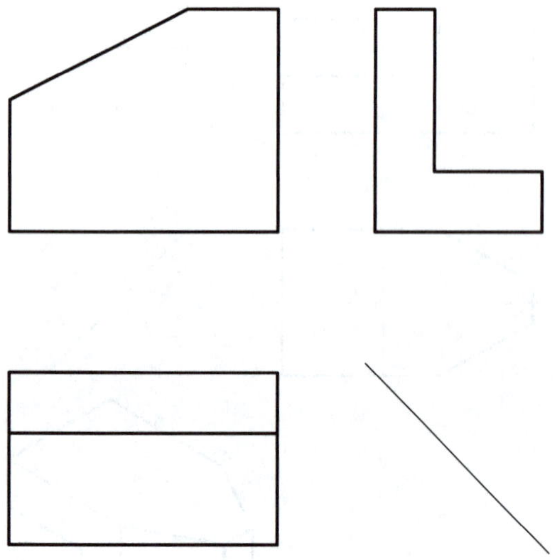

2-4-6　看懂三视图，补画视图中所缺的图线。

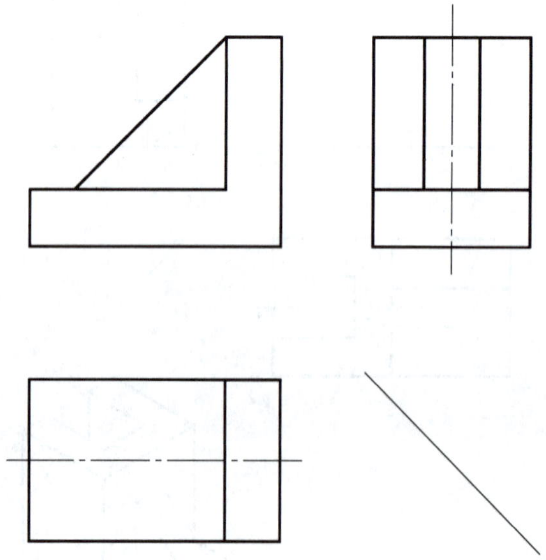

2-4-7　看懂三视图，补画视图中所缺的图线。

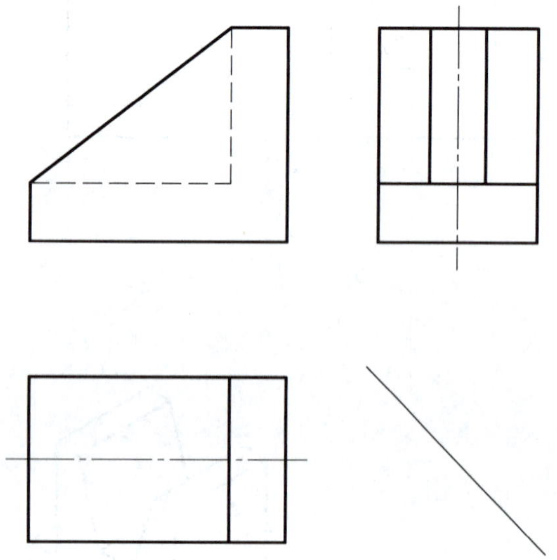

2-4-8　看懂三视图，补画视图中所缺的图线。

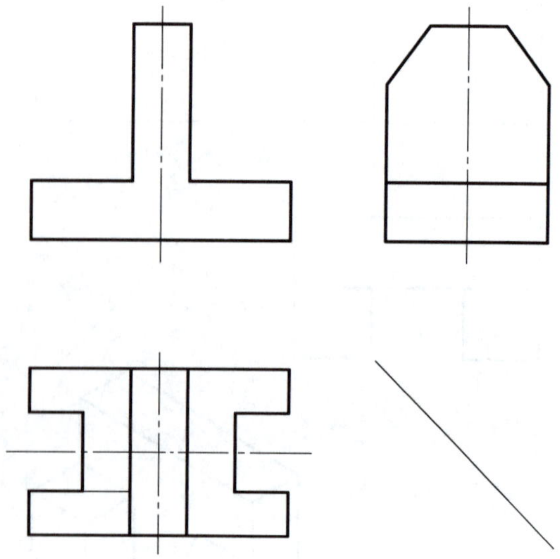

2-5 看懂三视图，补画视图中所缺的图线

班级　　　　姓名　　　　学号

2-5-1

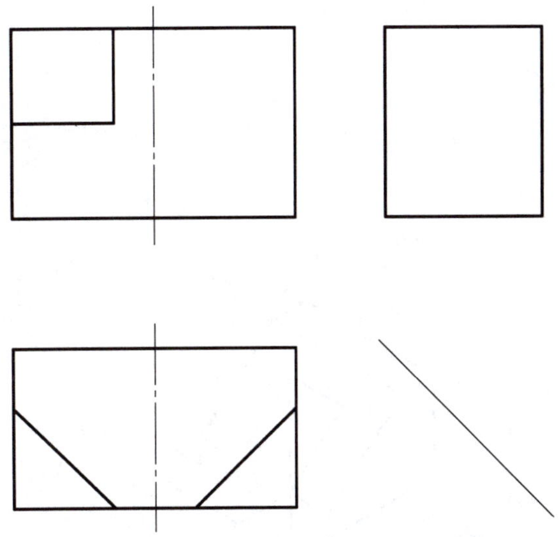

2-5-2

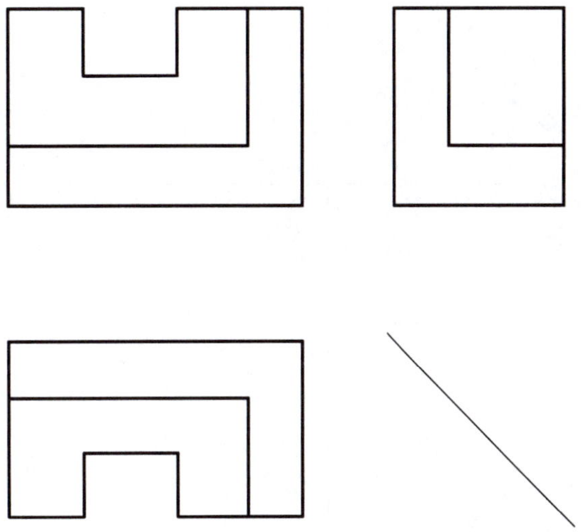

2-5-3

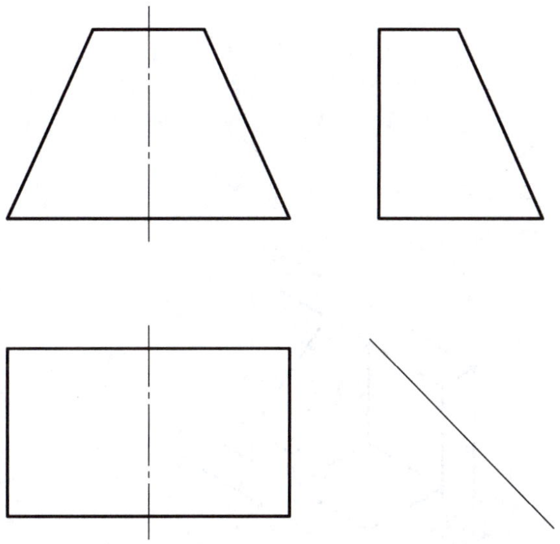

2-5-4

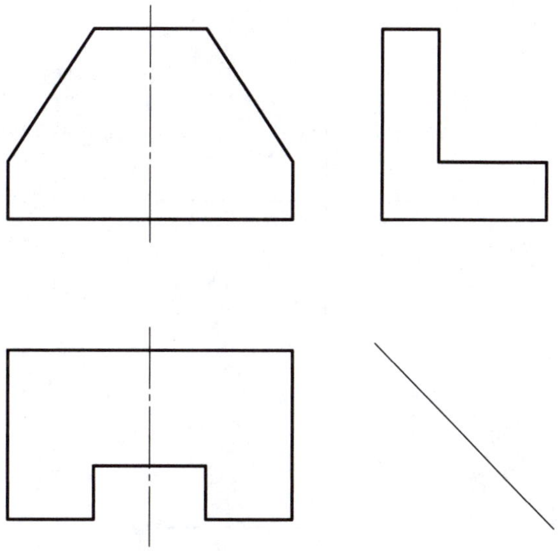

2-5-5

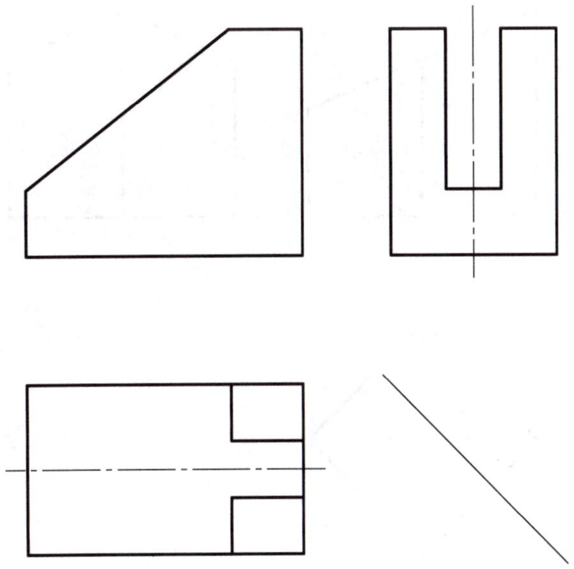

2-5-6

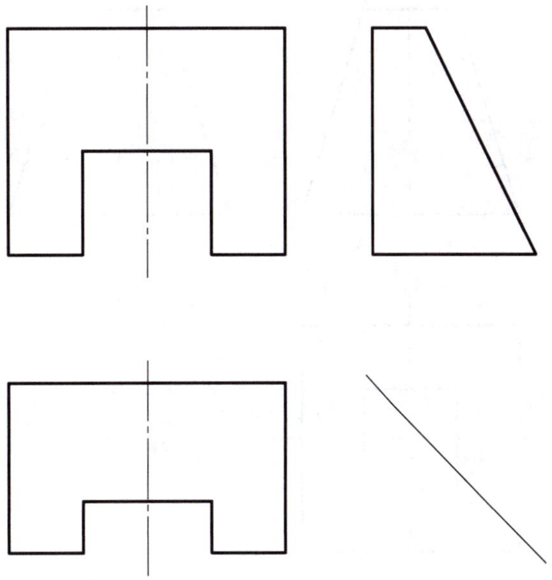

2-5-7

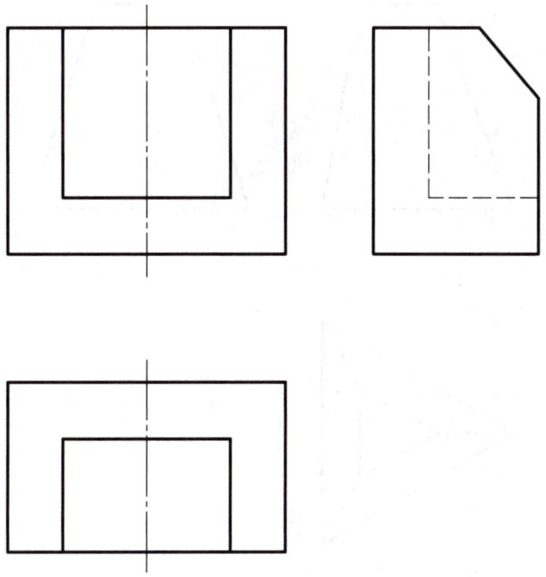

2-5-8

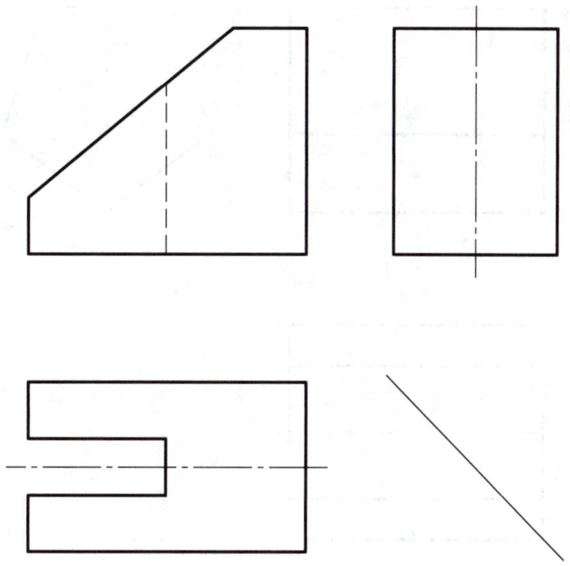

2-6 根据轴测图画出三视图；补画几何体视图中的漏线

班级　　姓名　　学号

2-6-1 根据轴测图及其尺寸，按 1∶1 的比例画出三视图。

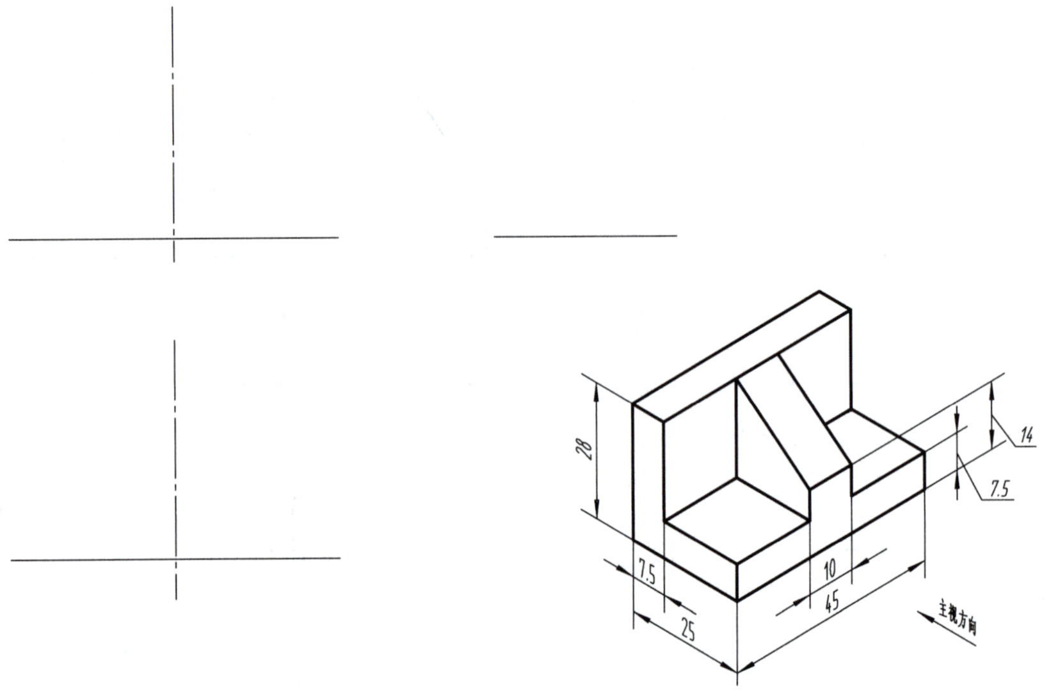

2-6-2 根据轴测图及其尺寸，按 1∶1 的比例画出三视图。

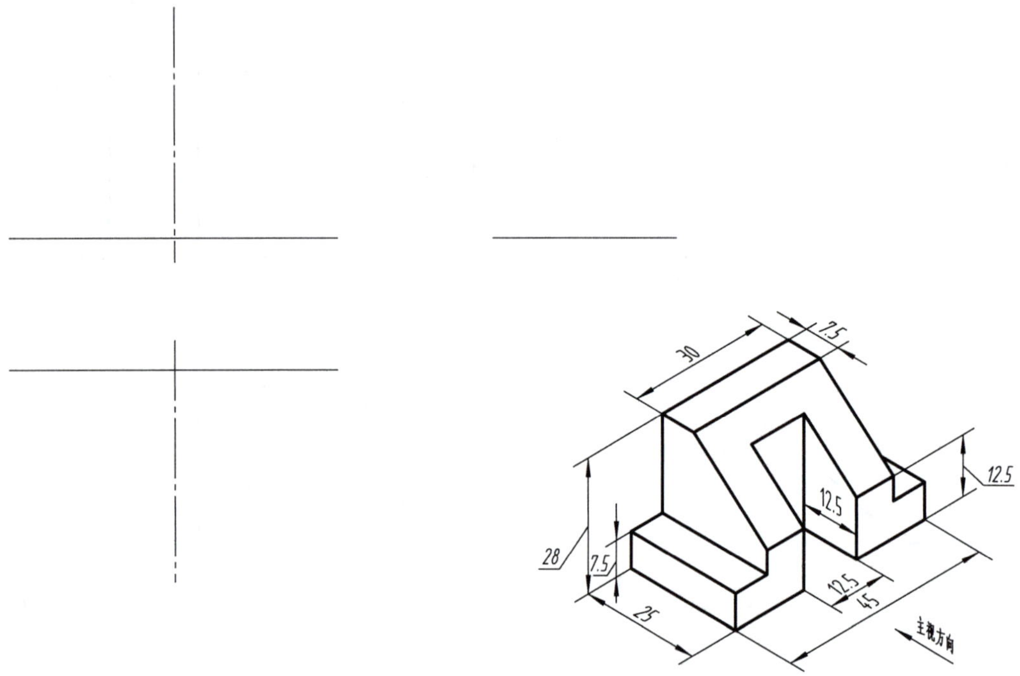

2-6-3 补画正五棱柱视图中的漏线。

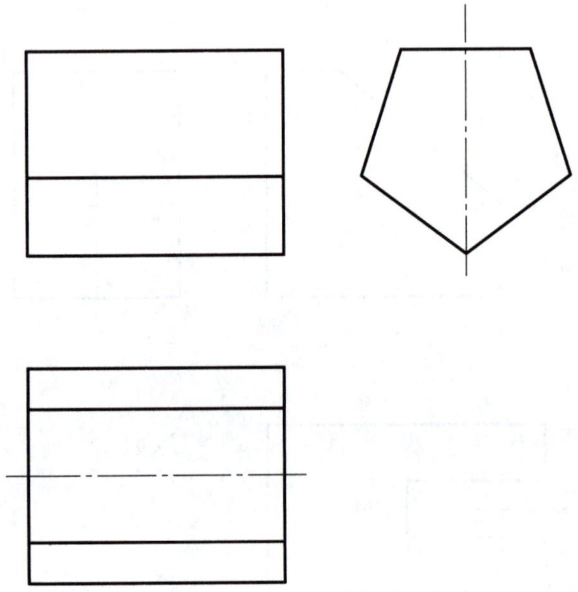

2-6-4 补画正三棱台视图中的漏线。

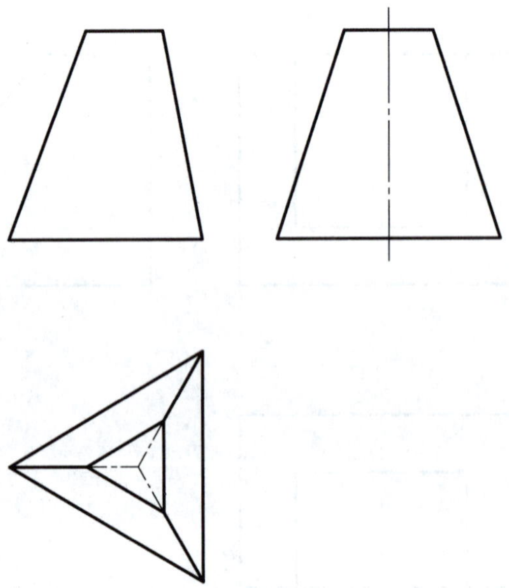

2-6-5 补画正四棱台视图中的漏线。

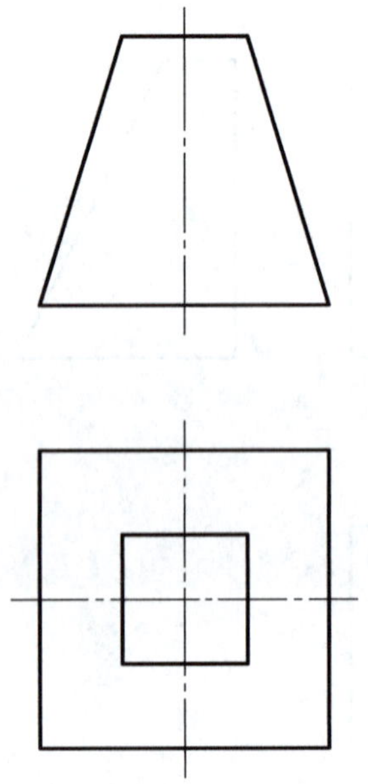

2-6-6 补画（上底为斜面）正四棱柱视图中的漏线。

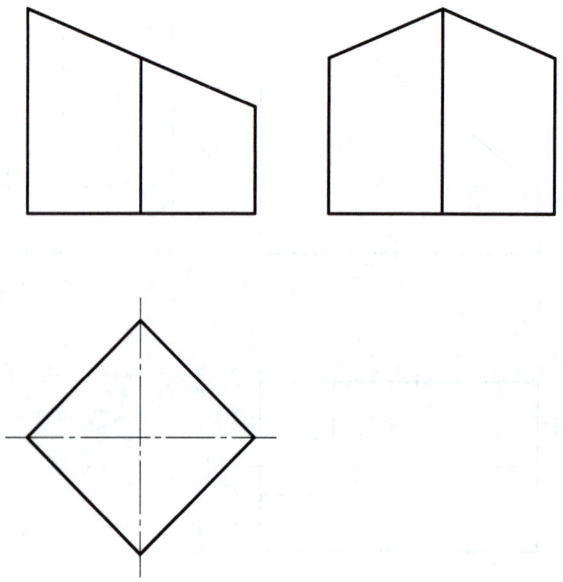

2-7 棱柱、棱锥、棱台及其表面上点的投影

班级　　　　姓名　　　　学号

2-7-1 补画正六棱柱的左视图。

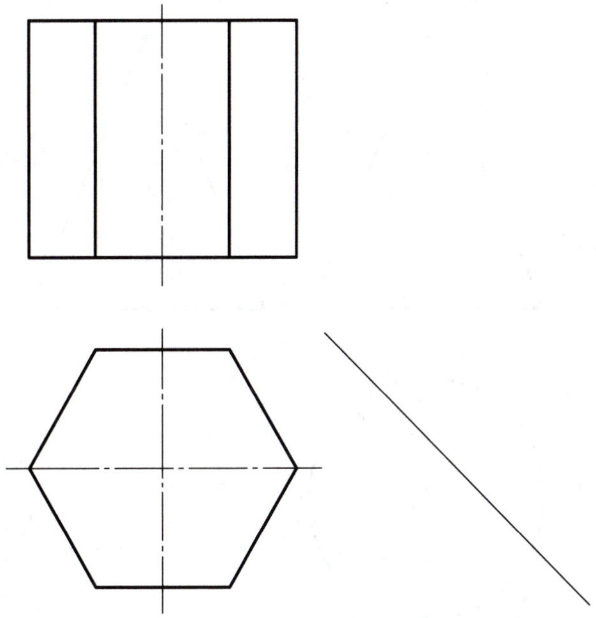

2-7-2 补画正三棱柱的左视图。

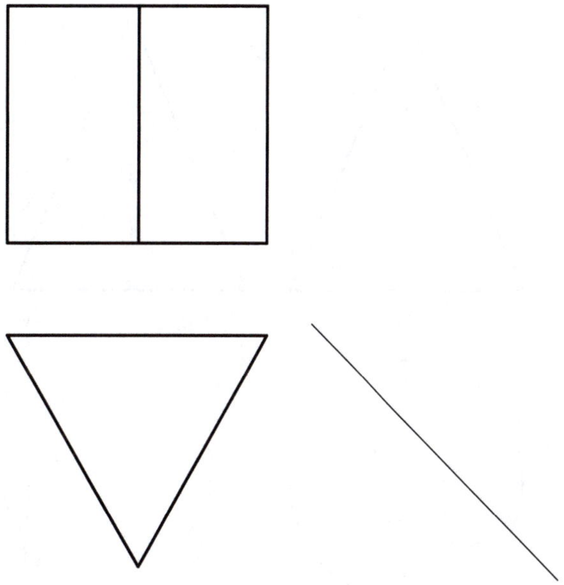

2-7-3 补画正三棱锥的左视图。

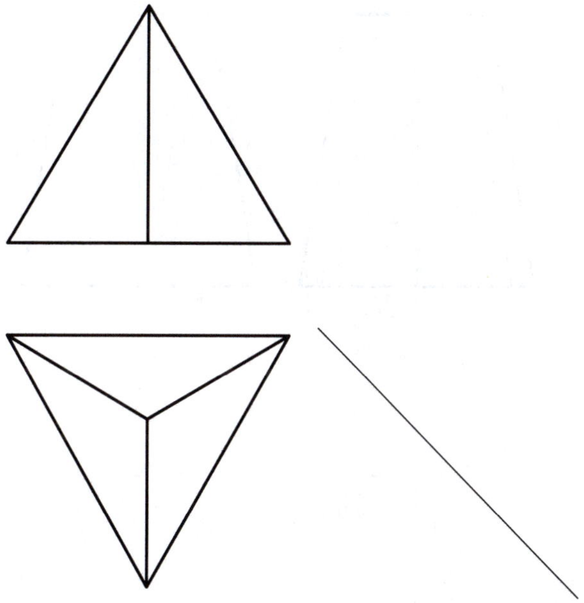

2-7-4 补画正三棱台的俯视图。

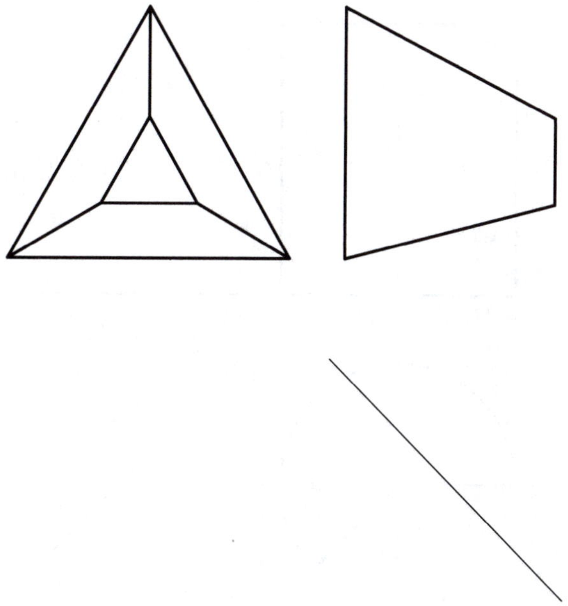

2-7-5 求正五棱柱表面上点的投影。

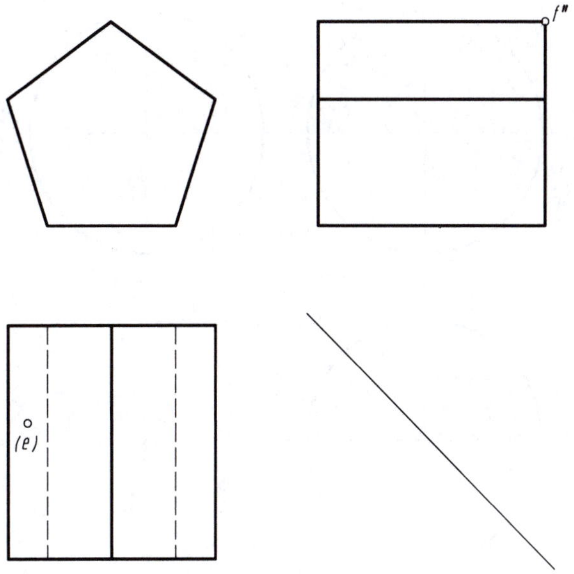

2-7-6 求正三棱柱表面上点的投影。

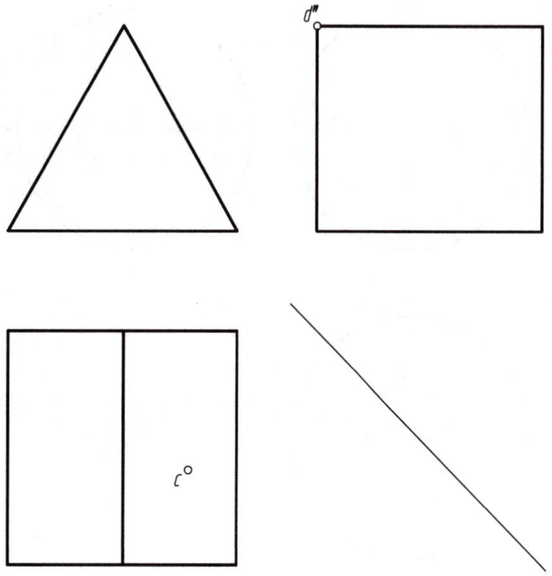

2-7-7 用辅助线法求正三棱锥表面上点 C 的投影。

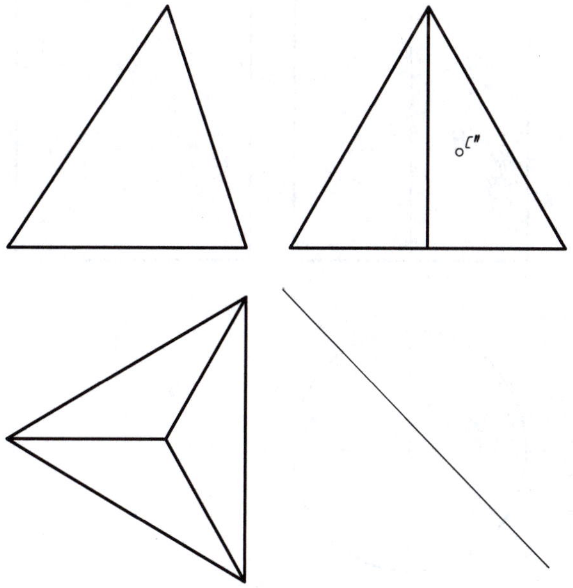

2-7-8 用辅助平面法求三棱台表面上点 D 的投影。

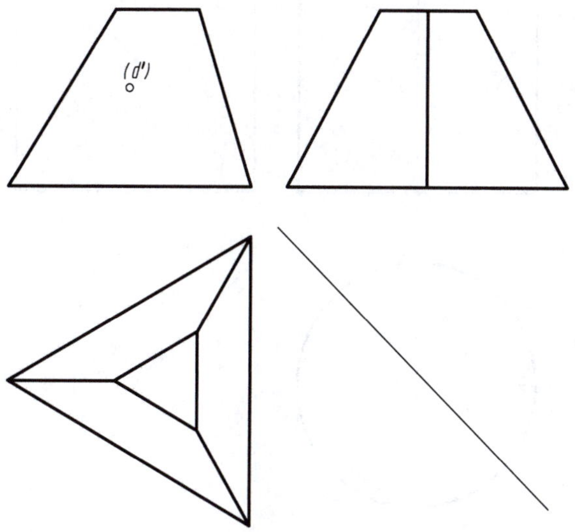

2-8-1　补全不完整圆柱的三视图。

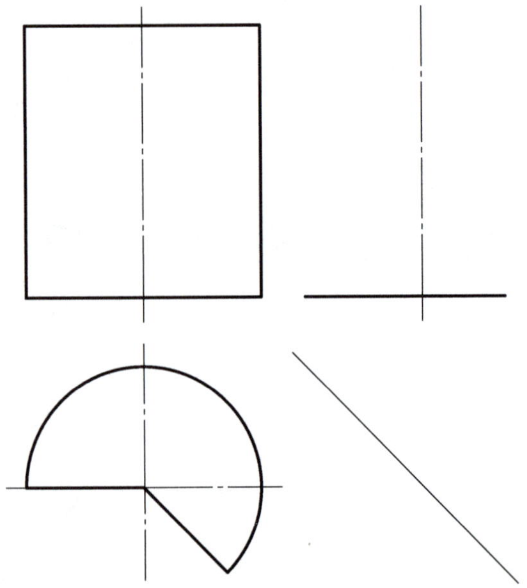

2-8-2　补画带孔圆台的俯视图。

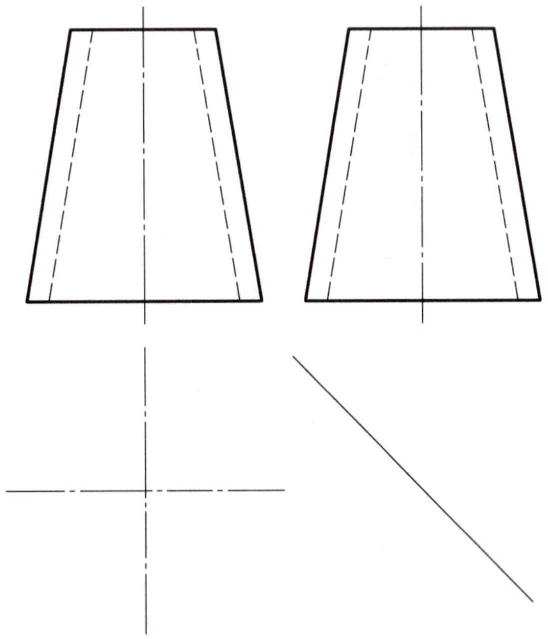

2-8-3　用辅助线法求圆锥表面上点的投影。

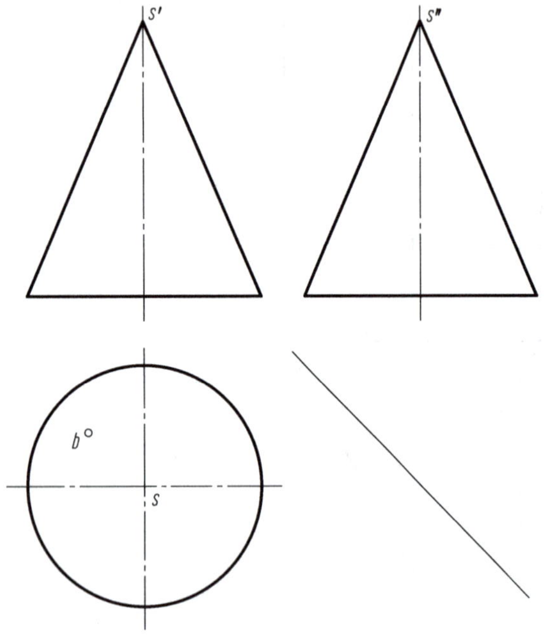

2-8-4　用辅助平面法求圆锥表面上点的投影。

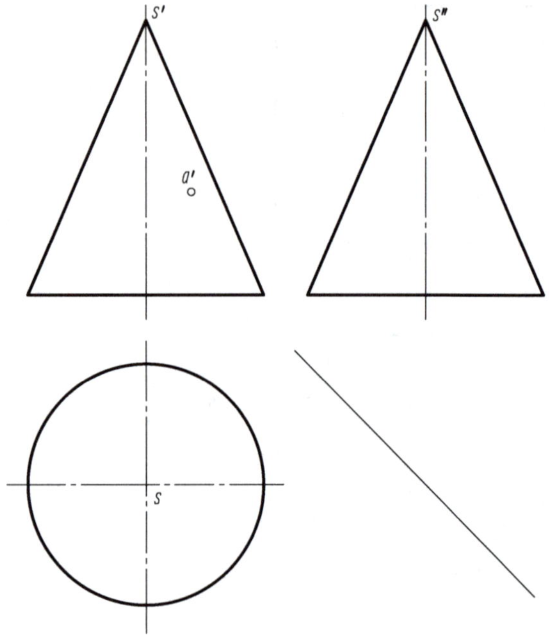

2-8-5　求圆柱表面上点的投影。

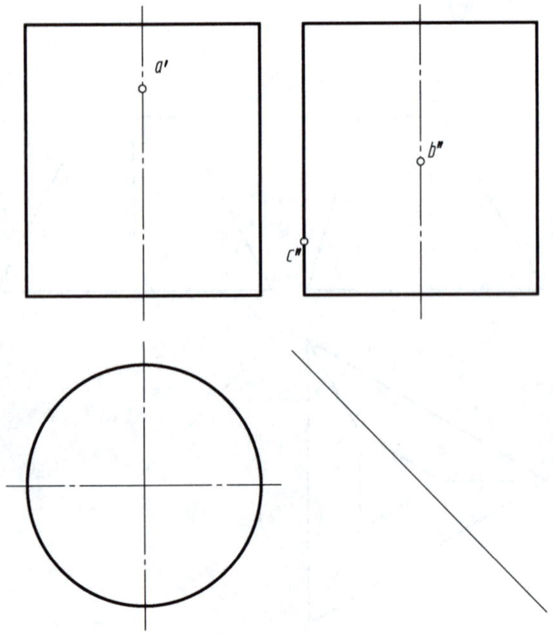

点 A 在_______素线上

点 B 在_______素线上；点 C 在_______素线上

2-8-6　求圆柱表面上点的投影。

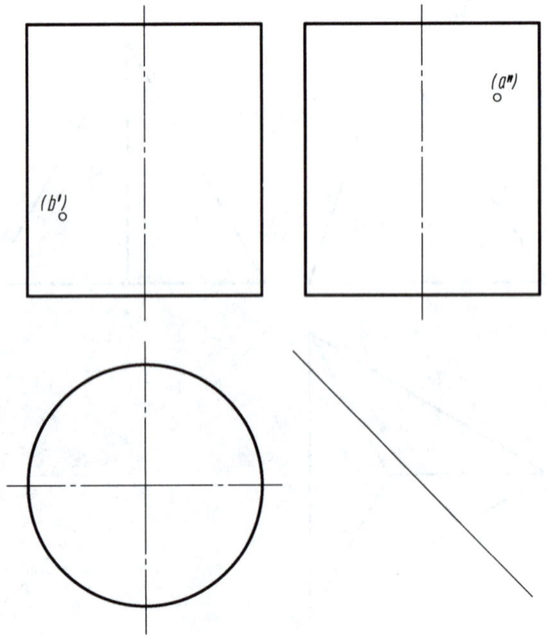

点 A 在_______面上；点 B 在_______面上

2-8-7　补全点的投影，并判别点的空间位置。

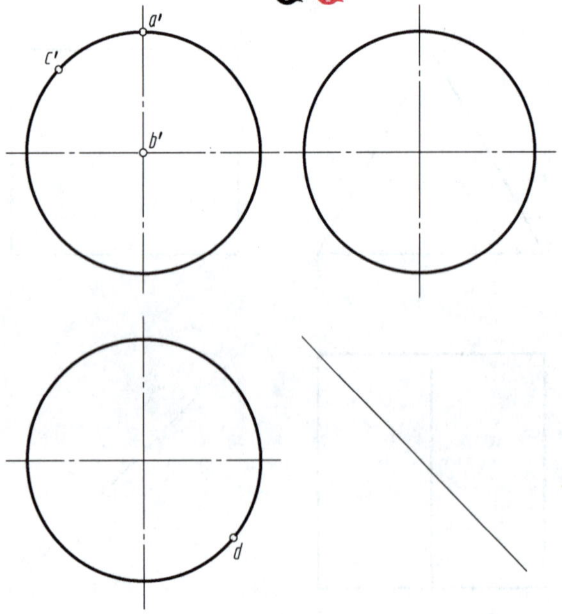

点 A 在_______点；点 C 在_______分界圆上

点 B 在_______点；点 D 在_______分界圆上

2-8-8　求出点 A 的另外两面投影，并判别点的空间位置。

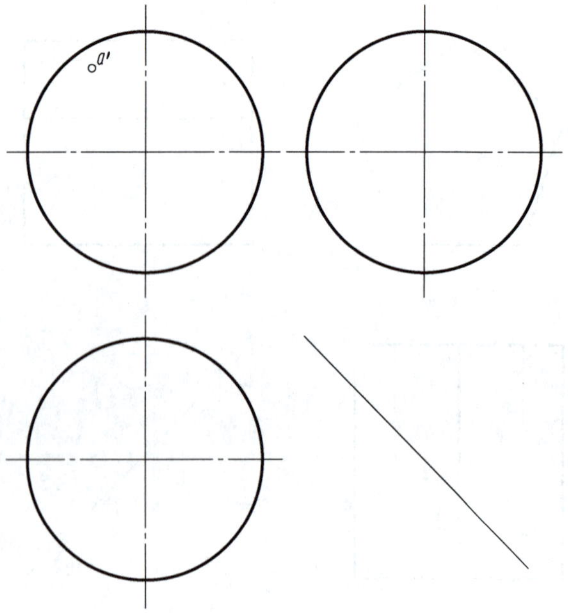

点 A 在____、____、____半球上

此题有____种解法

2-9-1　求立体表面上直线的另两面投影。

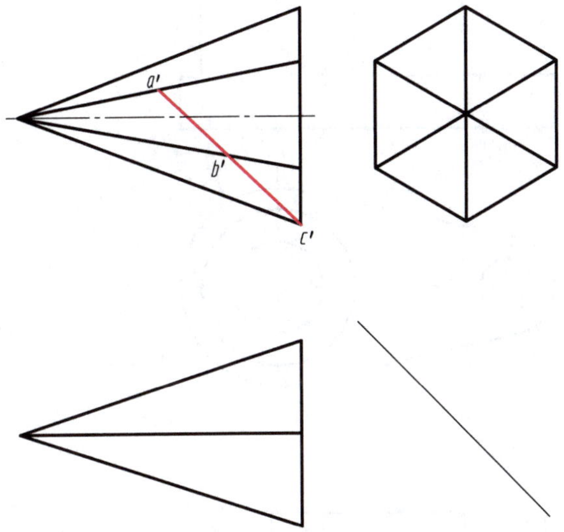

2-9-2　求立体表面上直线的另两面投影。

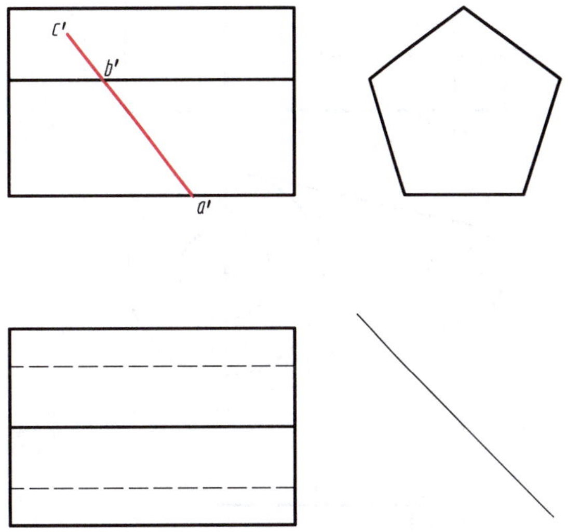

2-9-3　求立体表面上直线的另两面投影。

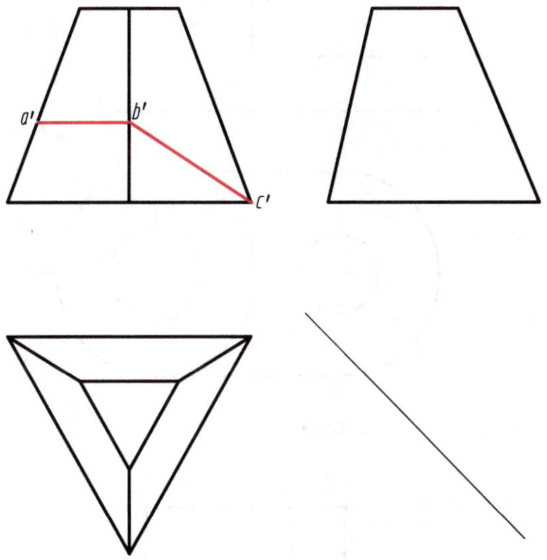

2-9-4　求立体表面上直线的另两面投影。

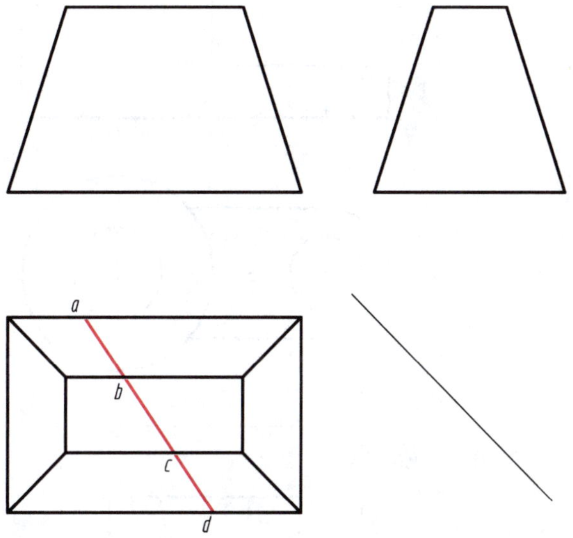

2-9-5　用细点画线补画视图中所缺的对称中心线或轴线。

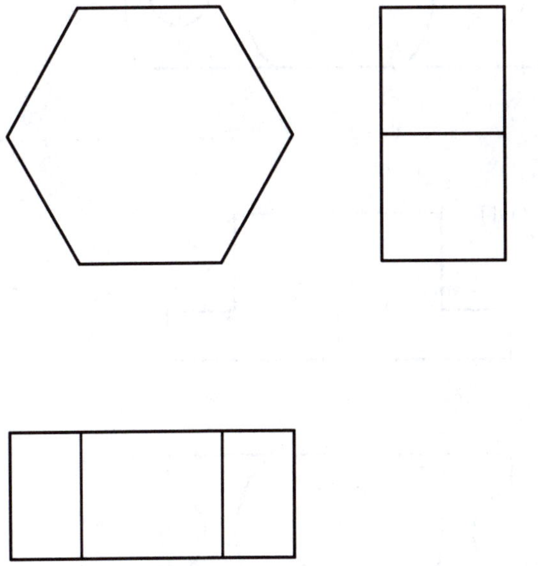

2-9-6　用细点画线补画视图中所缺的对称中心线或轴线。

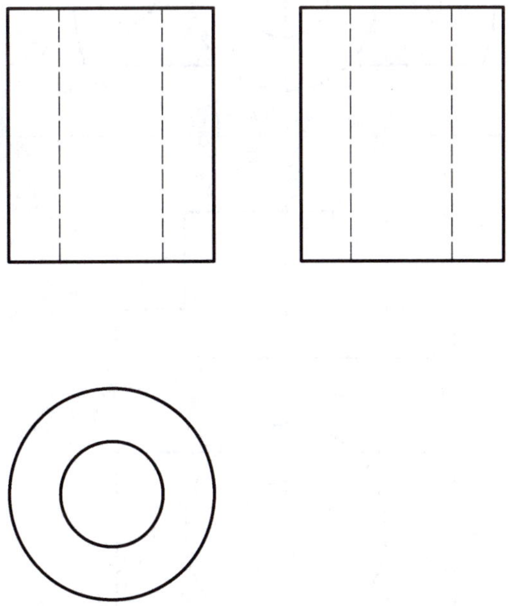

2-9-7　用细点画线补画视图中所缺的对称中心线或轴线。

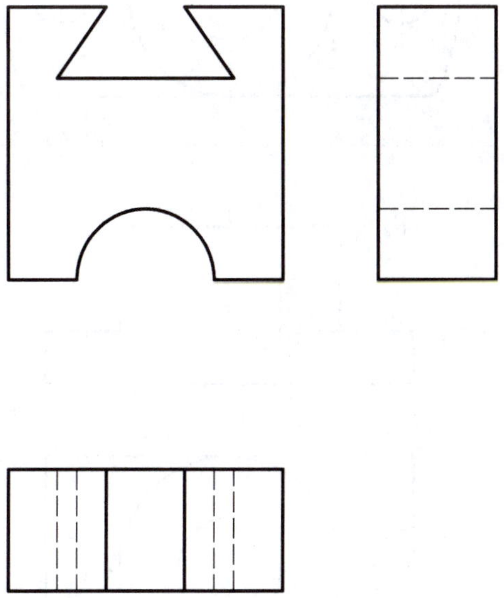

2-9-8　用细点画线补画视图中所缺的对称中心线或轴线。

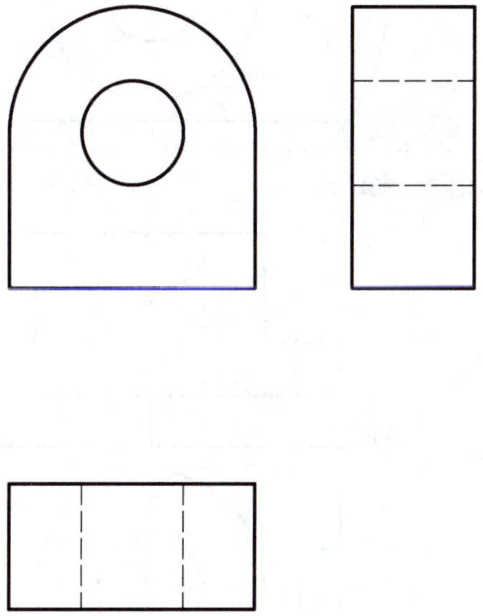

2-10 补画主视图中所缺的图线

班级　　　　姓名　　　　学号

2-10-1

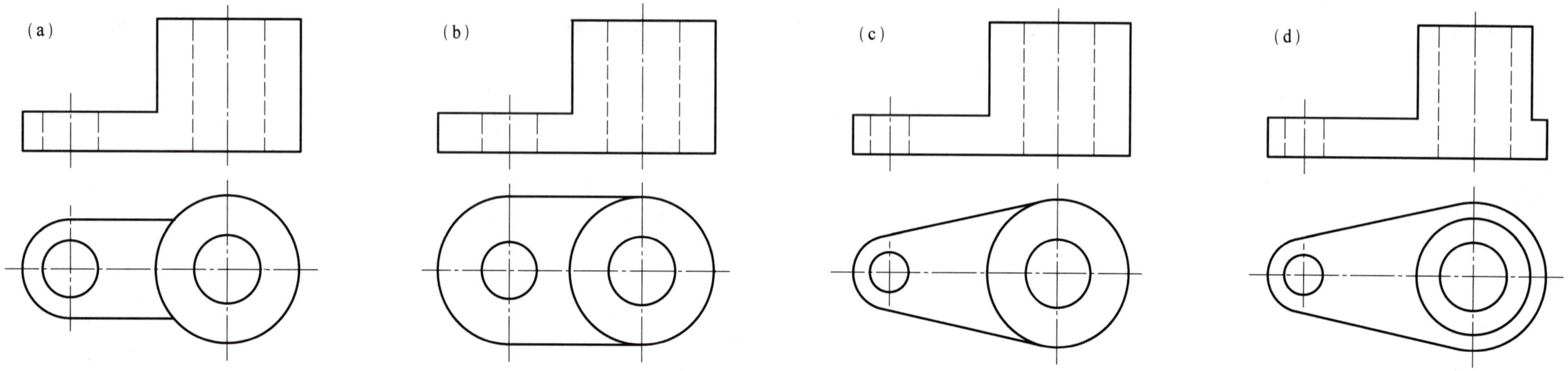

2-10-2

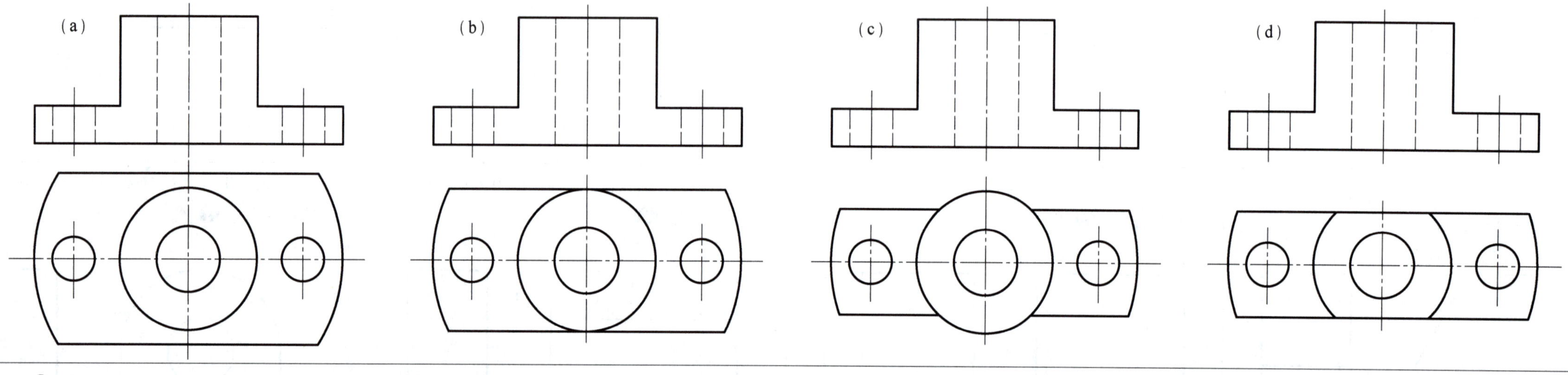

2-10-3

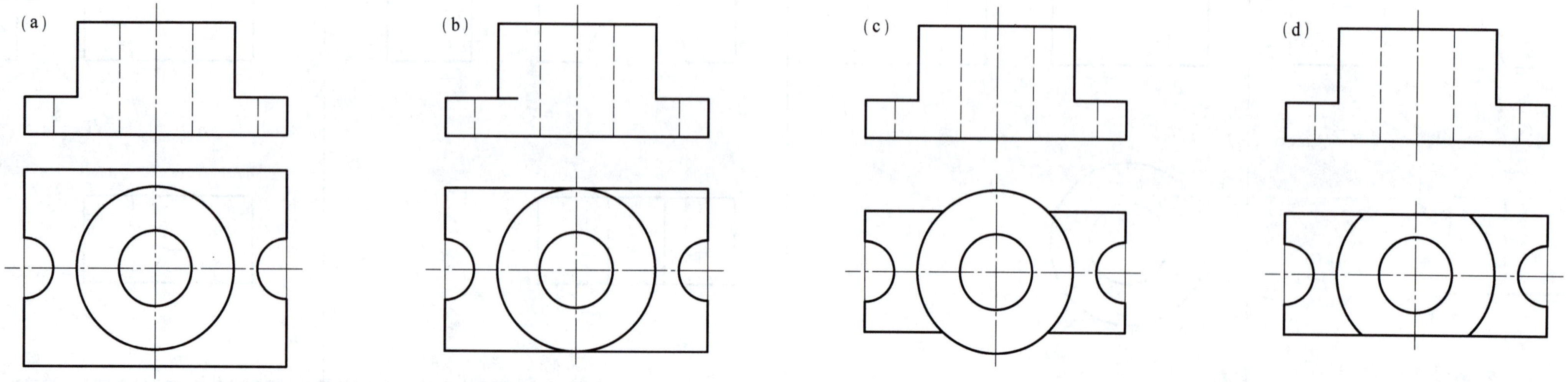

2-11 补全平面立体被截切后的投影

班级　　　　　　姓名　　　　　　学号

2-11-1　补画正四棱柱被截切后的左视图。

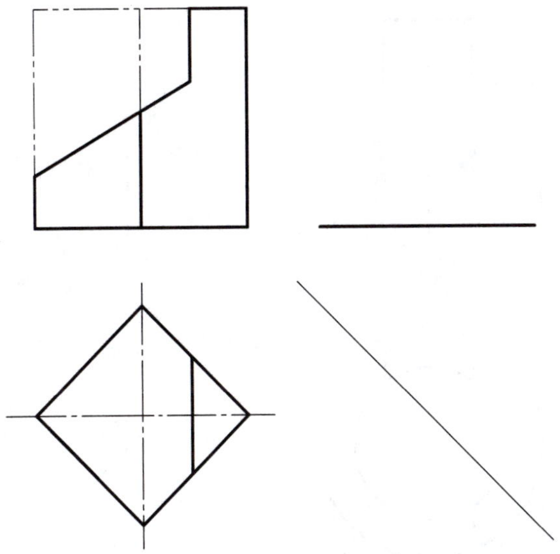

2-11-2　补画三棱柱被截切后的俯视图。

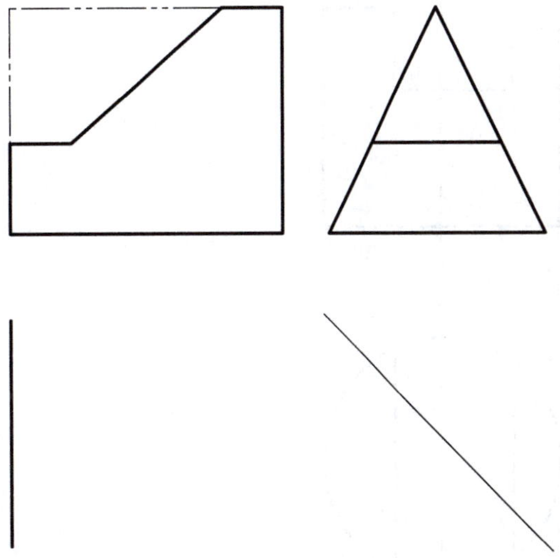

2-11-3　补画物体被截切后的俯视图。

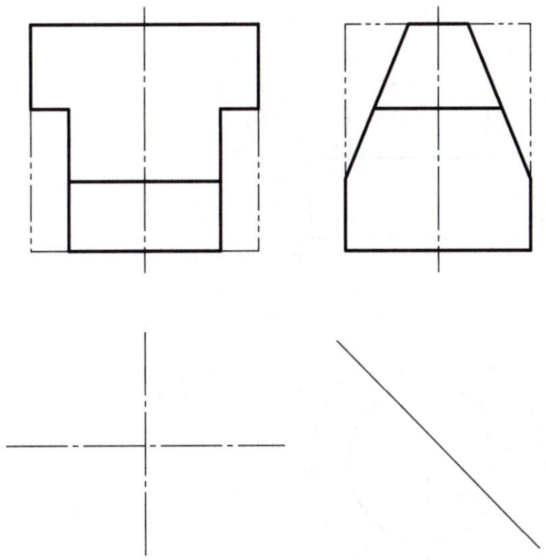

2-11-4　补画物体被截切后的俯视图。

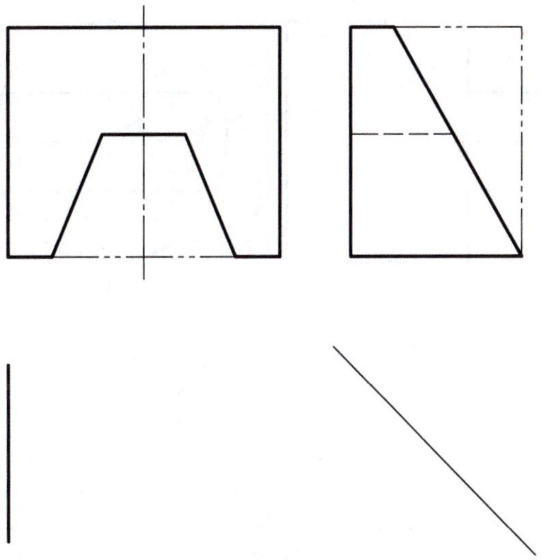

2-11-5　补画正六棱柱开槽后的左视图。

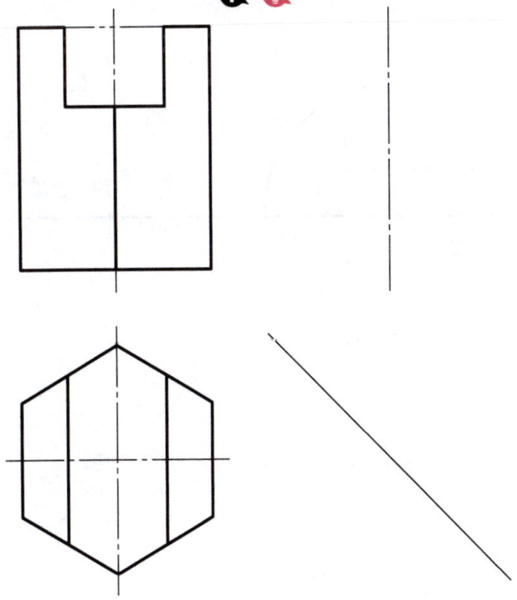

2-11-6　补画四棱台开槽后的俯视图。

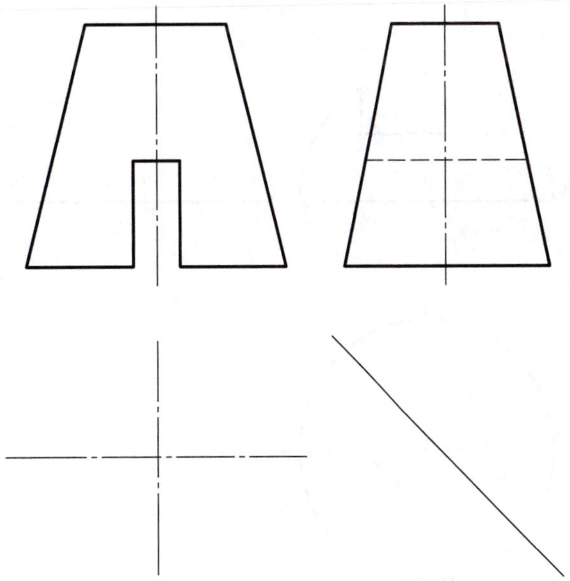

2-11-7　补全正三棱锥被截切后的投影。

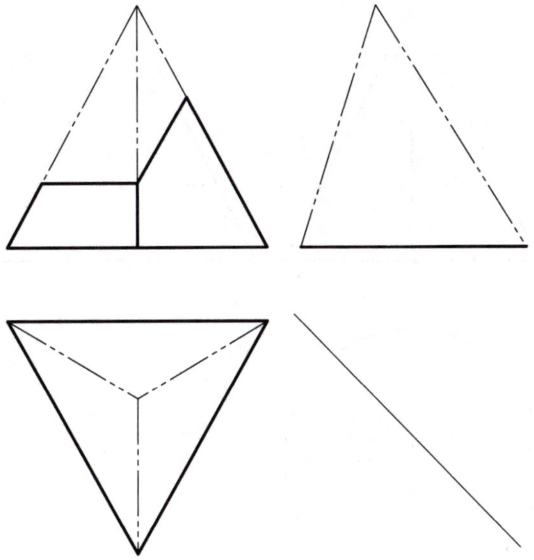

2-11-8　补全正四棱锥被切口后的投影。

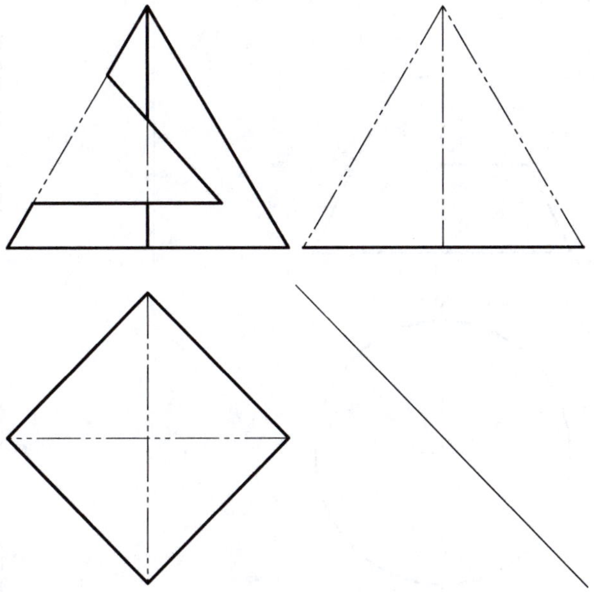

2-12-1 补画圆柱被截切后的俯视图。

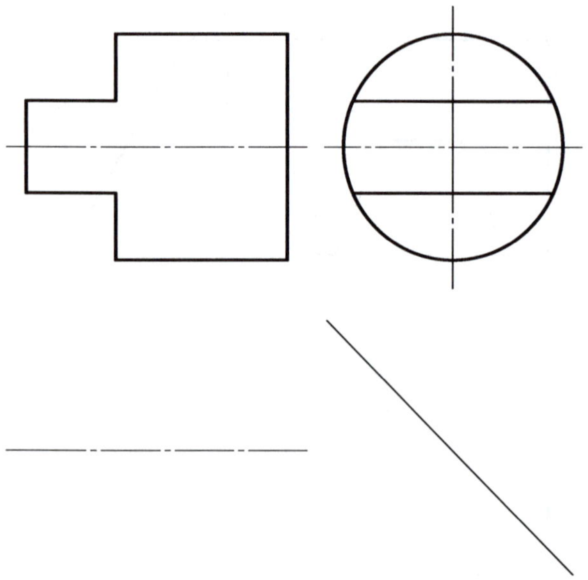

2-12-2 补画阶梯圆柱被截切后的左视图。

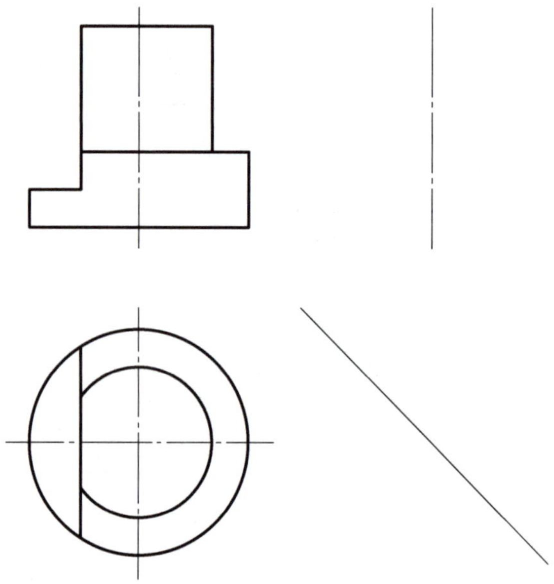

2-12-3 补画圆柱开槽后的左视图。

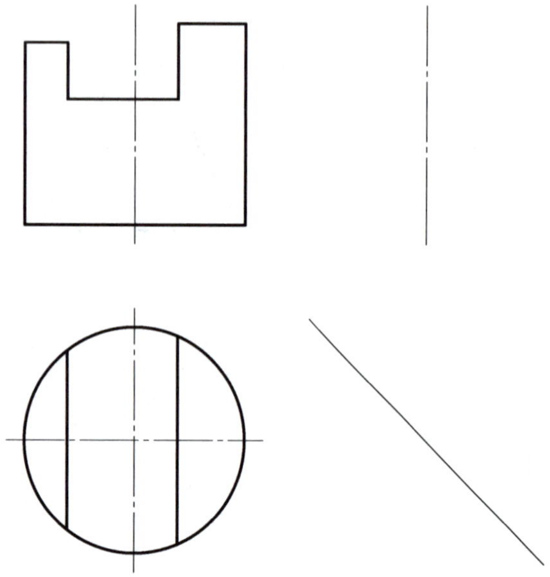

2-12-4 补画圆筒开槽后的左视图。

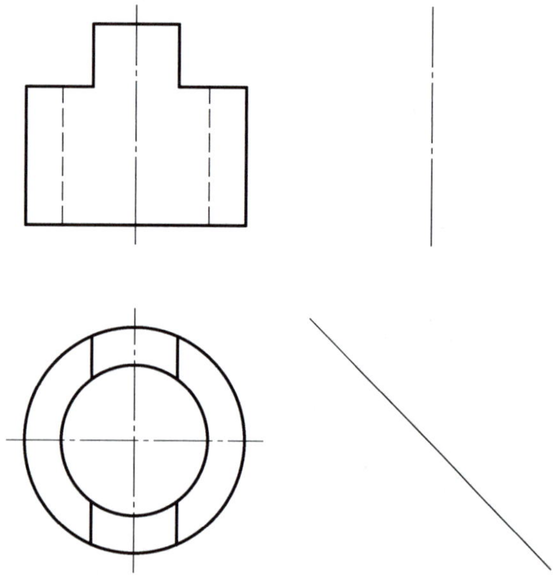

2-12-5 补全圆台被截切后的左、俯视图。

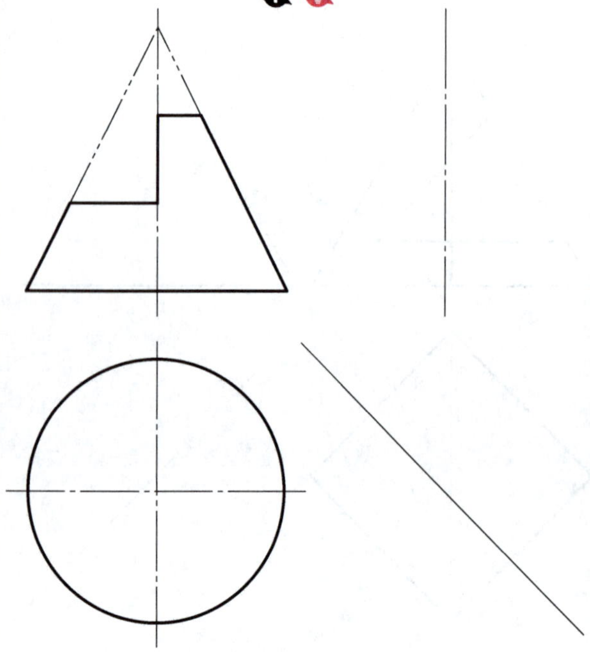

2-12-6 补全圆台开槽后的俯视图。

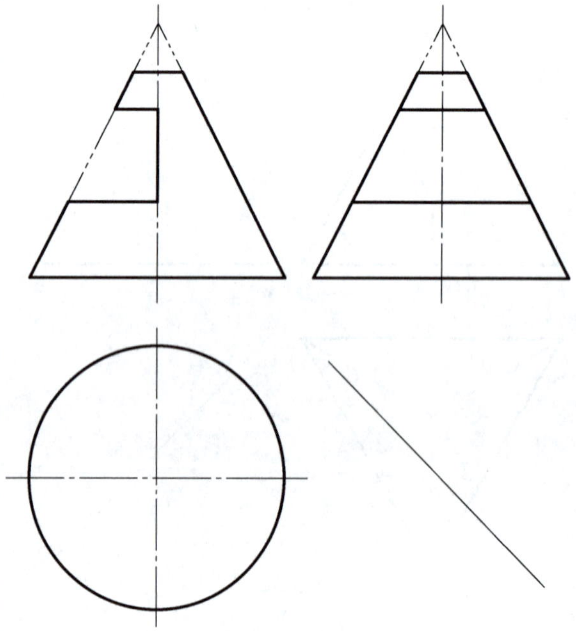

2-12-7 补全半圆球被截切后的左、俯视图。

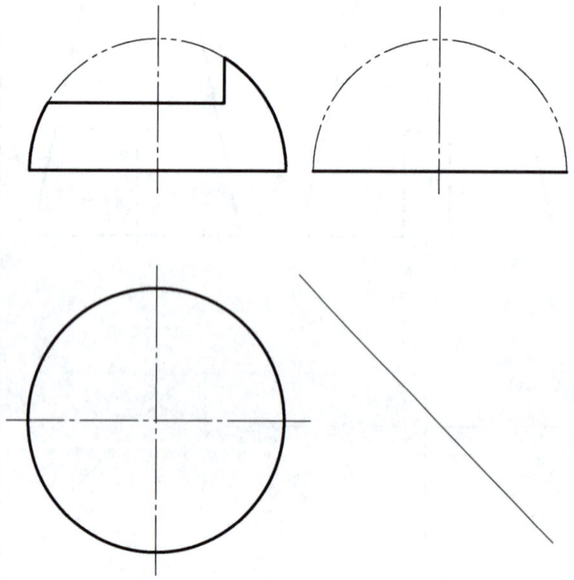

2-12-8 补全半圆球开槽后的左、俯视图。

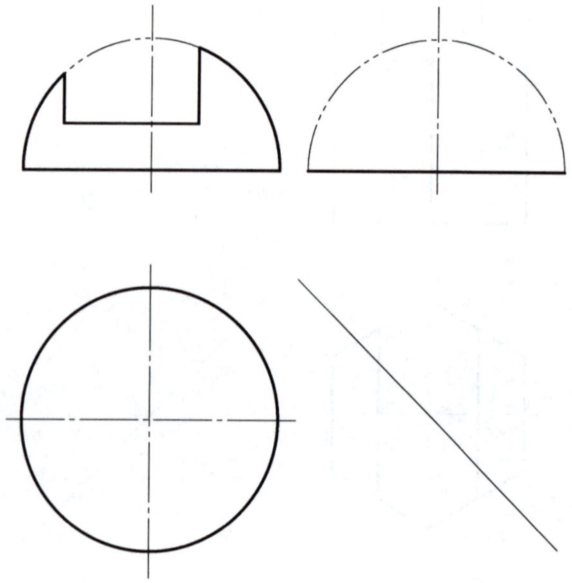

2-13 采用简化画法补画相贯线的投影

班级　　　　　　姓名　　　　　　学号

2-13-1

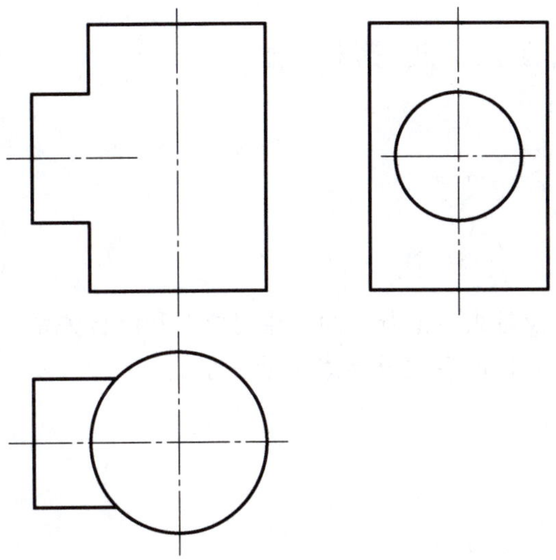

2-13-2

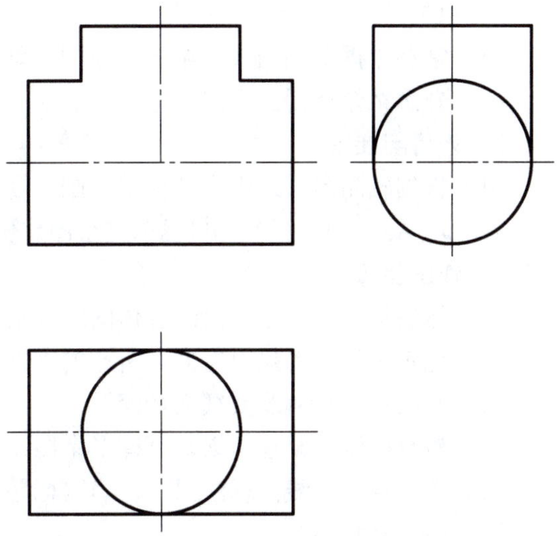

2-13-3

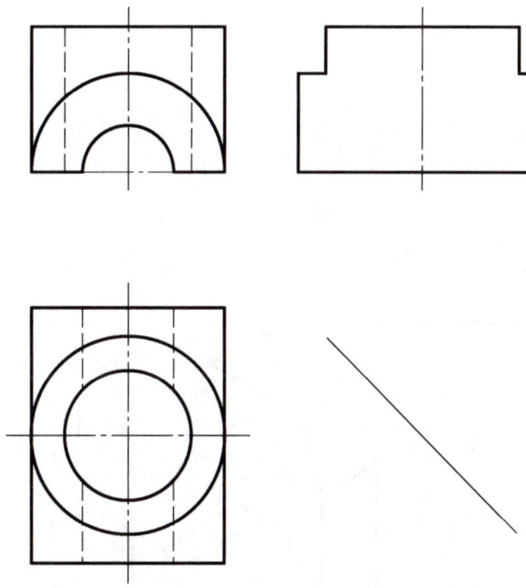

2-13-4

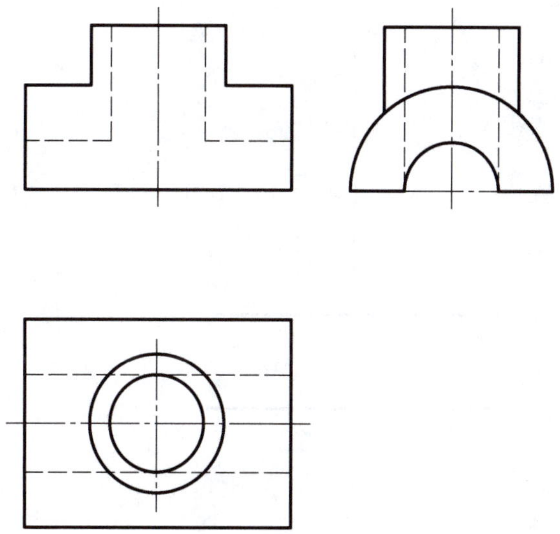

2-13-5

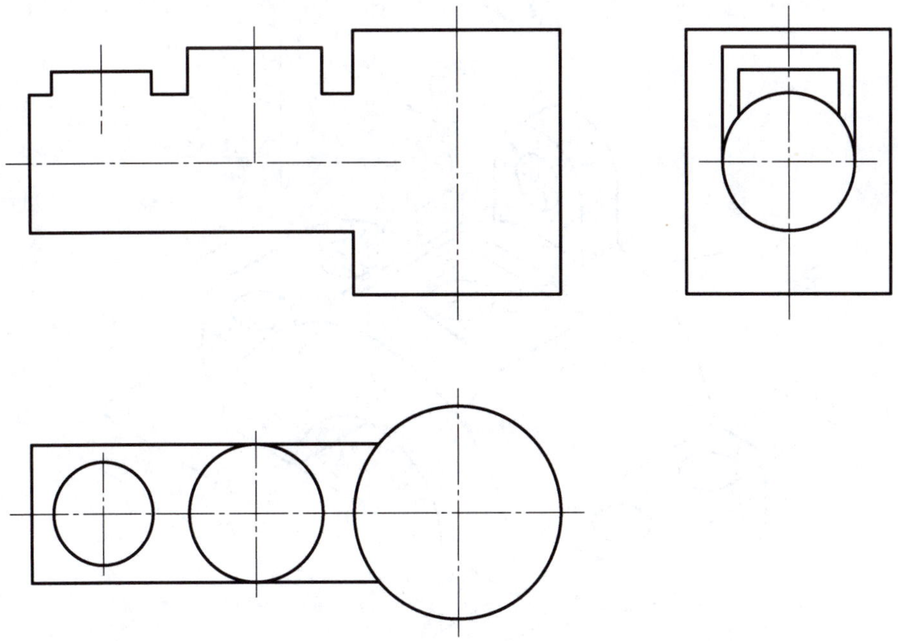

2-13-6

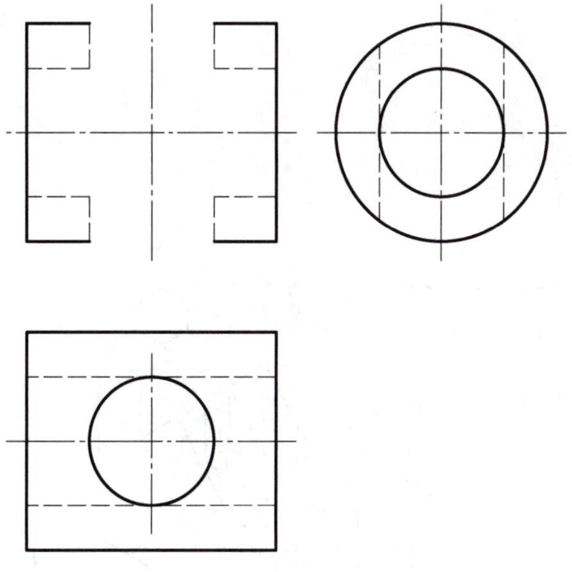

2-13-7

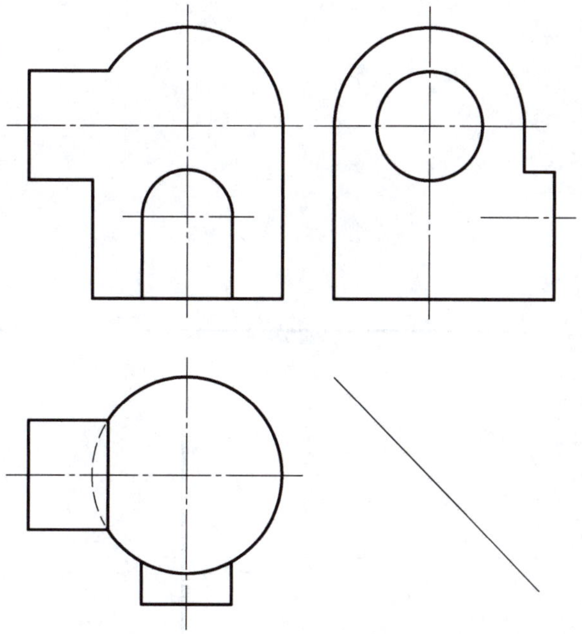

2-14-1

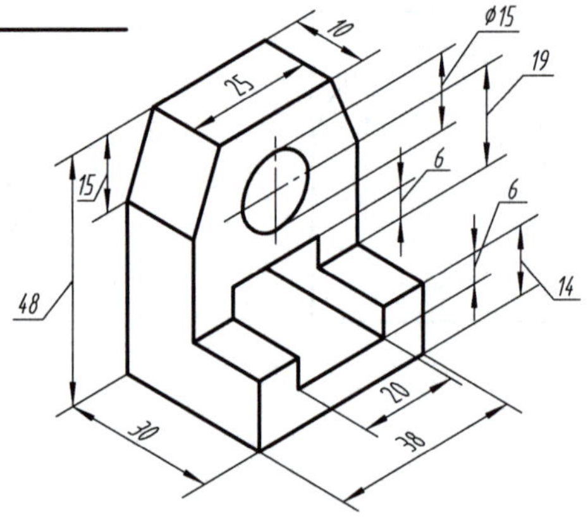

2-14-2

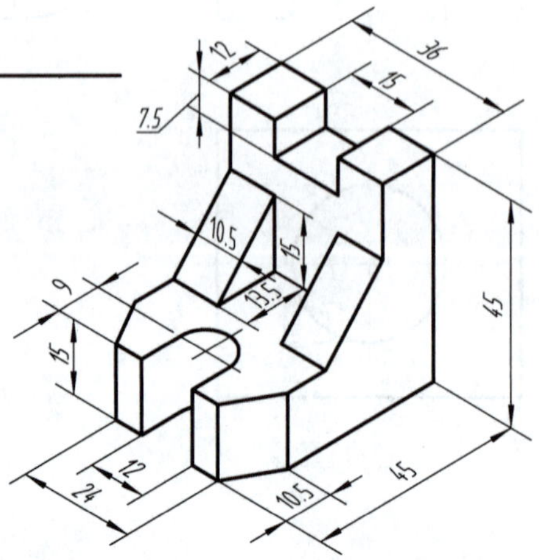

2-14-3

作业指导书（三）

一、目的

（1）掌握根据轴测图（或组合体模型）画三视图的方法，提高绘图技能。

（2）熟悉组合体视图的尺寸注法。

二、内容与要求

（1）根据轴测图（或组合体模型）画三视图，并标注尺寸。

（2）用 A3 或 A4 图纸，自己选定绘图比例。

三、作图步骤

（1）运用形体分析法搞清组合体的组成部分，以及各组成部分之间的相对位置和组合关系。

（2）选定主视图的投射方向。所选的主视图应能明显地表达组合体的形状特征。

（3）画底稿（底稿线要细而轻淡）。

（4）检查底稿，修正错误，擦掉多余图线。

（5）依次描深图线，标注尺寸，填写标题栏。

四、注意事项

（1）图形布置要匀称，留出标注尺寸的位置。先依据图纸幅面、绘图比例和组合体的总体尺寸大致布图，再画出作图基准线（如组合体的底面或顶面、端面的投影，对称中心线等），确定三个视图的具体位置。

（2）正确运用形体分析法，按组合体的组成部分，一部分一部分地画。每一部分都应按其长、宽、高在三个视图上同步画底稿，以提高绘图速度。不要先画出一个完整的视图，再画另一个视图。

（3）标注尺寸时，不能照搬轴测图上的尺寸注法，应按标注三类尺寸的要求进行。

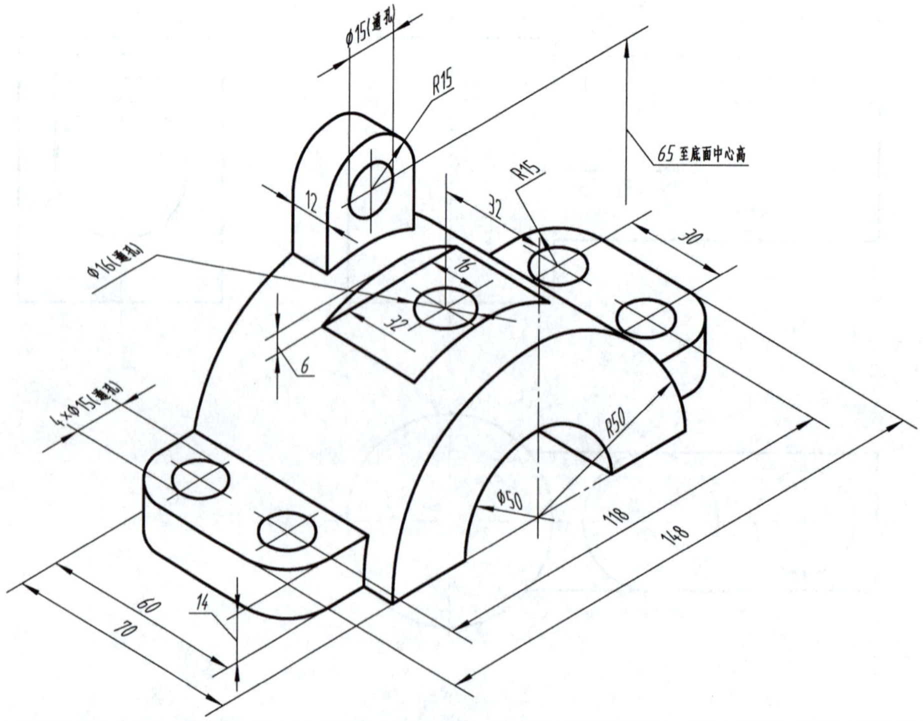

2-15 标注几何体尺寸；修改标注错误或不妥的尺寸（画×），补全遗漏的尺寸

班级　　　　姓名　　　　学号

2-15-1

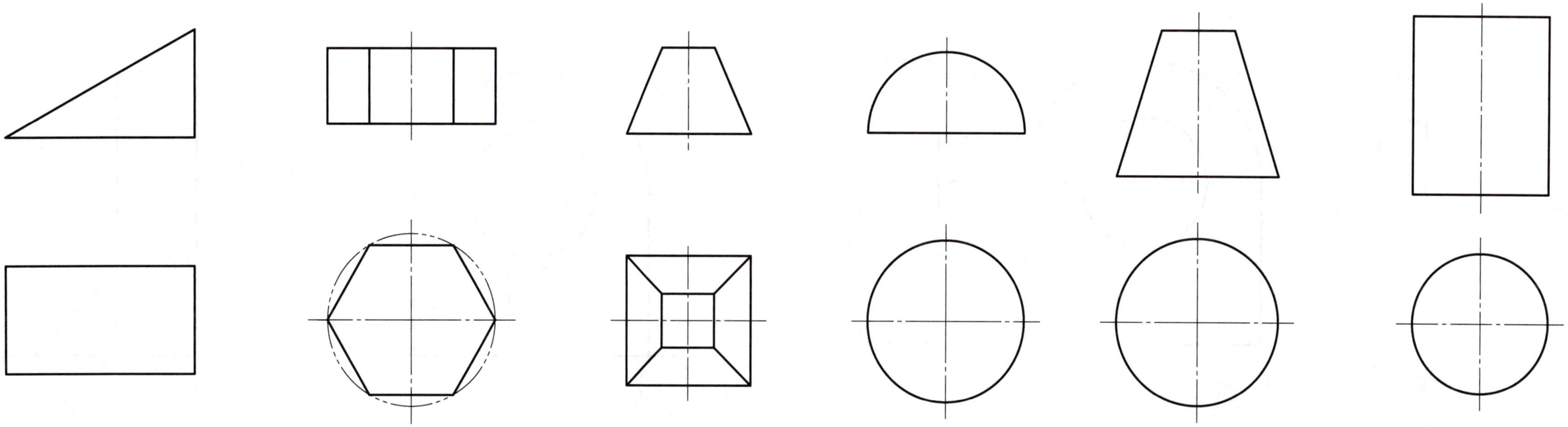

三棱柱　　正六棱柱　　正四棱台　　半圆球　　圆台　　圆柱

2-15-2

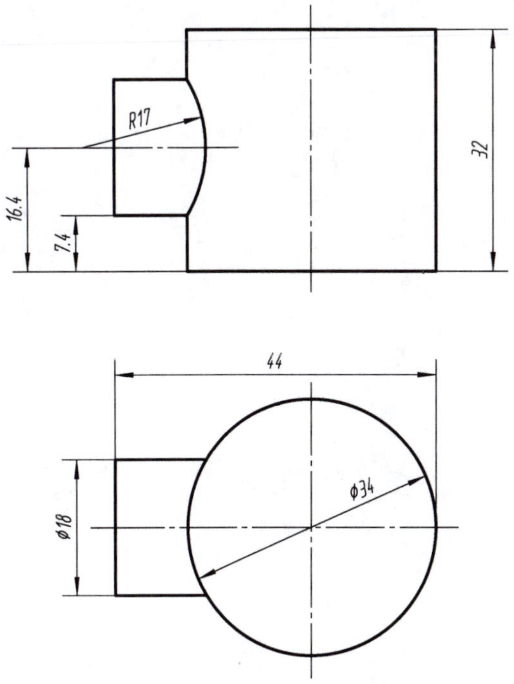

2-15-3

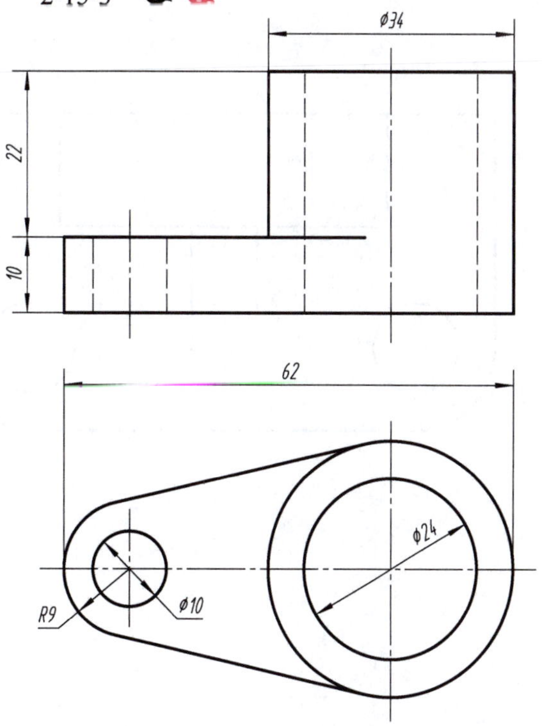

2-15-4

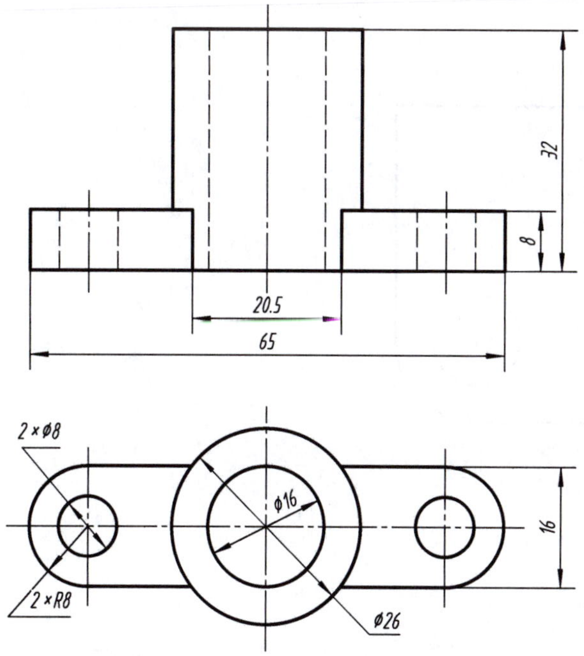

2-15-5

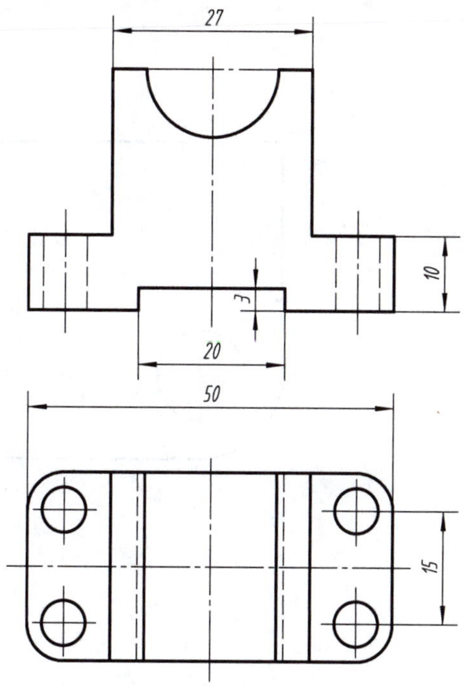

2-16-1 标注组合体各组成部分的尺寸（按 1∶1 的比例从图中量取整数）。

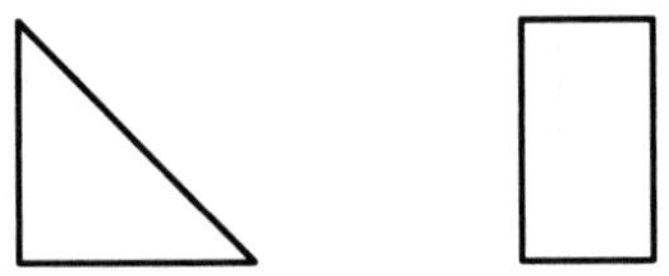

三角形支承板

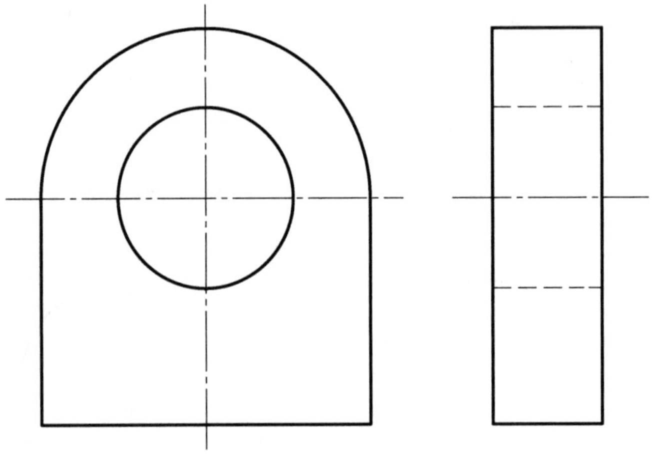

立板

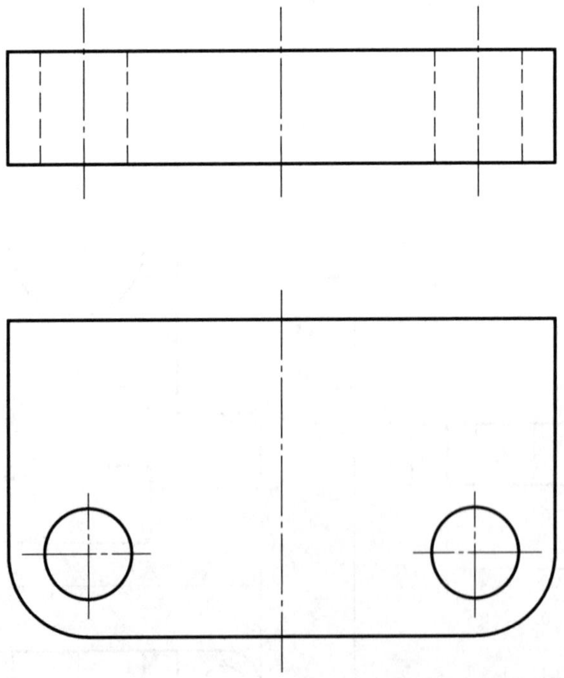

底板

2-16-2 标注组合体尺寸（按 1∶1 的比例从图中量取整数）。

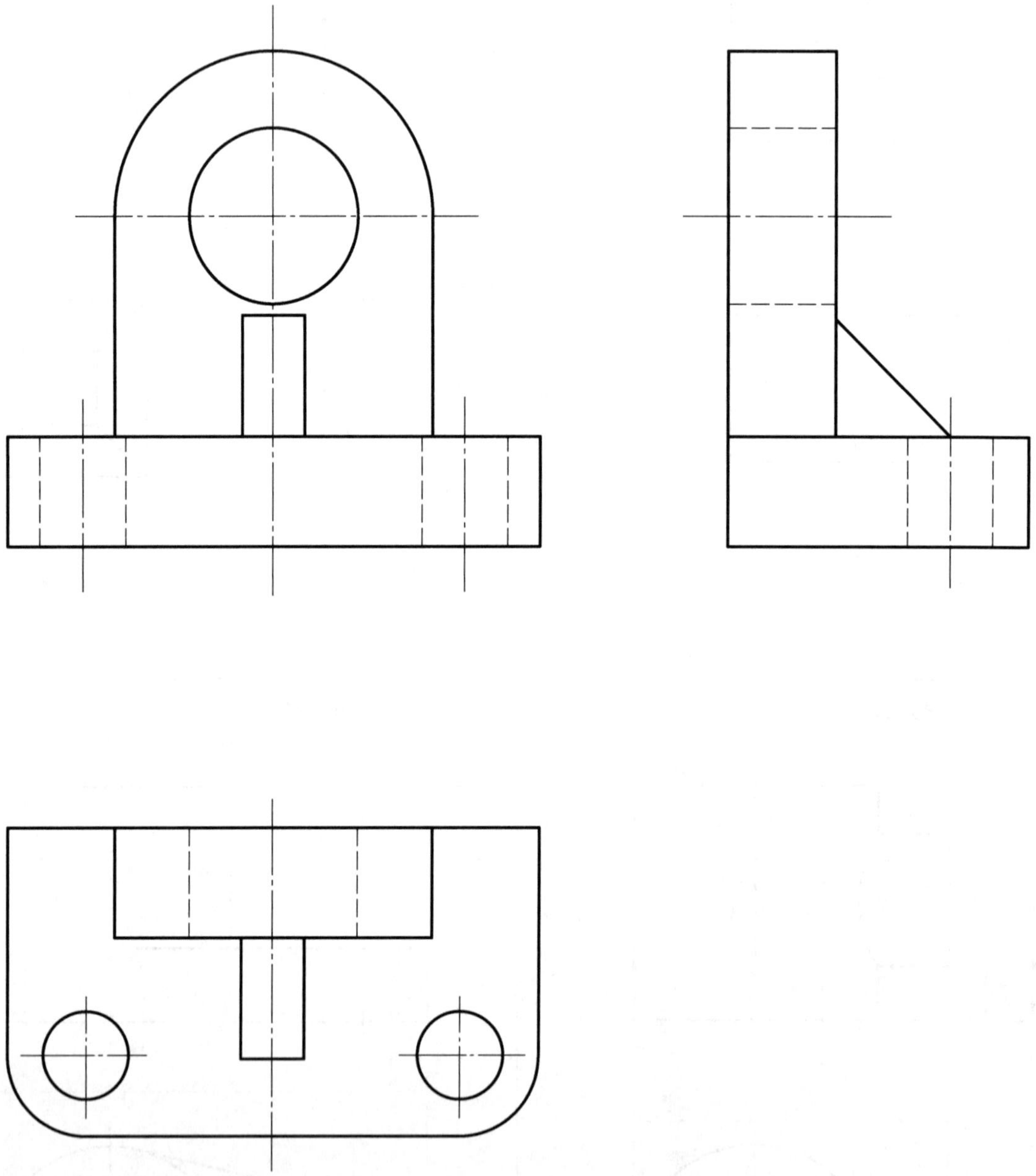

2-17 标注组合体尺寸，尺寸数值按 1：1 的比例从图中量取整数

班级　　　　　姓名　　　　　学号

2-17-1

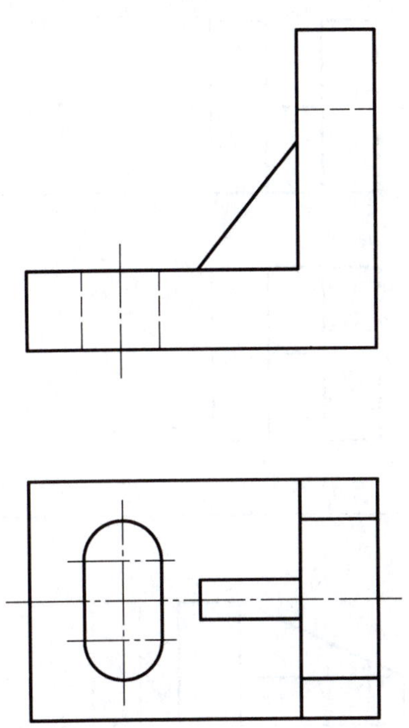

2-17-2

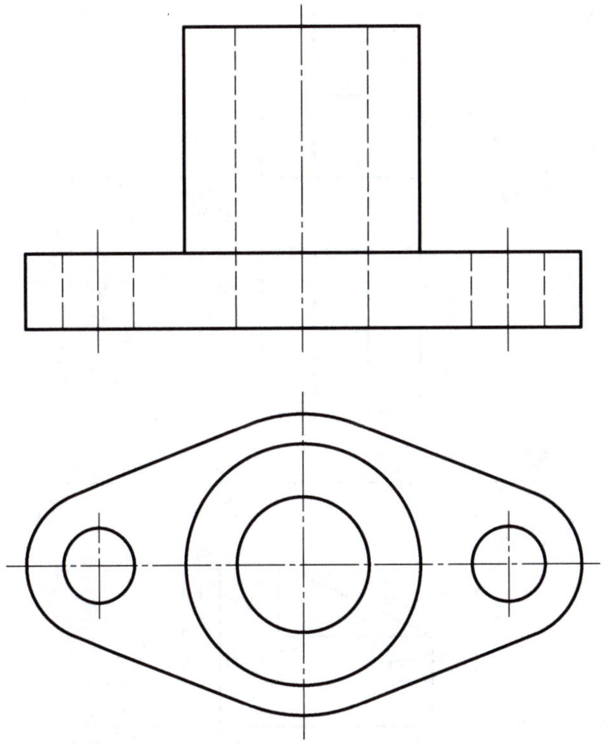

2-17-3

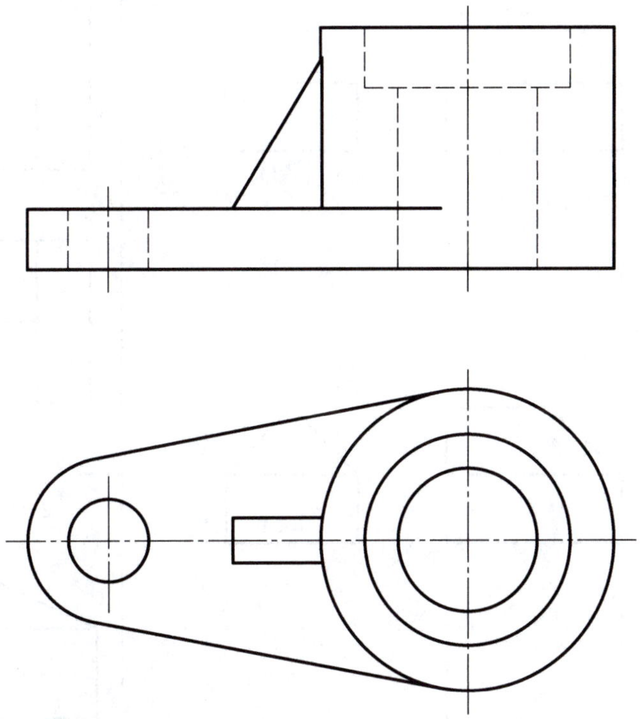

2-17-4

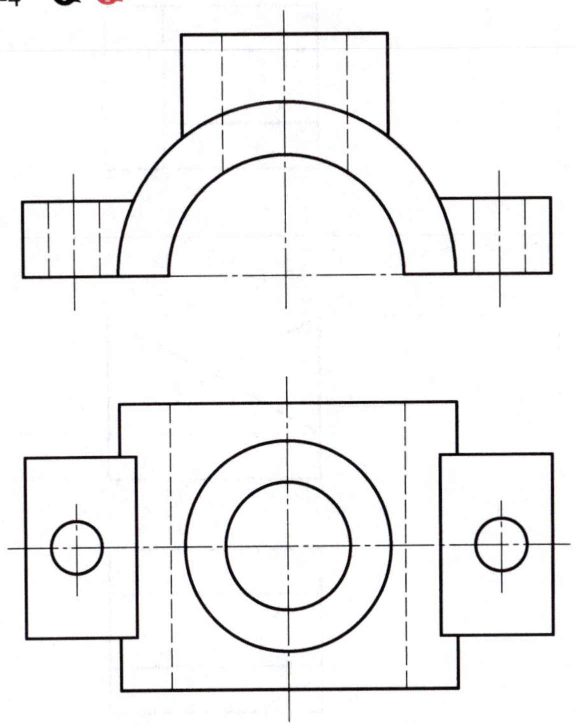

2-17-5

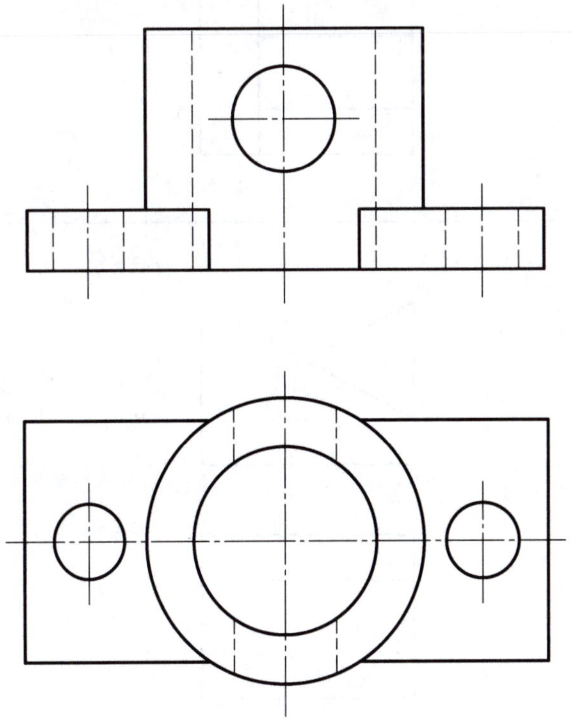

2-17-6

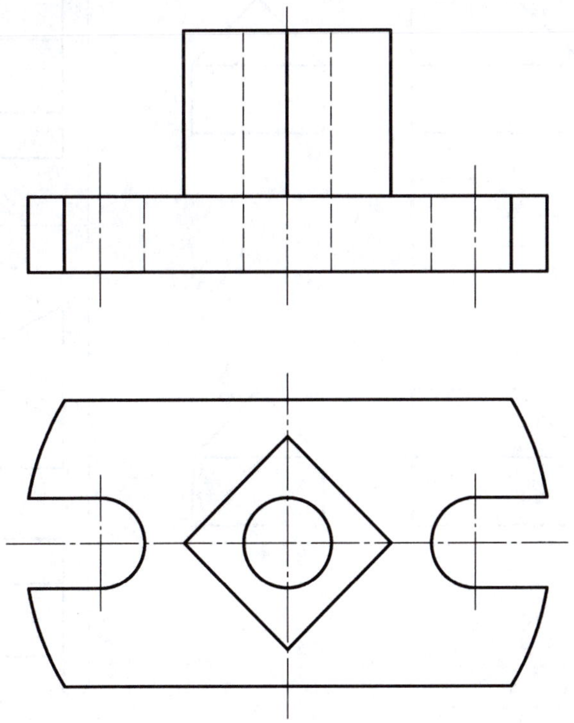

2-18 多项选择——选择正确的一组三视图，在括号内画（√）

班级　　　　姓名　　　　学号

2-18-1

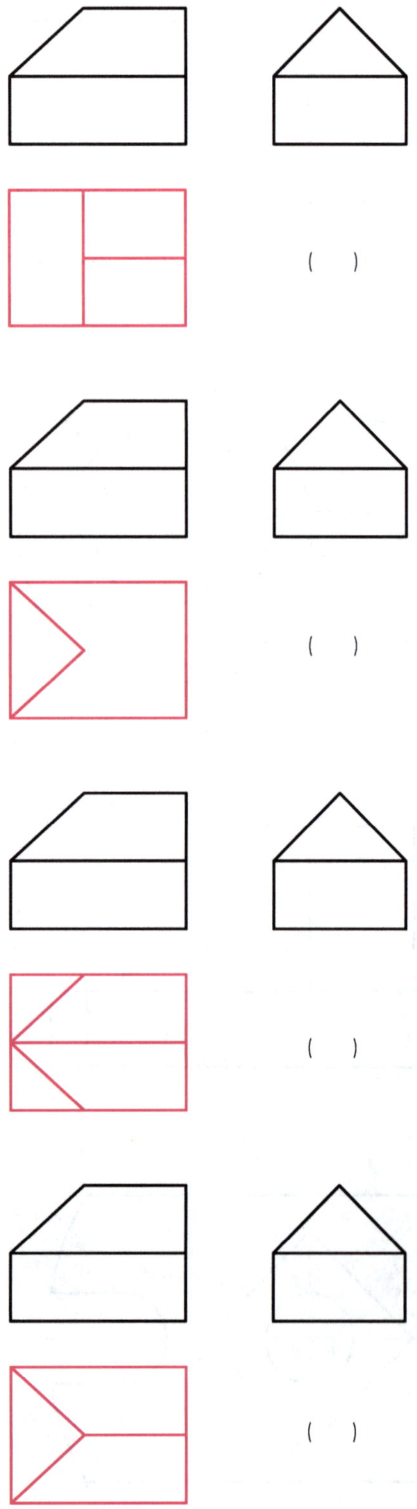

2-18-2

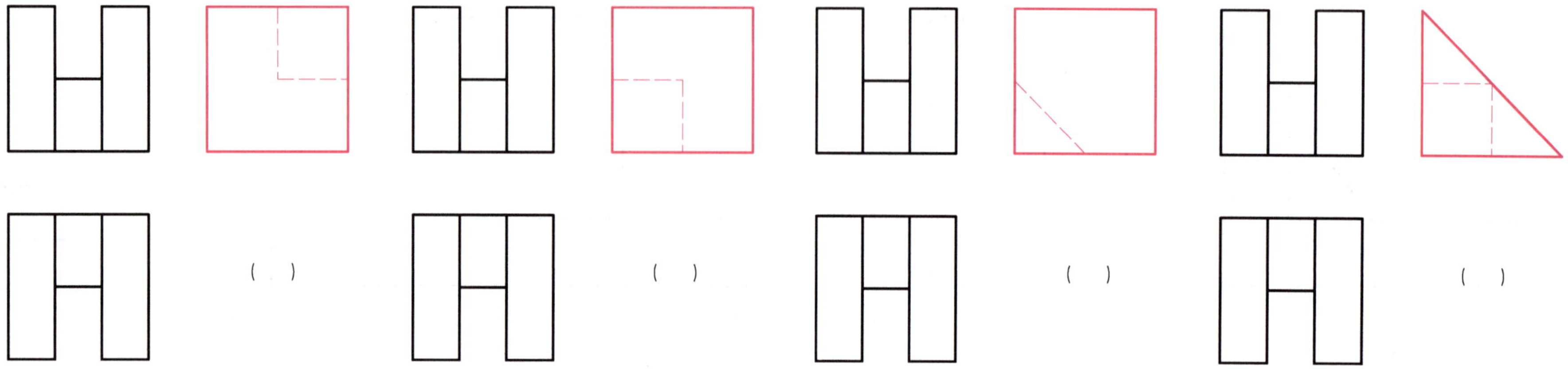

2-18-3

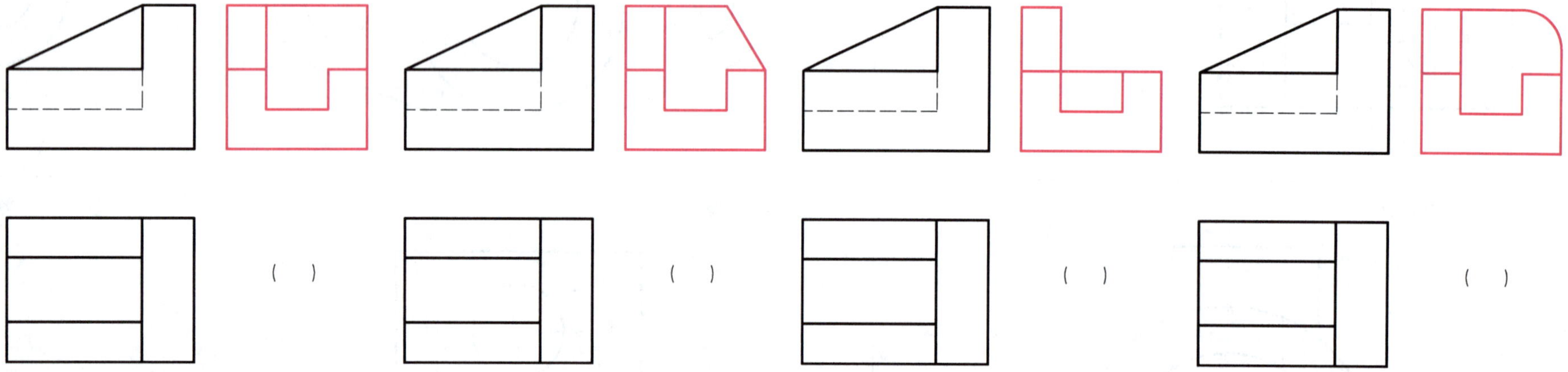

2-18-4

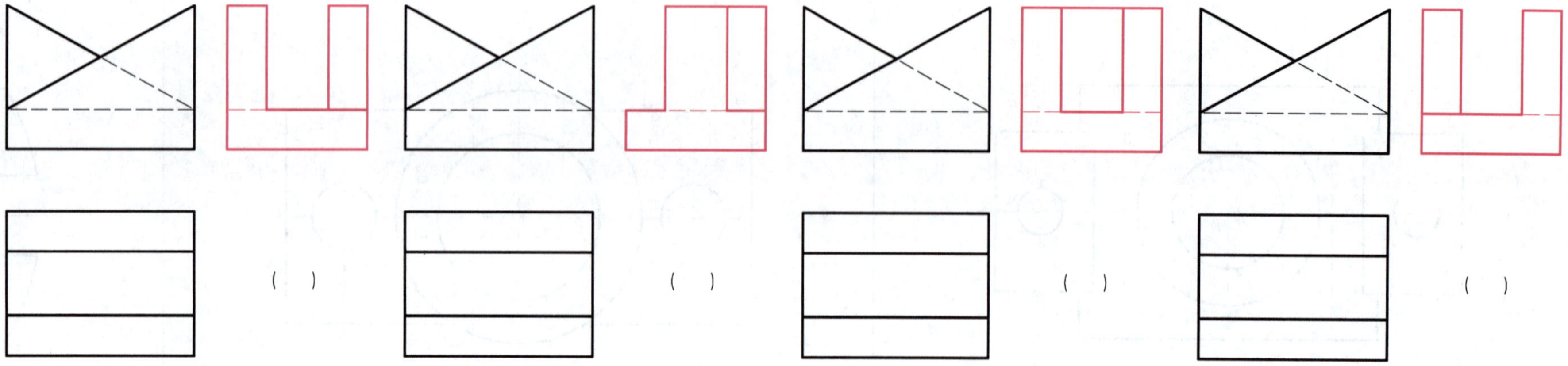

2-19 补画视图中所缺的图线

班级　　　　姓名　　　　学号

2-19-1

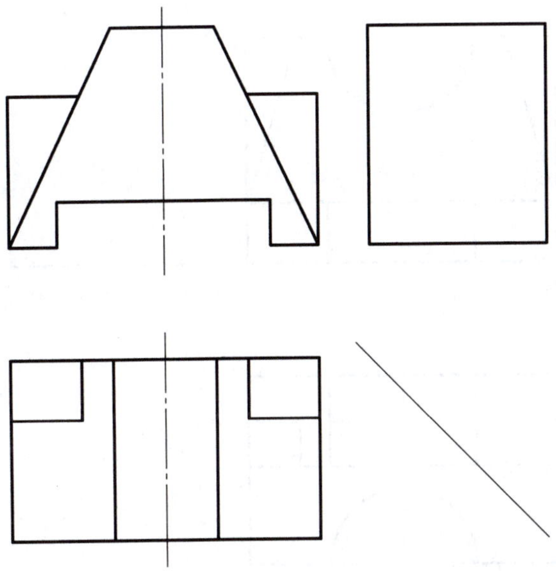

2-19-2

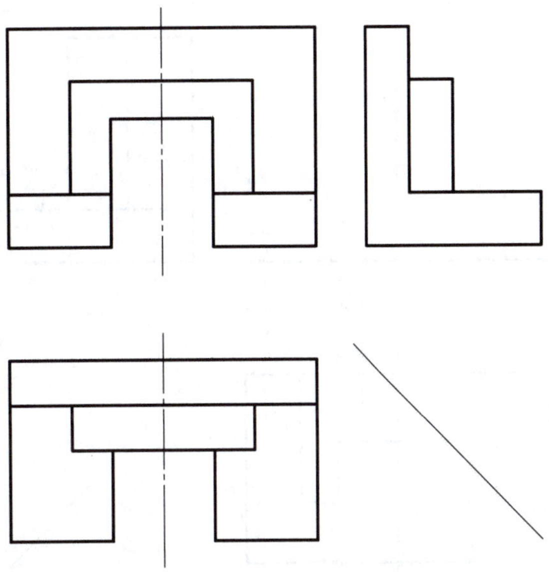

2-19-3

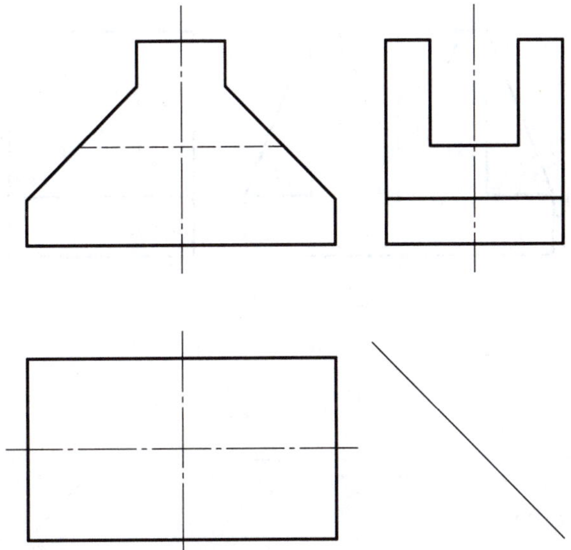

2-19-4

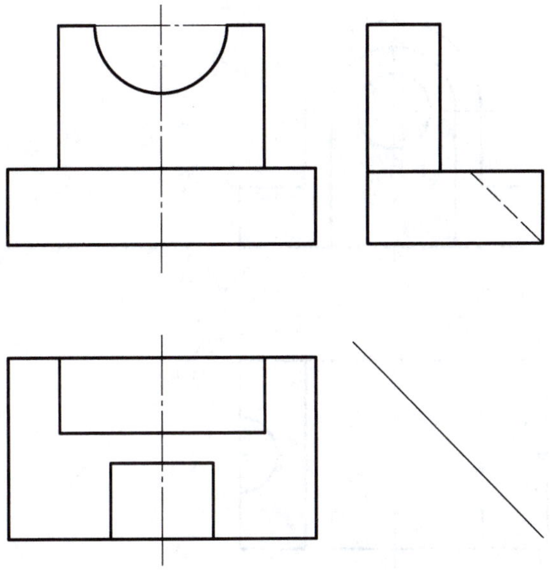

2-19-5

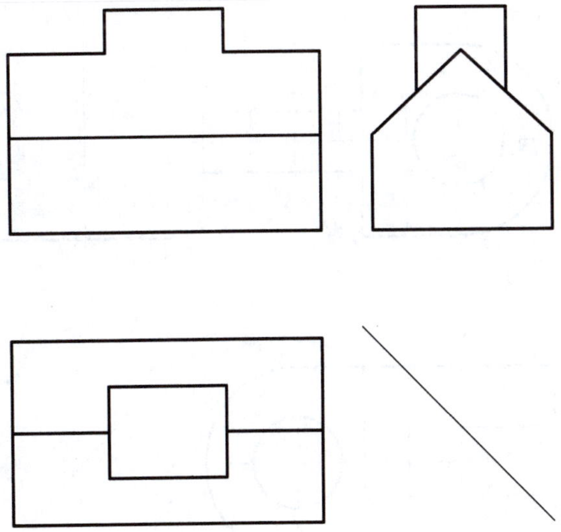

2-19-6

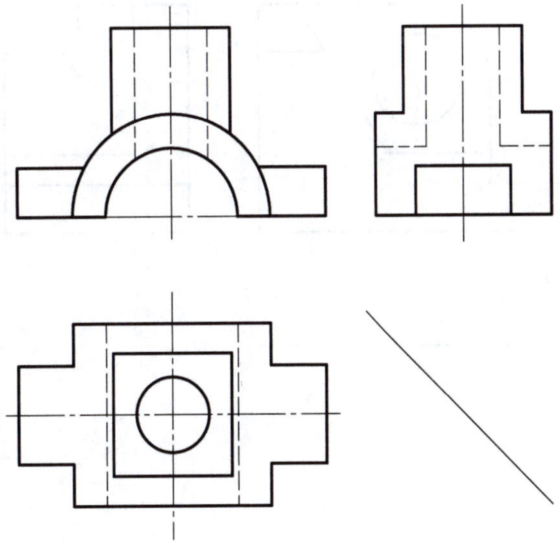

2-19-7

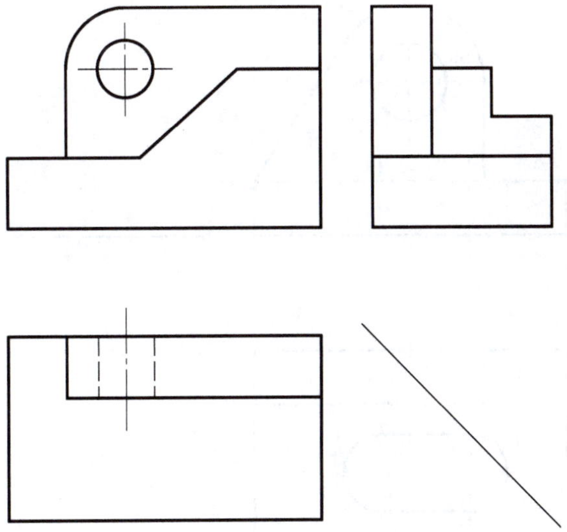

2-19-8

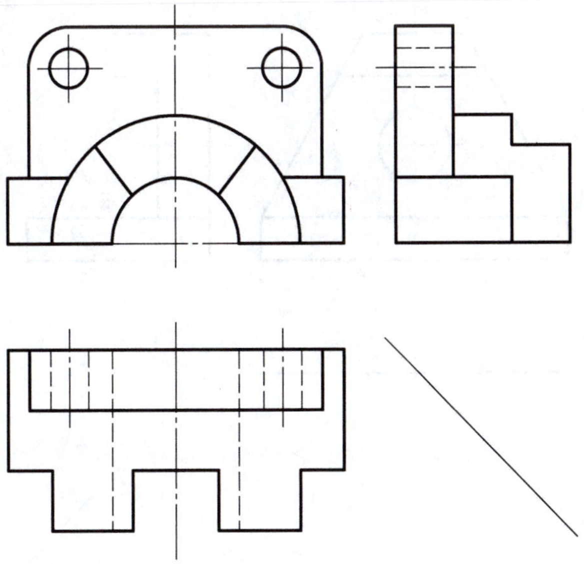

2-20 补画第三视图

班级　　　　姓名　　　　学号

2-20-1 补画左视图。

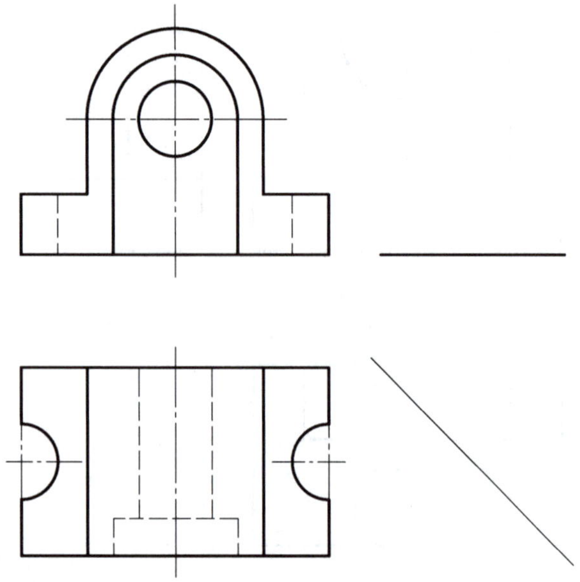

2-20-2 补画俯视图。

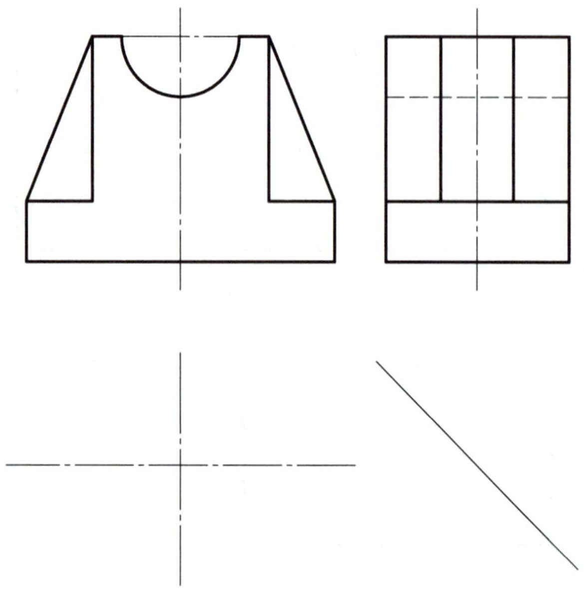

2-20-3 补画主视图。

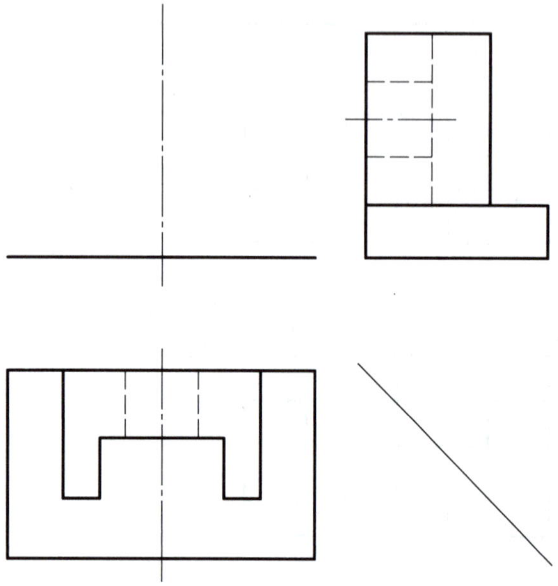

2-20-4 补画左视图。

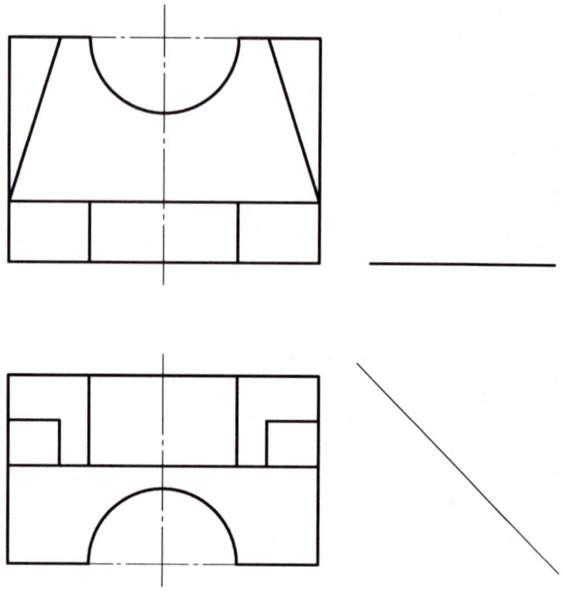

2-20-5 补画俯视图。

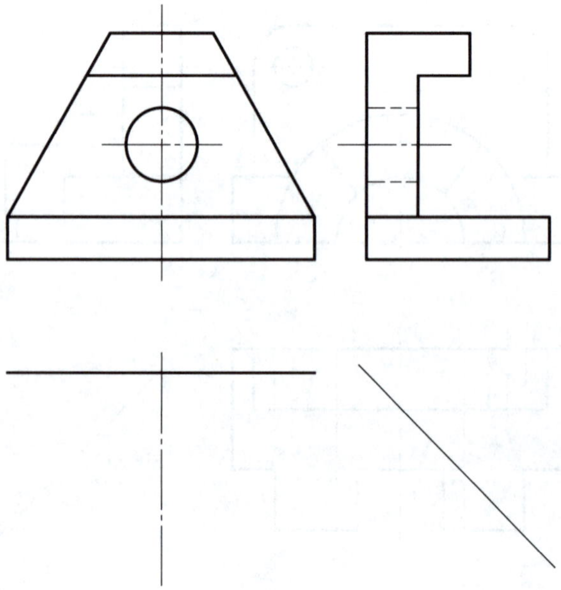

2-20-6 补画左视图。

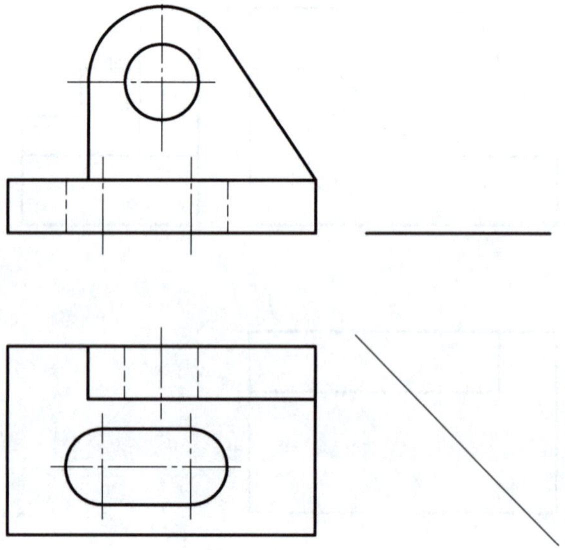

2-20-7 补画俯视图。

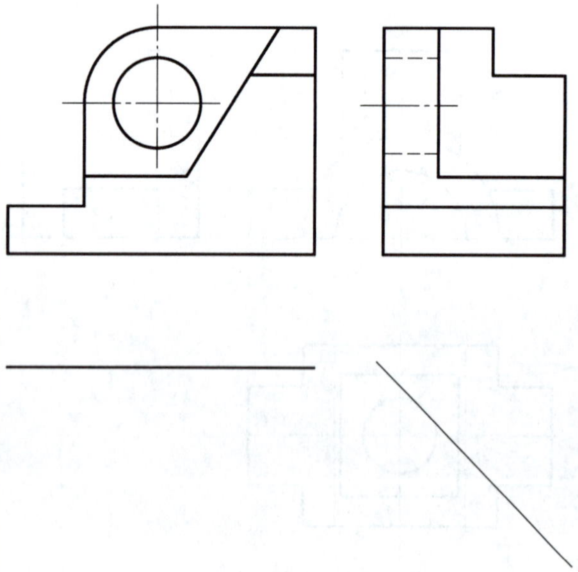

2-20-8 补画左视图。

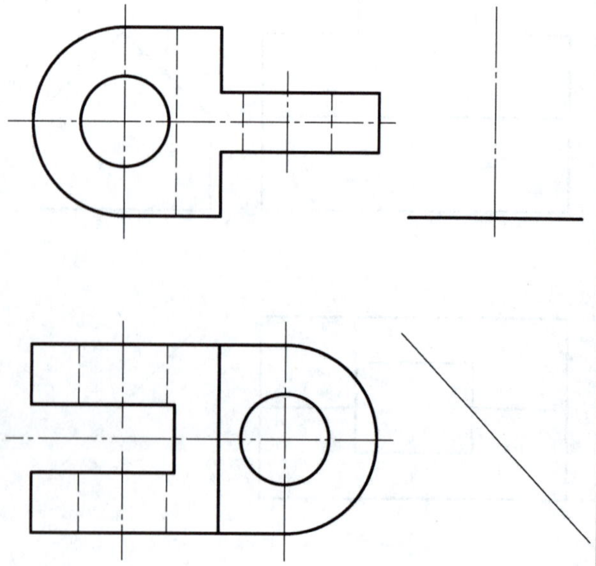

2-21 根据已知三视图，画出其正等测

班级　　姓名　　学号

2-21-1

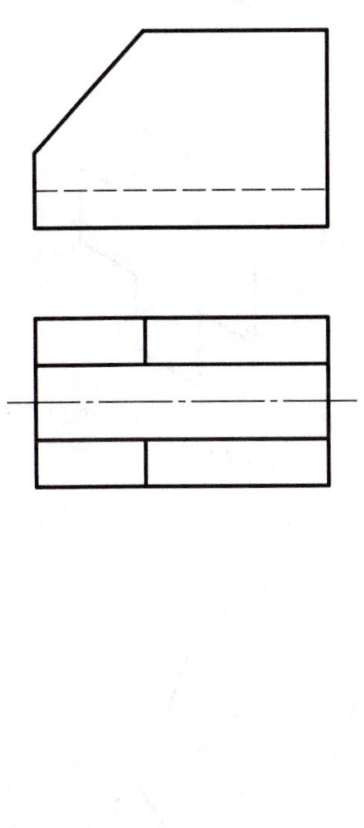

2-21-2

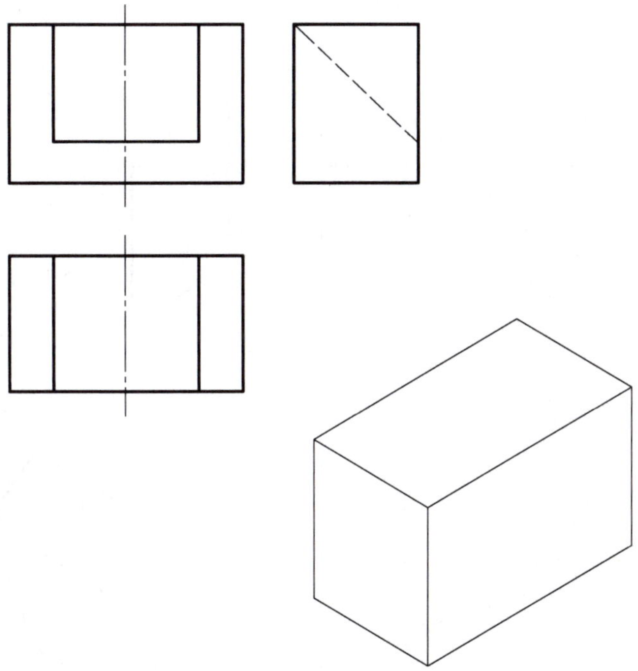

2-21-3

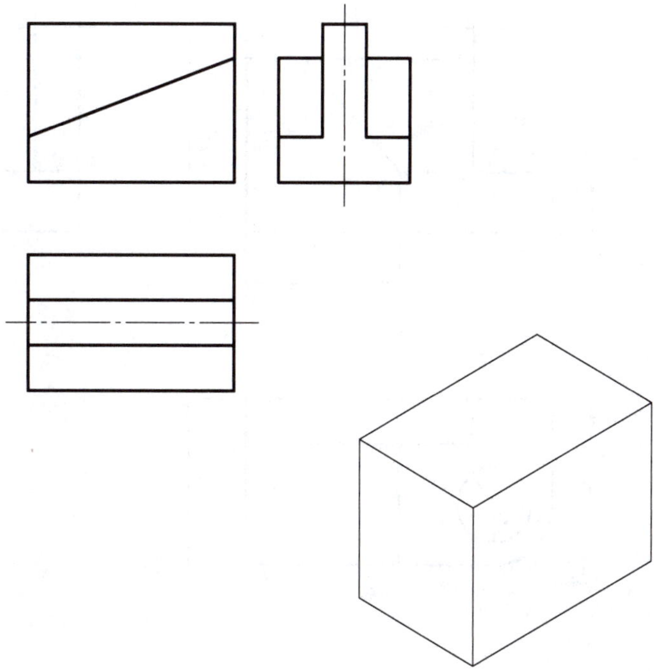

2-21-4

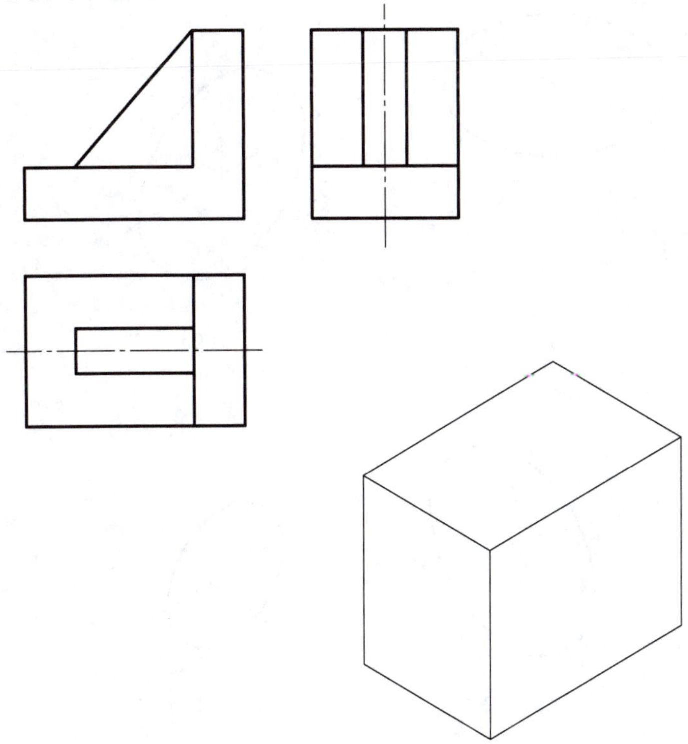

2-21-5

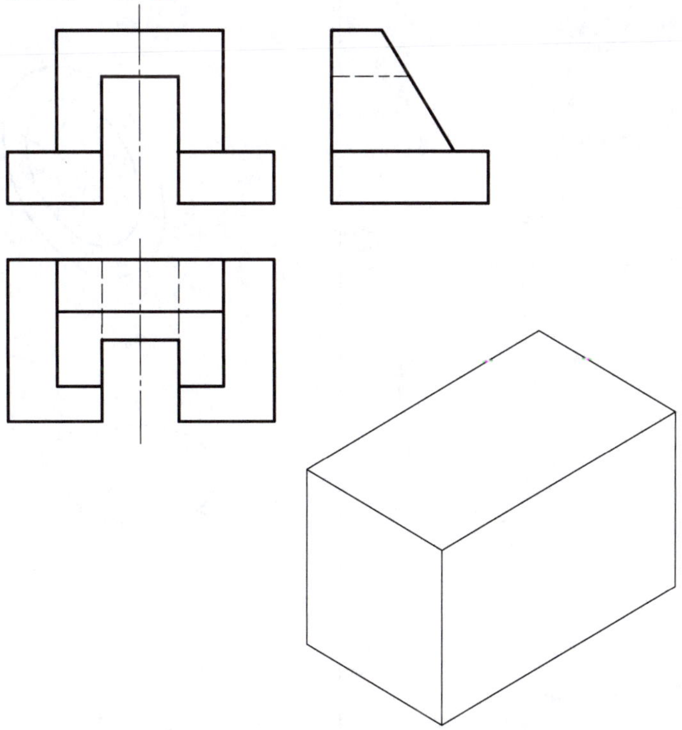

2-21-6

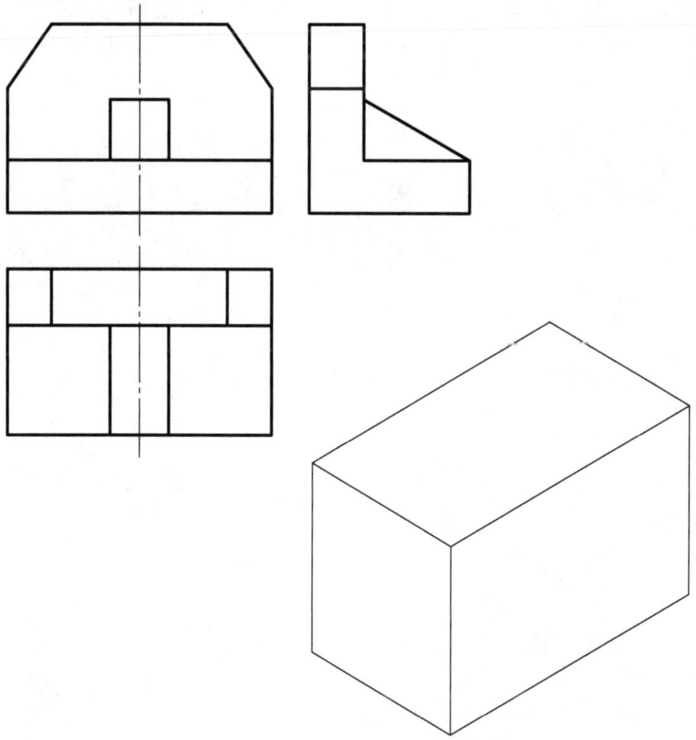

2-22-1 根据视图中的尺寸，按 1∶1 的比例画出其正等测。

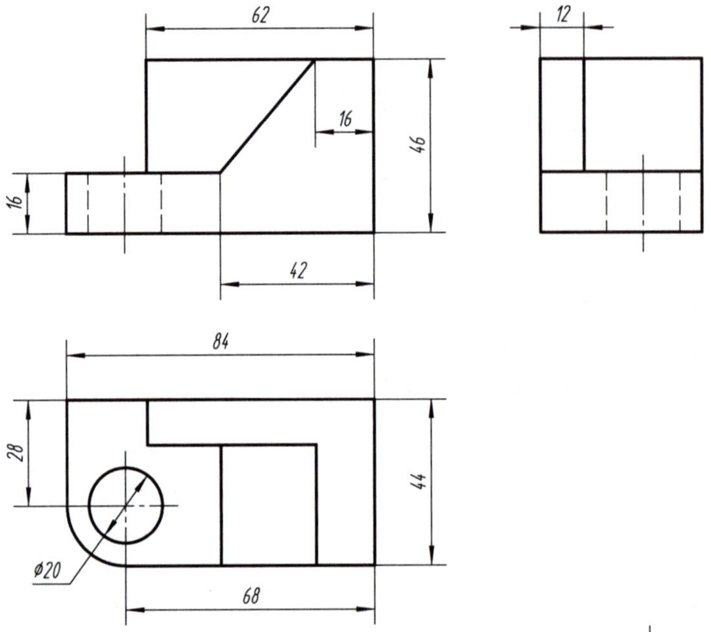

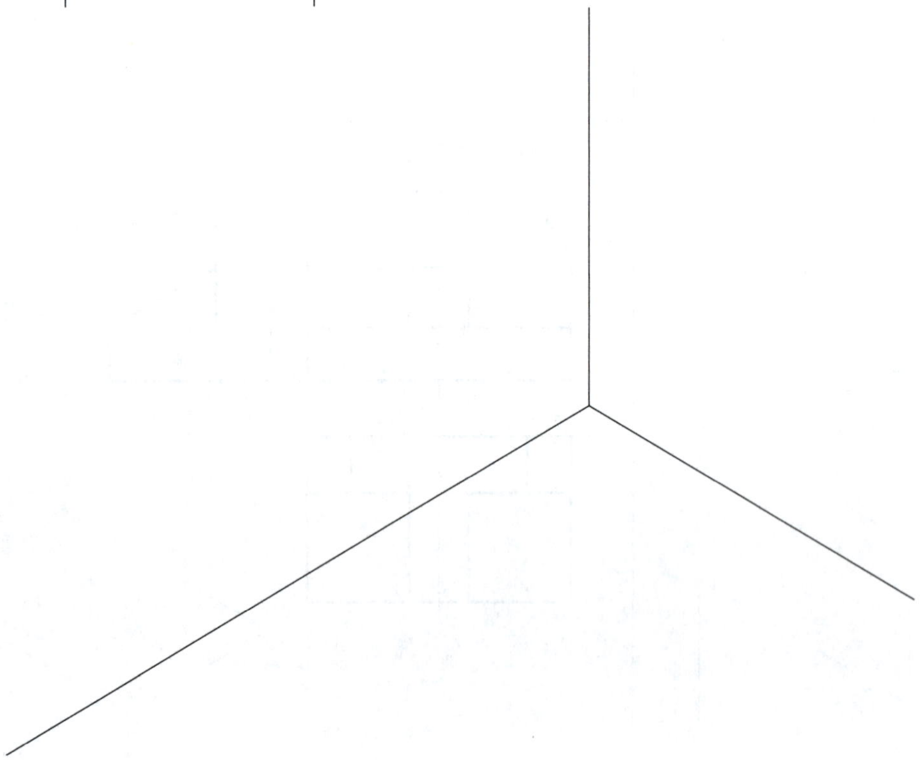

2-22-2 根据物体某一表面（上面、前面、右面或左面）的投影，徒手画出其轴测图（另一轴向尺寸已经用红线给定，徒手描深加粗）。

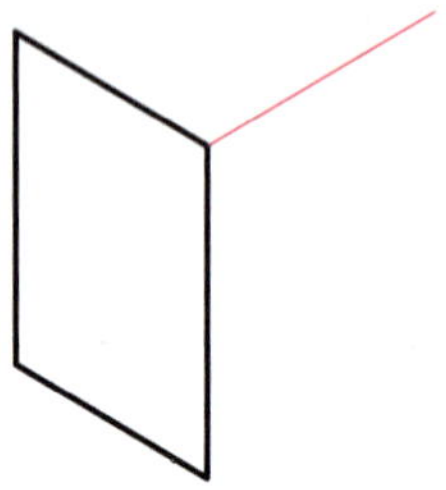

（1）

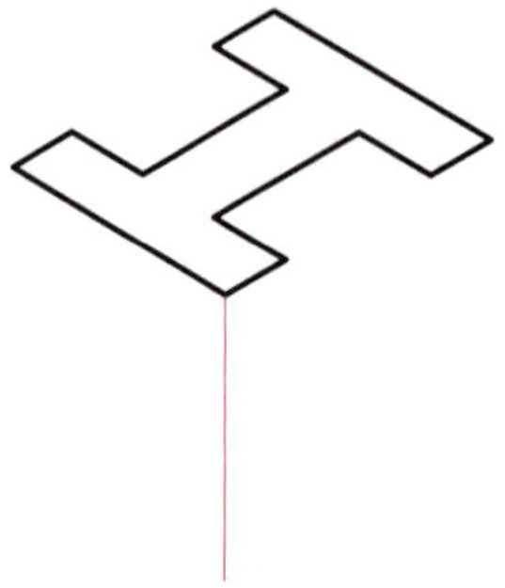

（2）

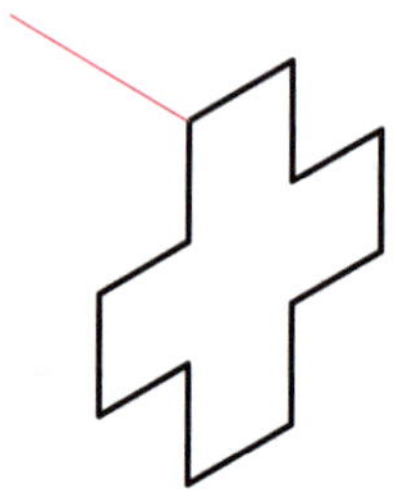

（3）

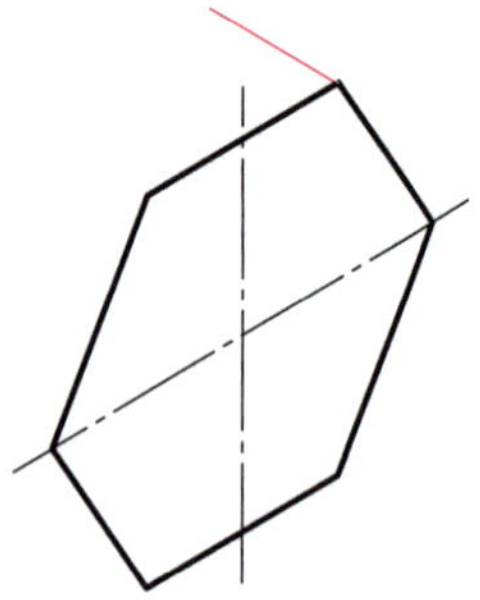

（4）

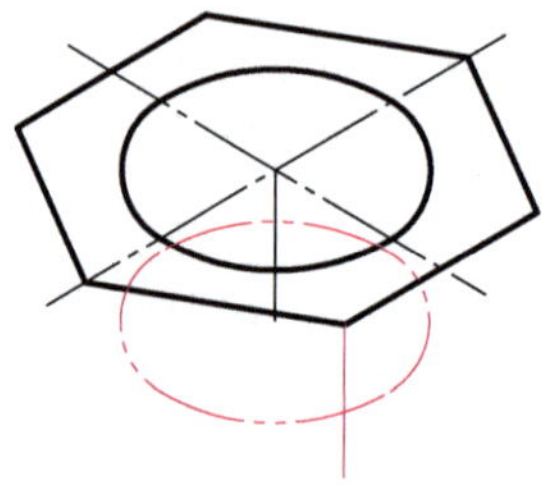

（5）

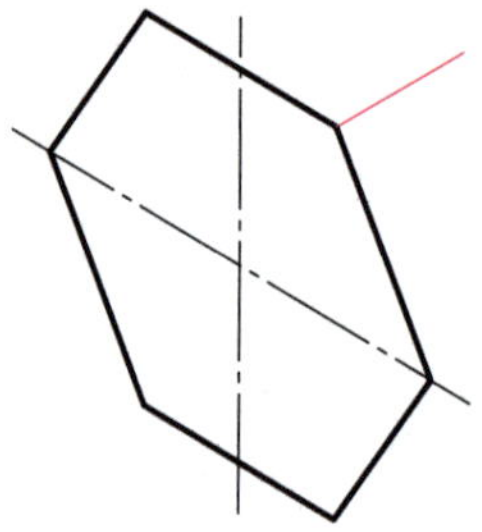

（6）

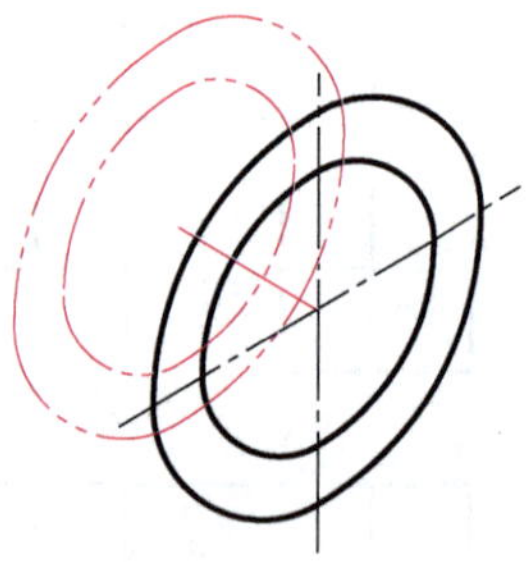

（7）

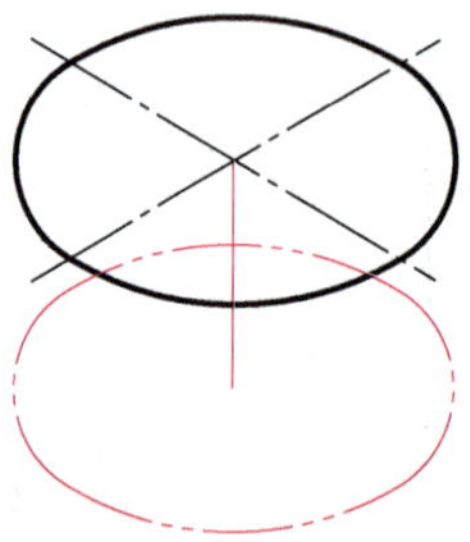

（8）

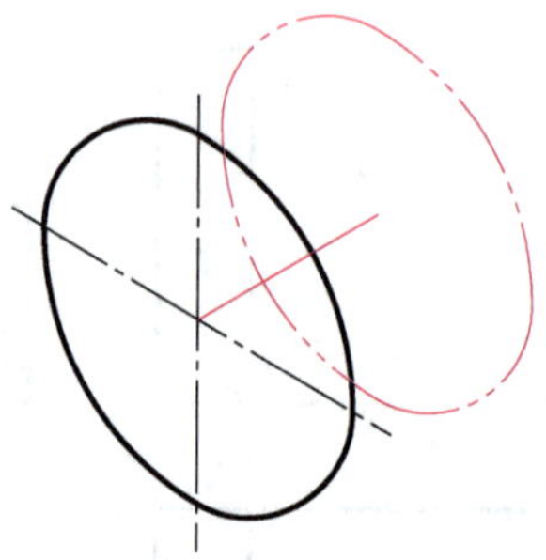

（9）

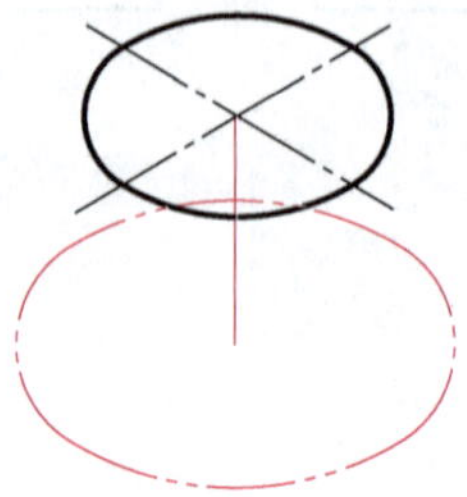

（10）

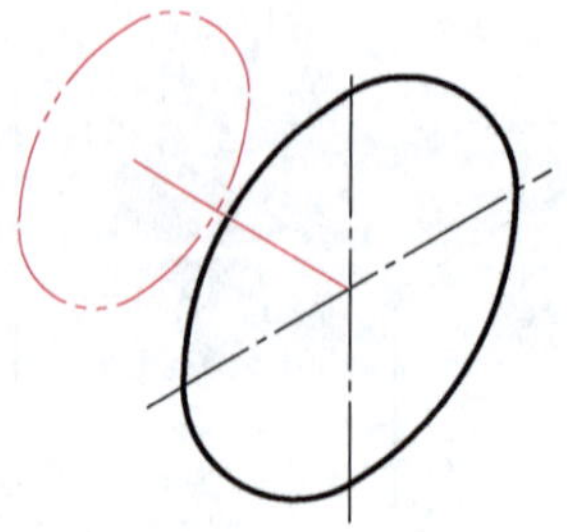

（11）

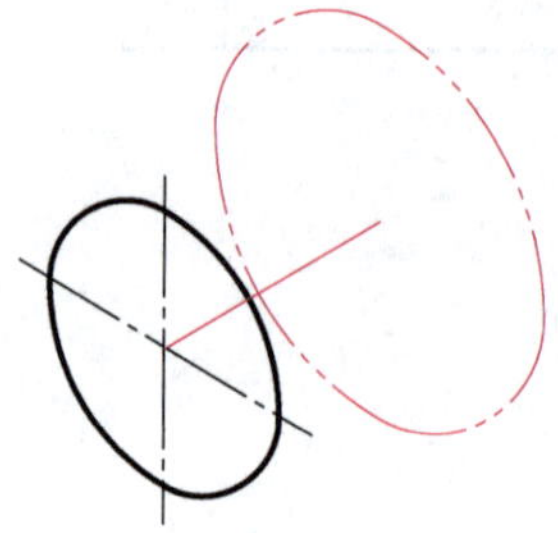

（12）

第三章　图样的基本表示法

3-1　基本视图和向视图表达方法练习

班级　　　　姓名　　　　学号

3-1-1　根据主、俯、左视图，参照轴测图，补画右、后、仰视图。

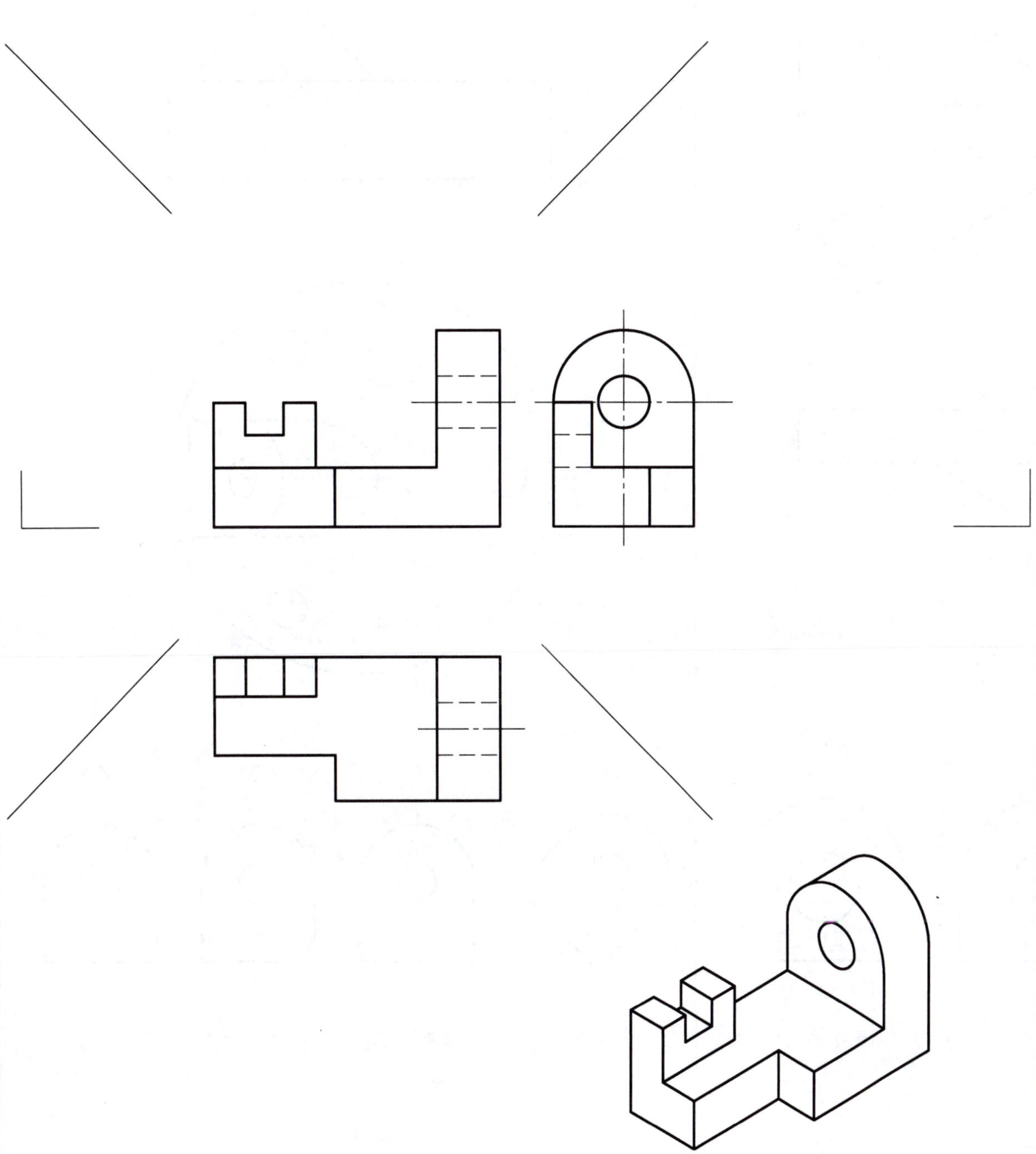

3-1-2　根据主、左、俯视图，补画右、仰、后视图，并按规定标注。

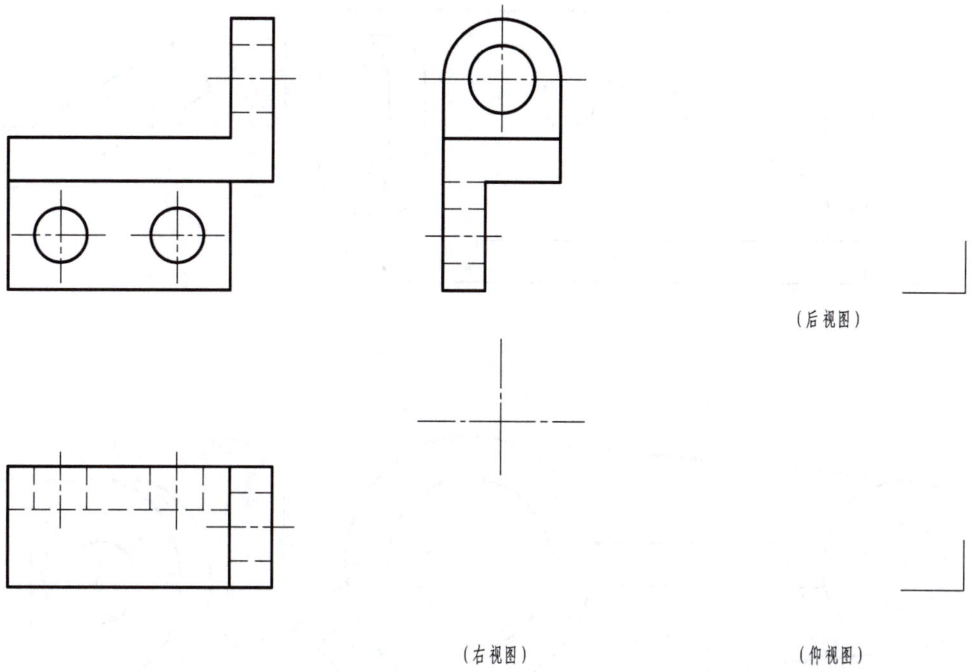

3-1-3　根据主、左、俯视图，补画右、仰、后视图，并按规定标注。

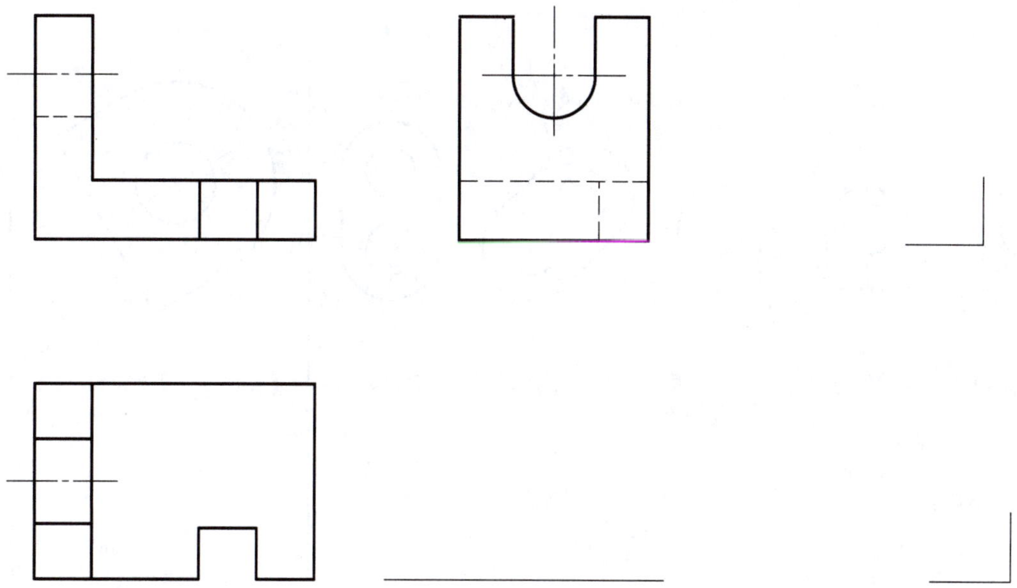

3-2-1 判断 *A* 向和 *B* 向视图是否正确，指出错误图例的错误原因。

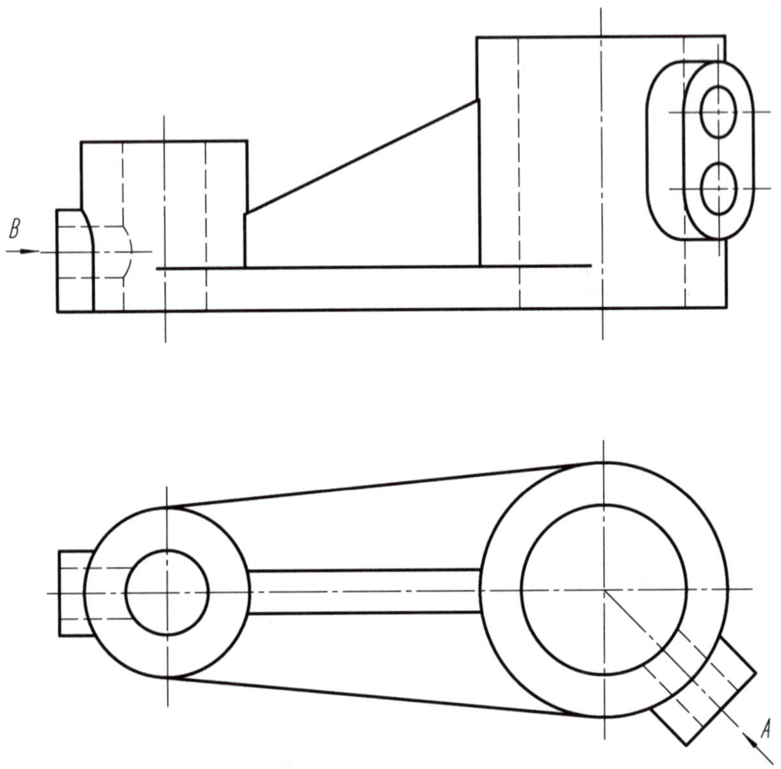

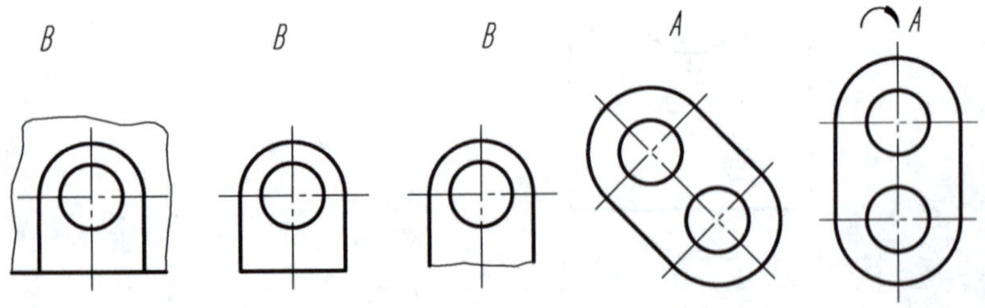

（正确、错误）　（正确、错误）　（正确、错误）　（正确、错误）　（正确、错误）

B 向称为________视图　　*A* 向称为________视图

3-2-2 判断 *A* 向视图是否正确，指出错误图例的错误原因。

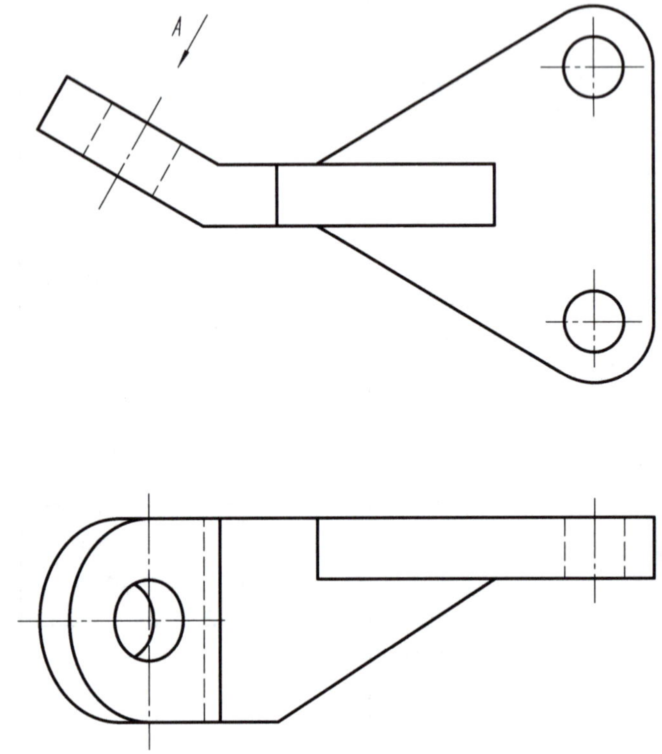

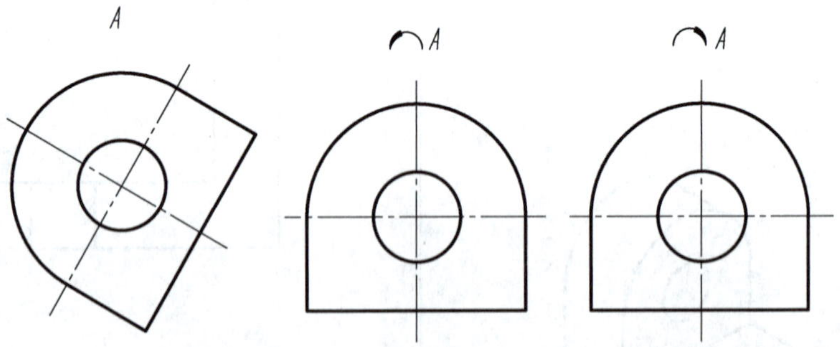

（正确、错误）　（正确、错误）　（正确、错误）

A 向称为________视图

3-2-3 判断 *A* 向视图是否正确，指出错误图例的错误原因。

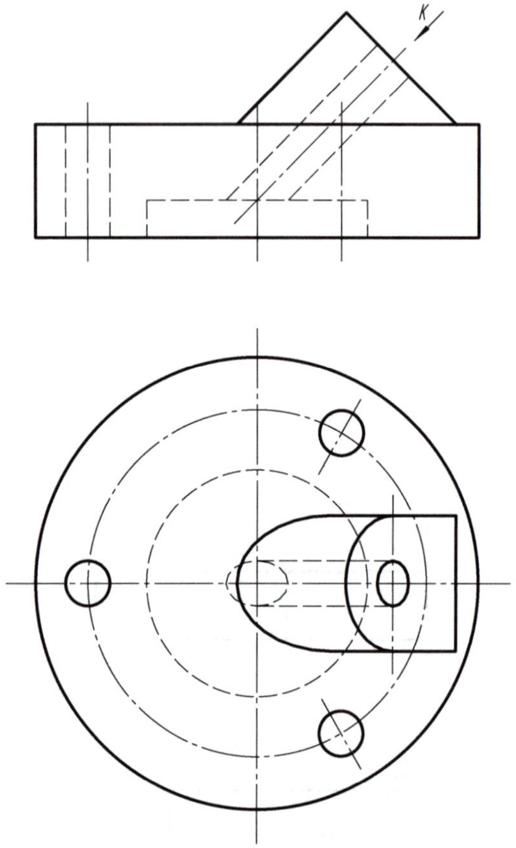

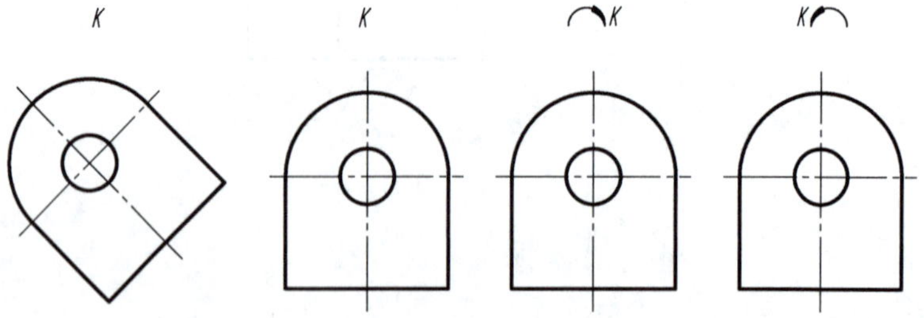

（正确、错误）　（正确、错误）　（正确、错误）　（正确、错误）

K 向称为________视图

3-3 判别剖视图的正误

3-3-1 参照轴测图，补画剖视图中的漏线。

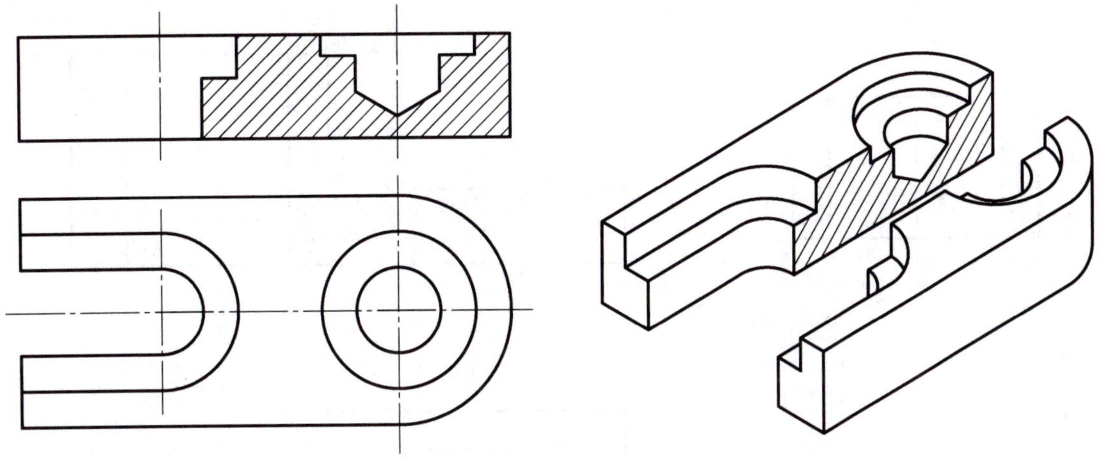

3-3-2 参照轴测图，补画剖视图中的漏线。

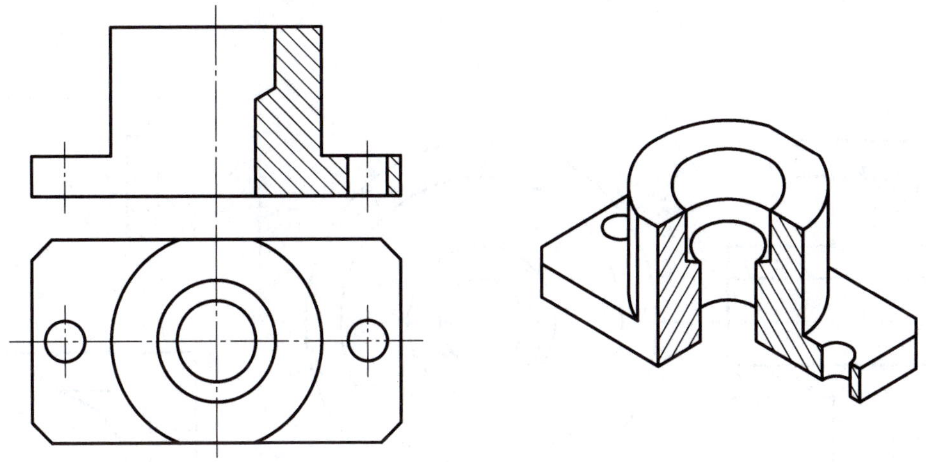

3-3-3 四个不同的主视图，哪一个是正确的？用铅笔圈出另外三个视图的错误部位。

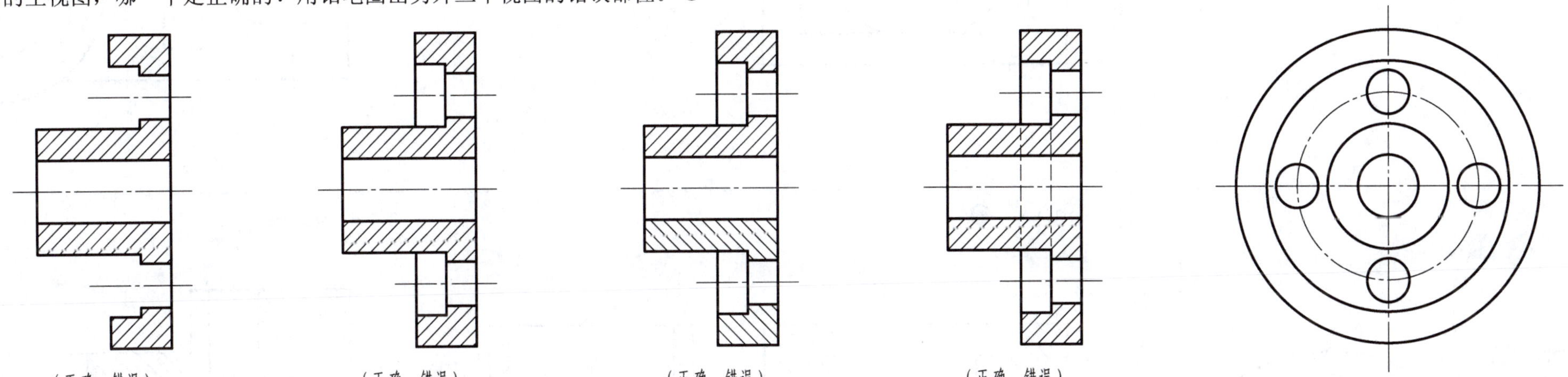

（正确、错误） （正确、错误） （正确、错误） （正确、错误）

3-3-4 下面四组视图哪一组是正确的？用铅笔圈出另外三组视图的错误部位。

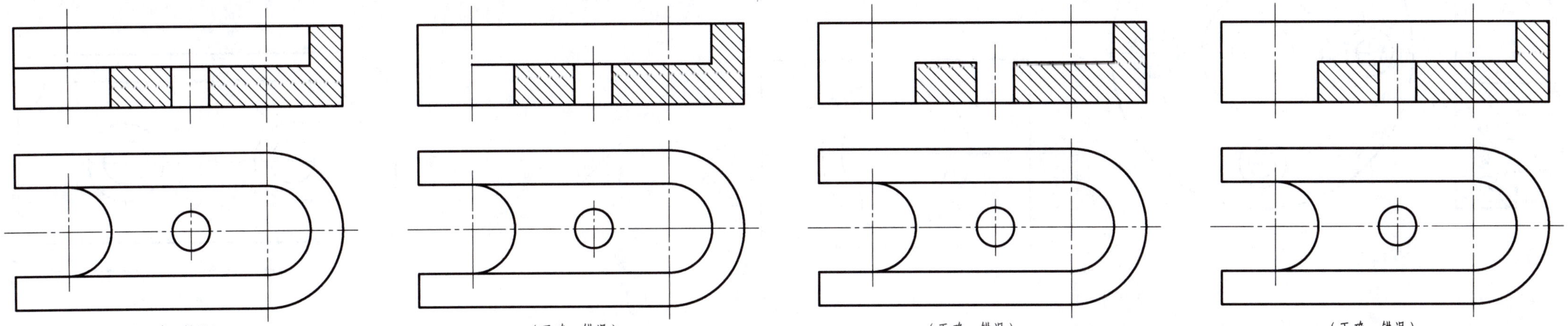

（正确、错误） （正确、错误） （正确、错误） （正确、错误）

3-4 补画剖视图中所缺的图线

班级　　　　姓名　　　　学号

3-4-1

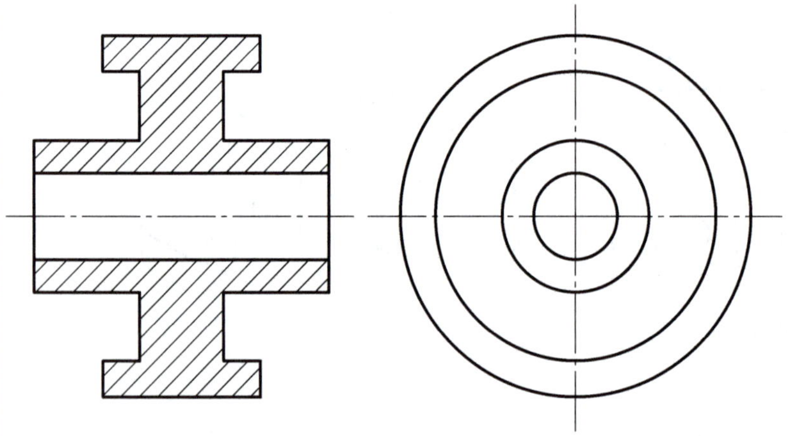

3-4-2

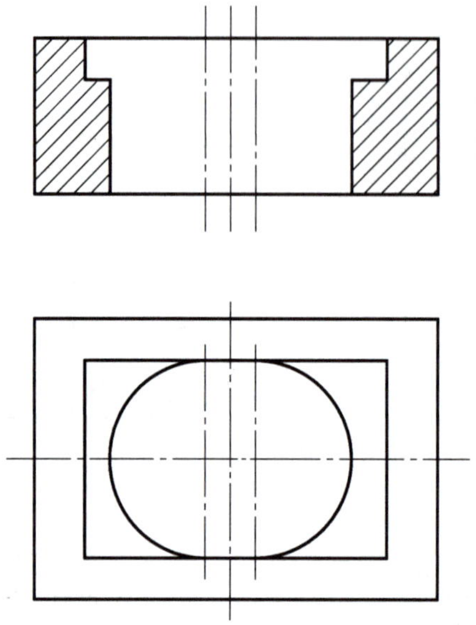

3-4-3

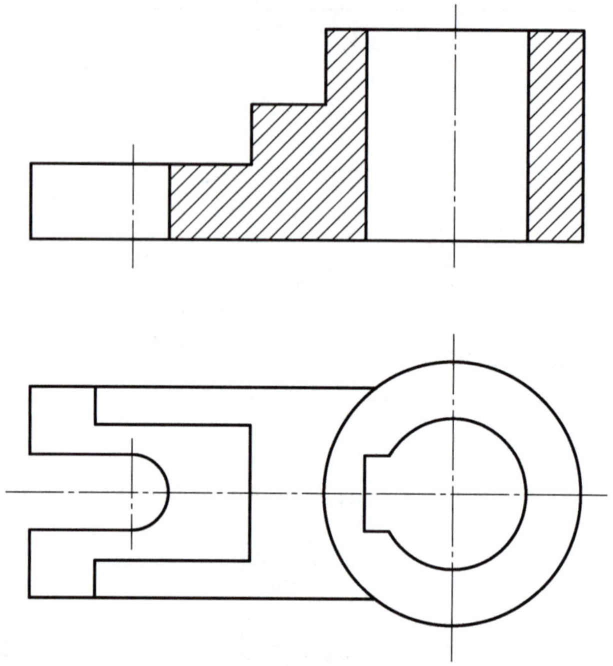

3-4-4

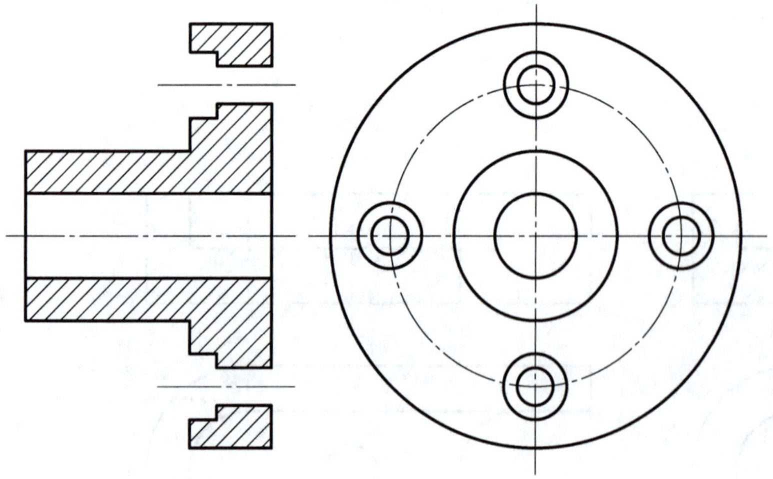

3-4-5

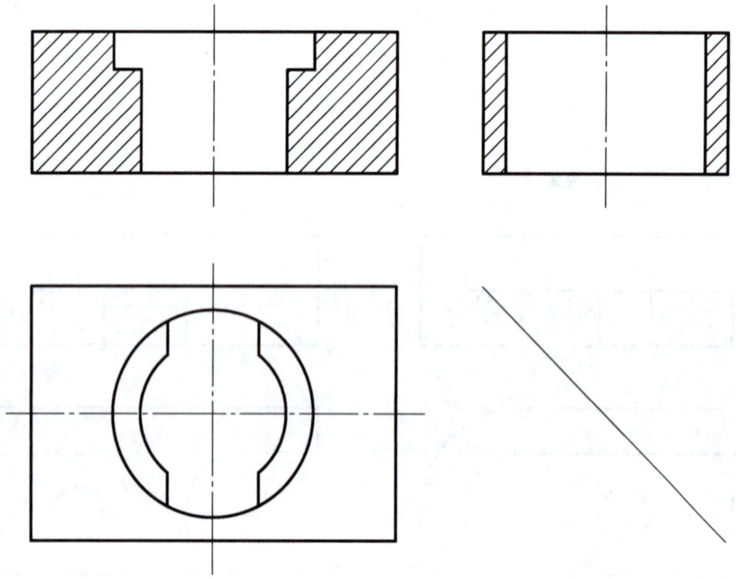

3-4-6

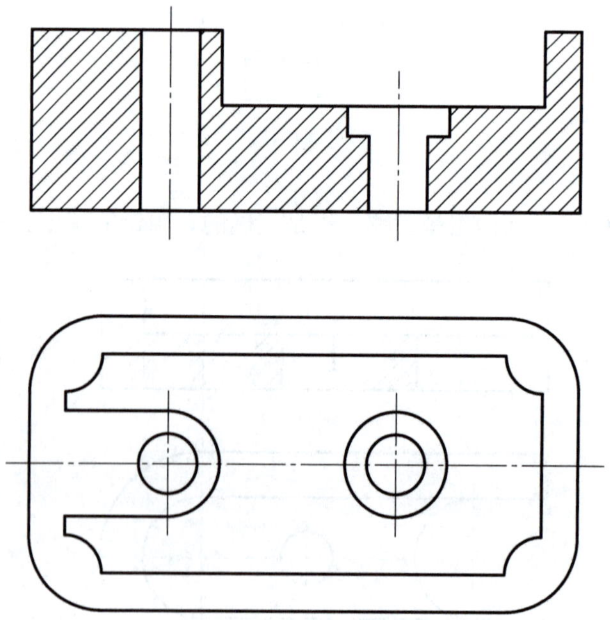

3-5 将右侧的主视图改画成全剖视图　　班级　　姓名　　学号

3-5-1

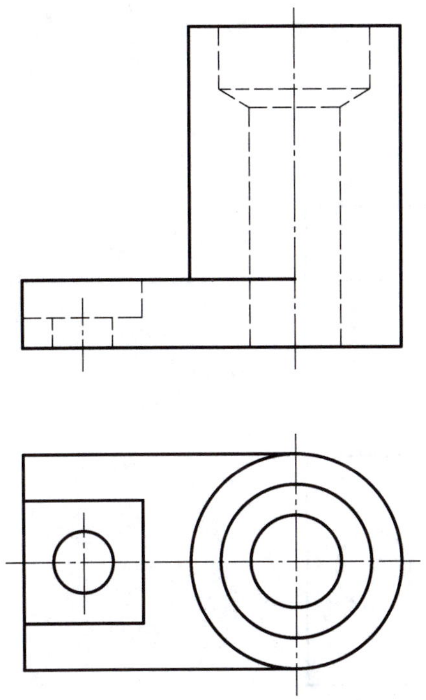

3-5-2

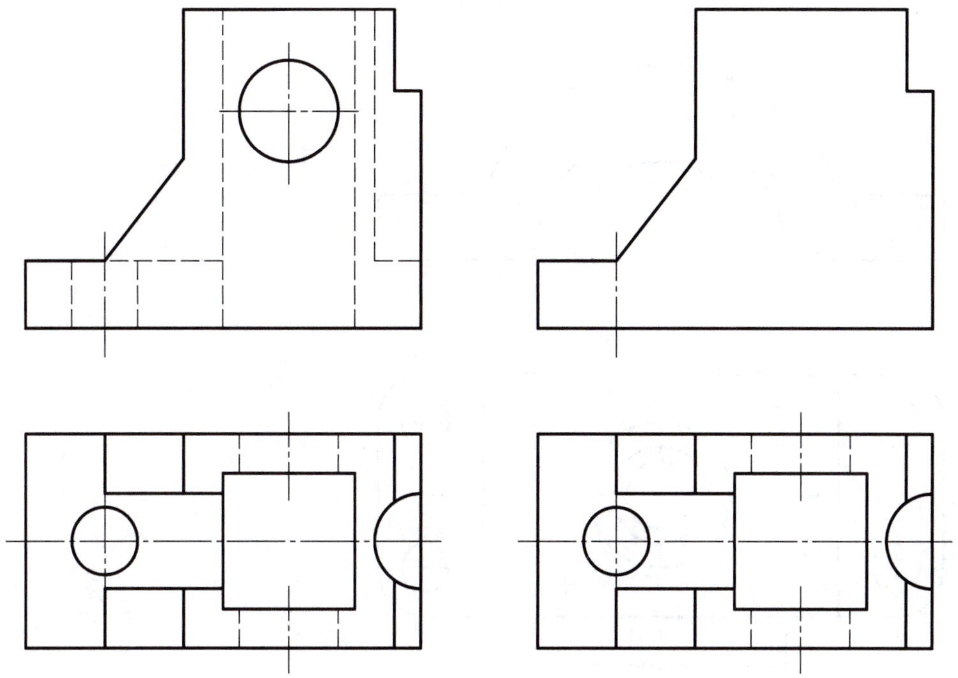

3-5-3

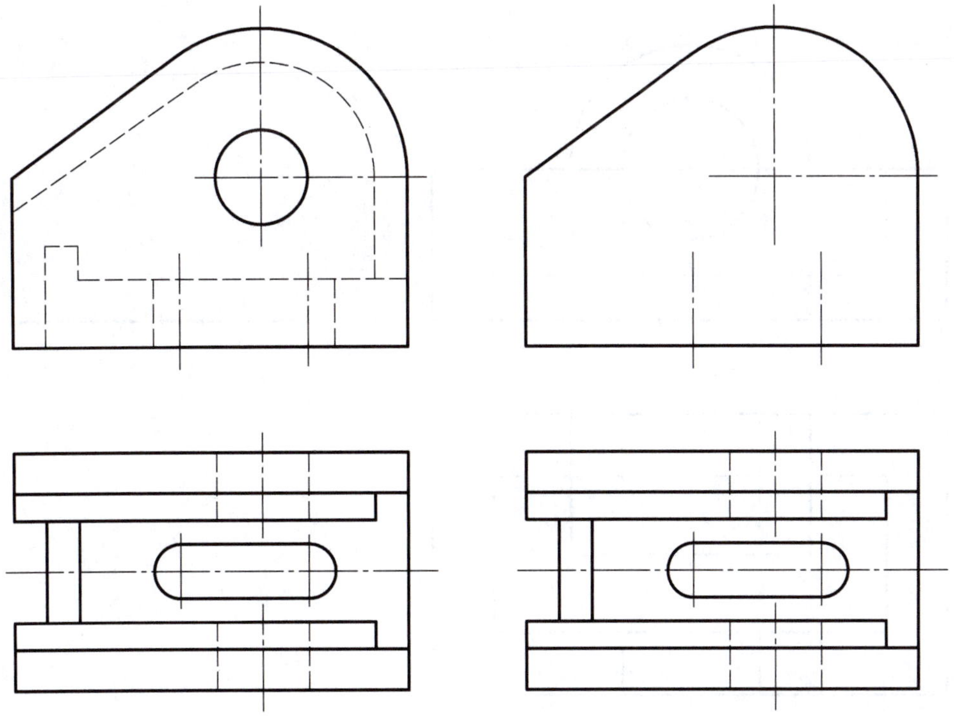

3-5-4

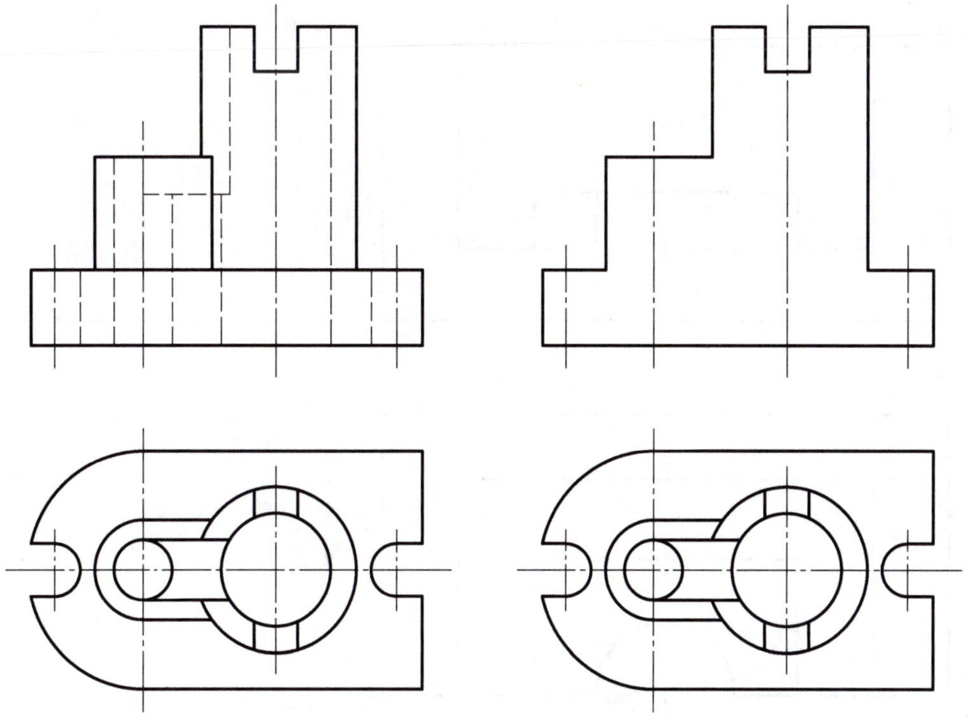

3-6 读懂主、俯视图，画出全剖的左视图 班级 姓名 学号

3-6-1

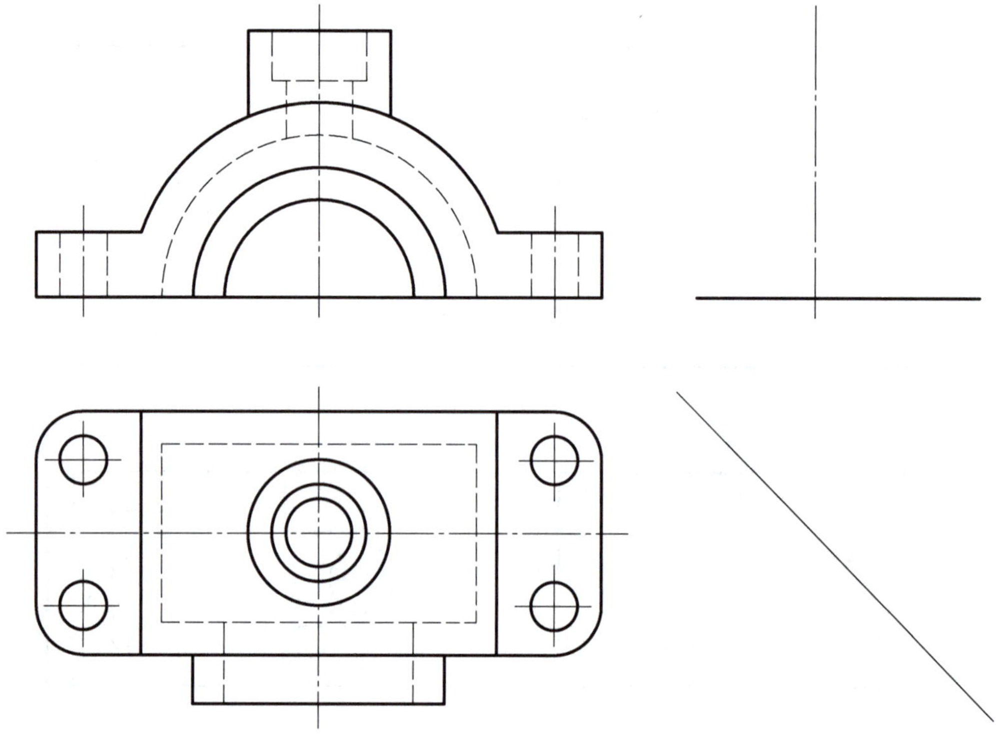

3-6-2

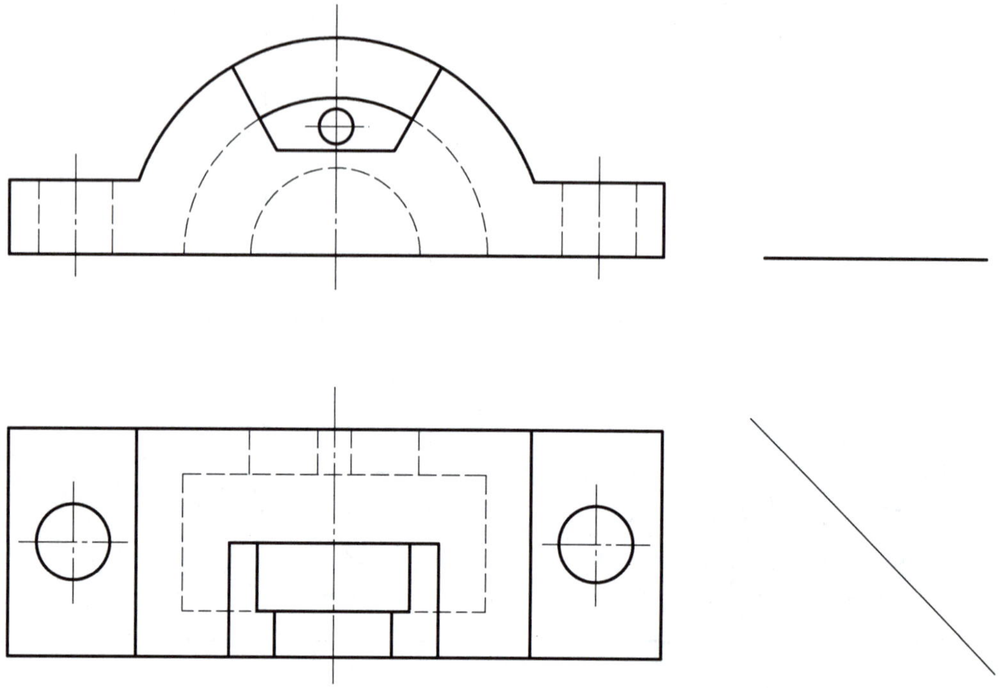

3-6-3

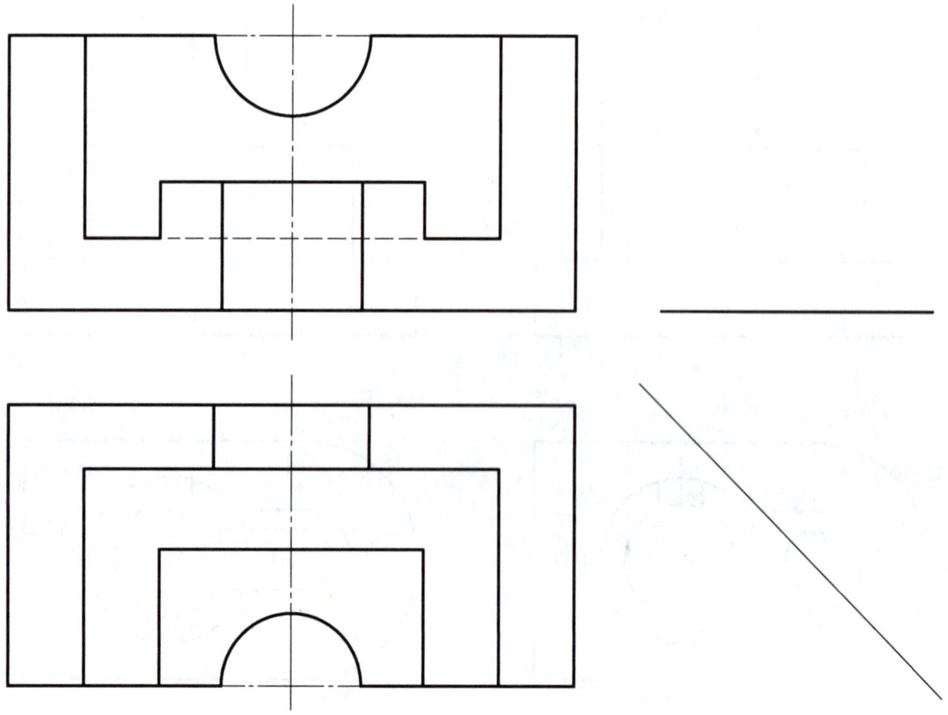

3-6-4

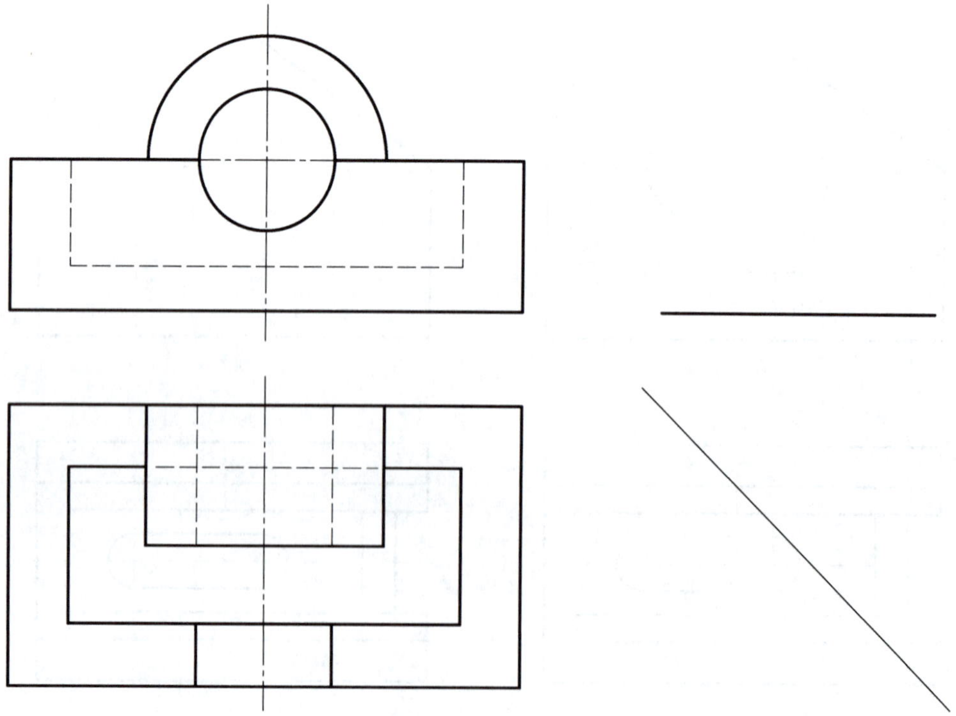

3-7　选择正确的主视图，并在相应的括号内画“√”　　班级　　姓名　　学号

3-7-1

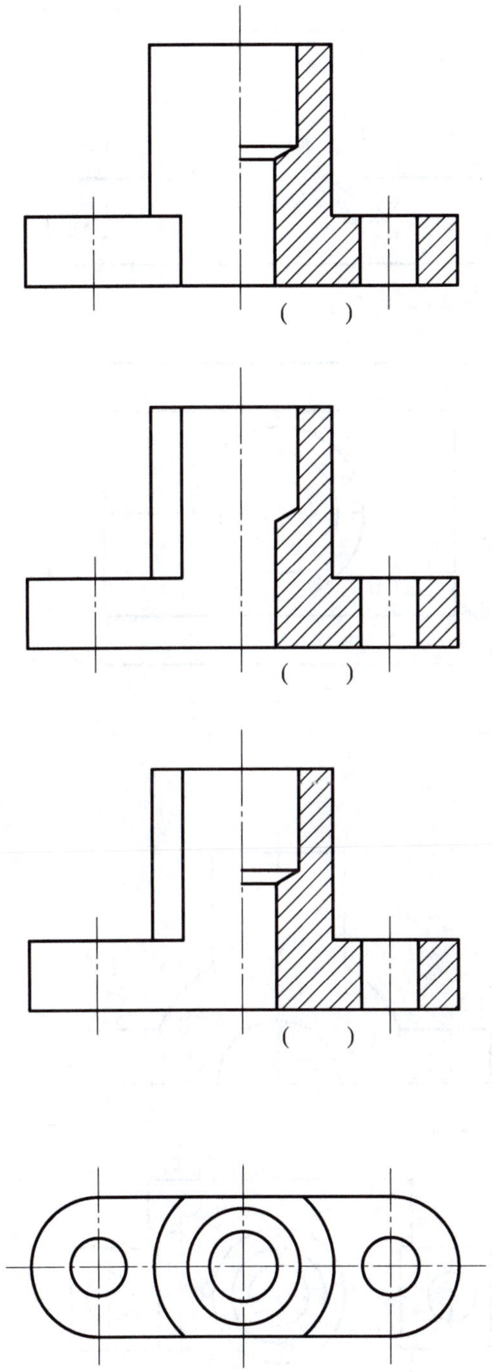

3-7-2

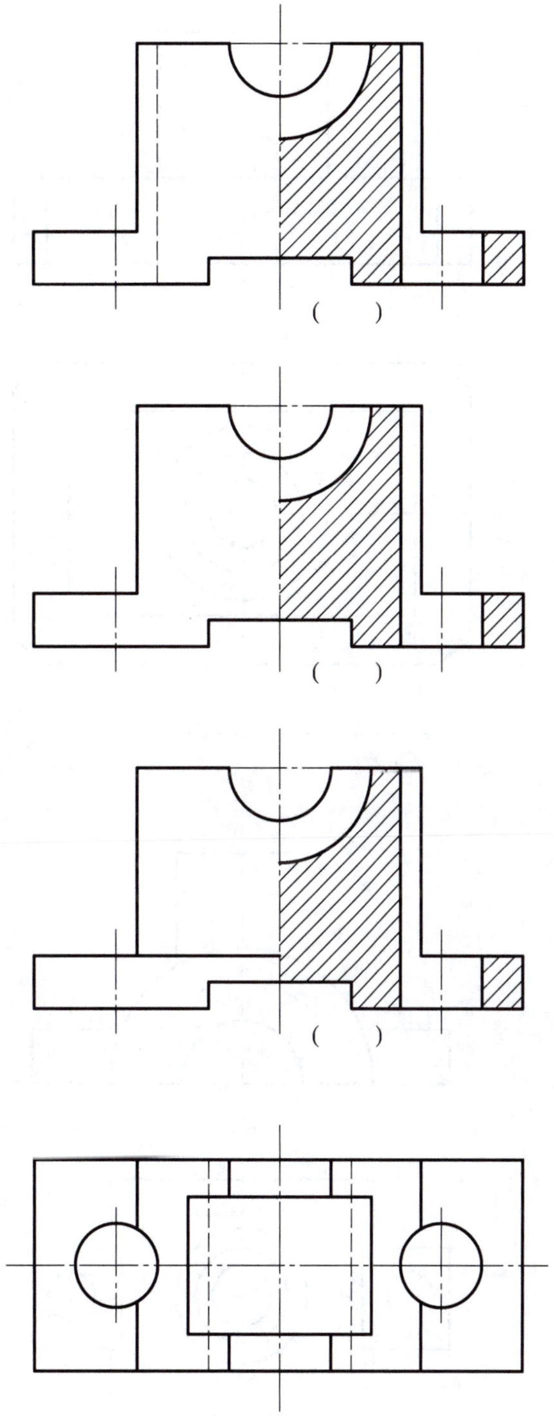

3-7-3

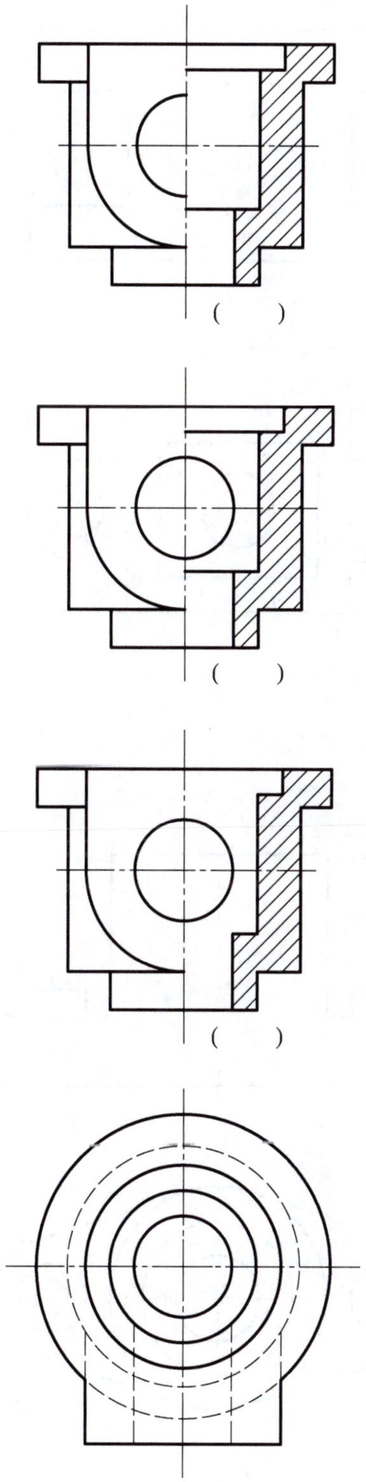

3-7-4

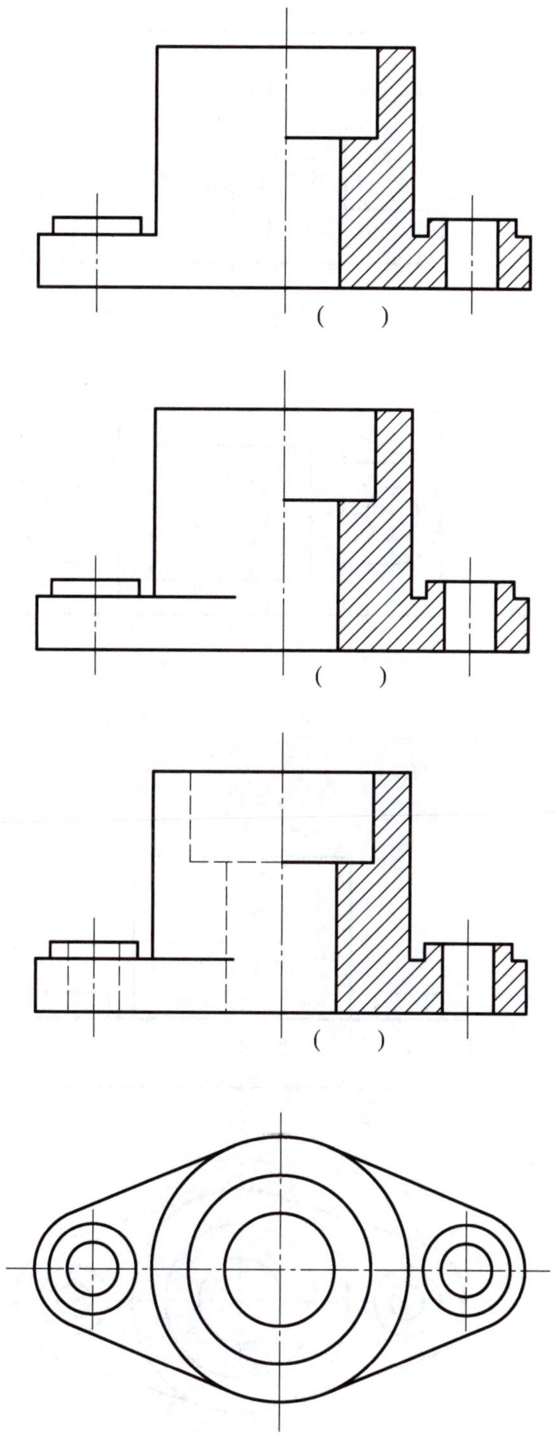

3-8 读懂主、俯视图，画出半剖的主视图

班级　　姓名　　学号

3-8-1

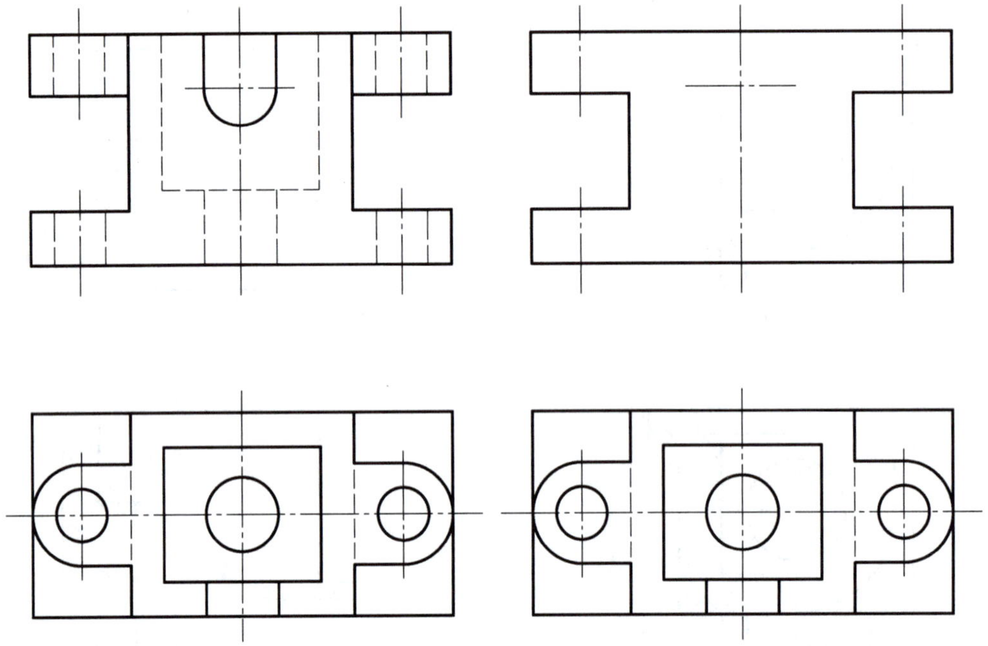

3-8-2

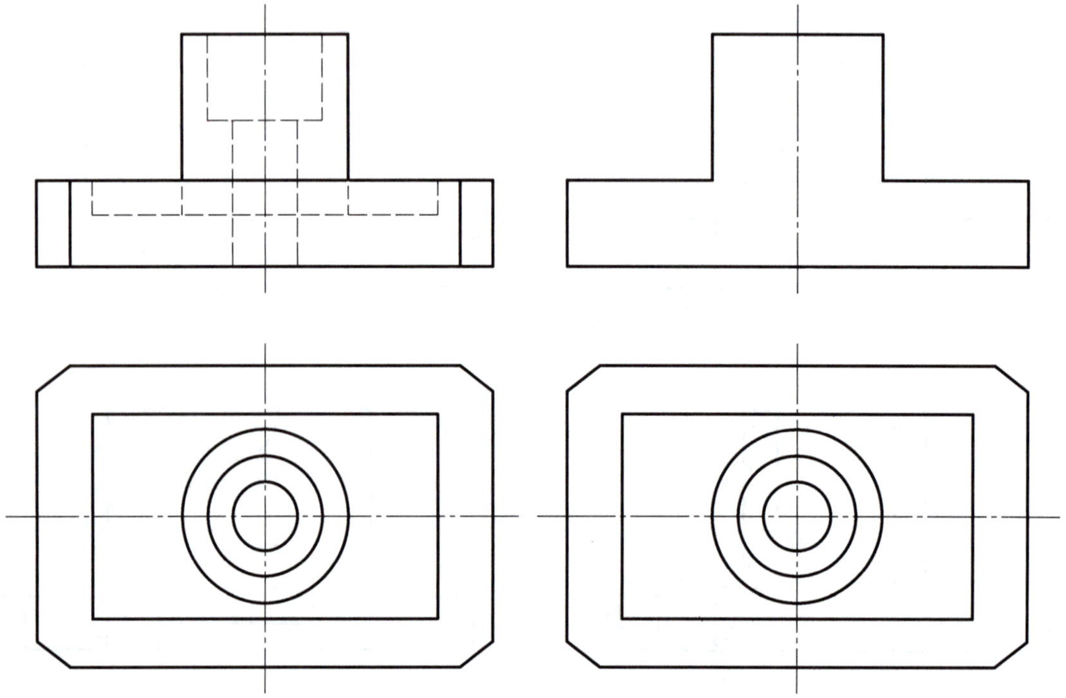

3-8-3

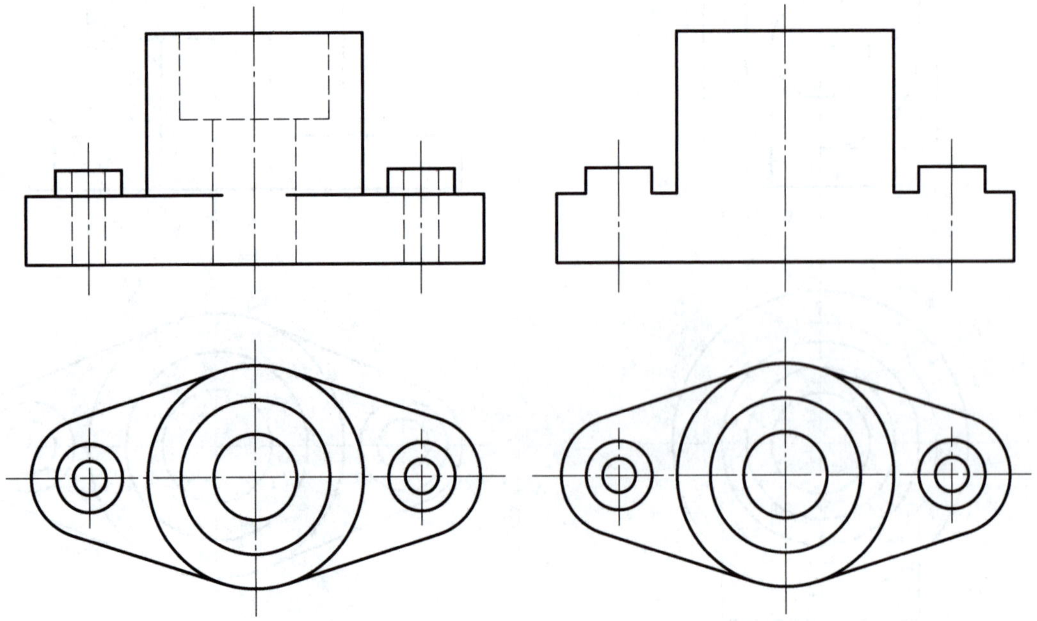

3-8-4

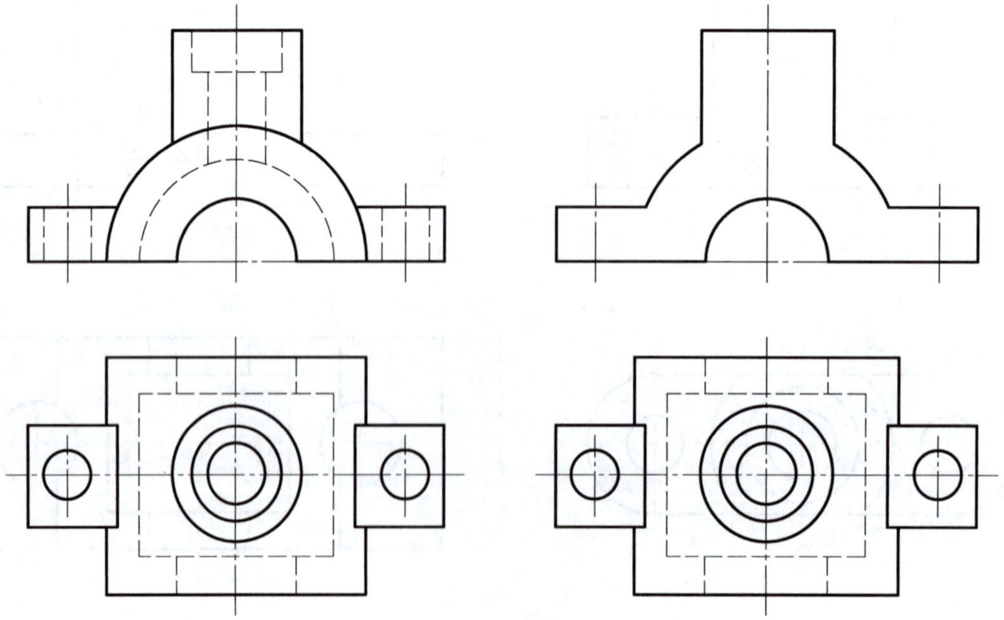

3-9 读懂三视图，将主视图改画成半剖视图、左视图改画成全剖视图

班级　　姓名　　学号

3-9-1

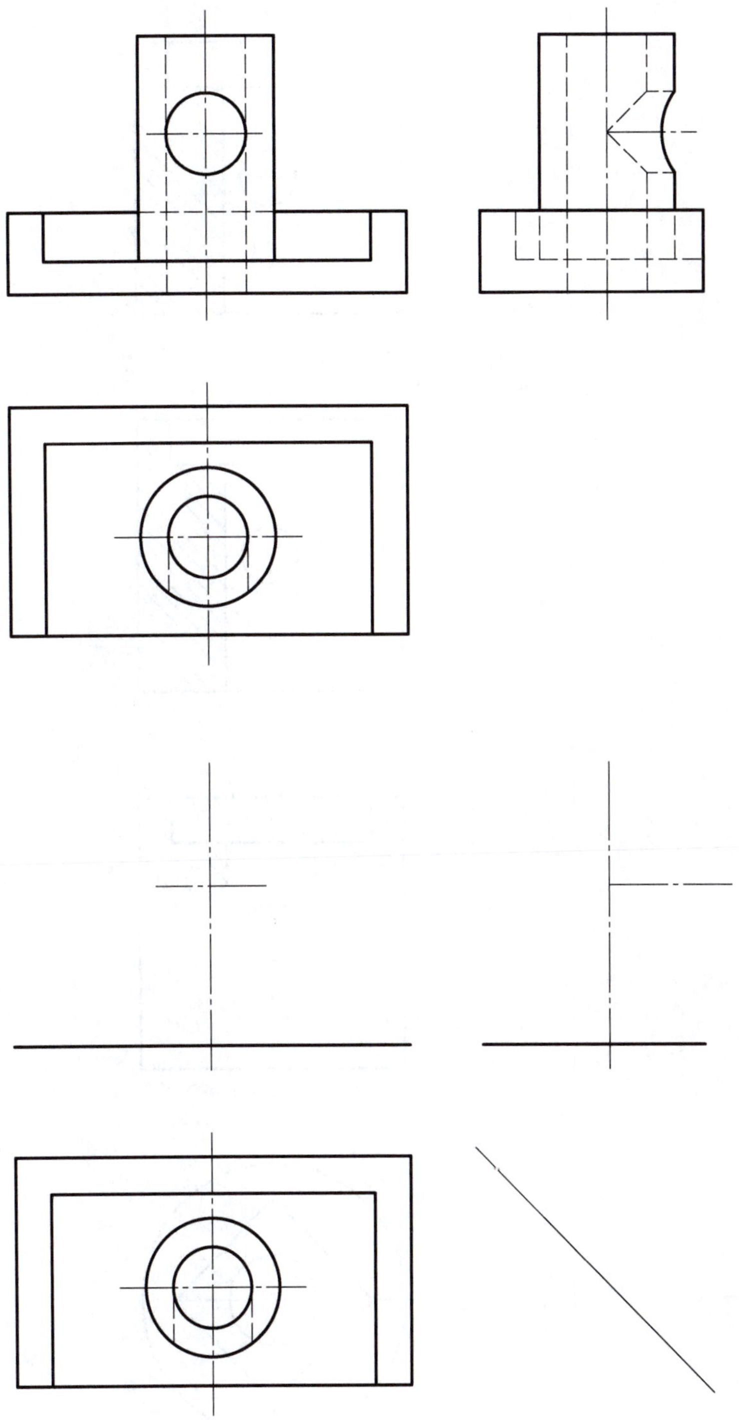

3-9-2

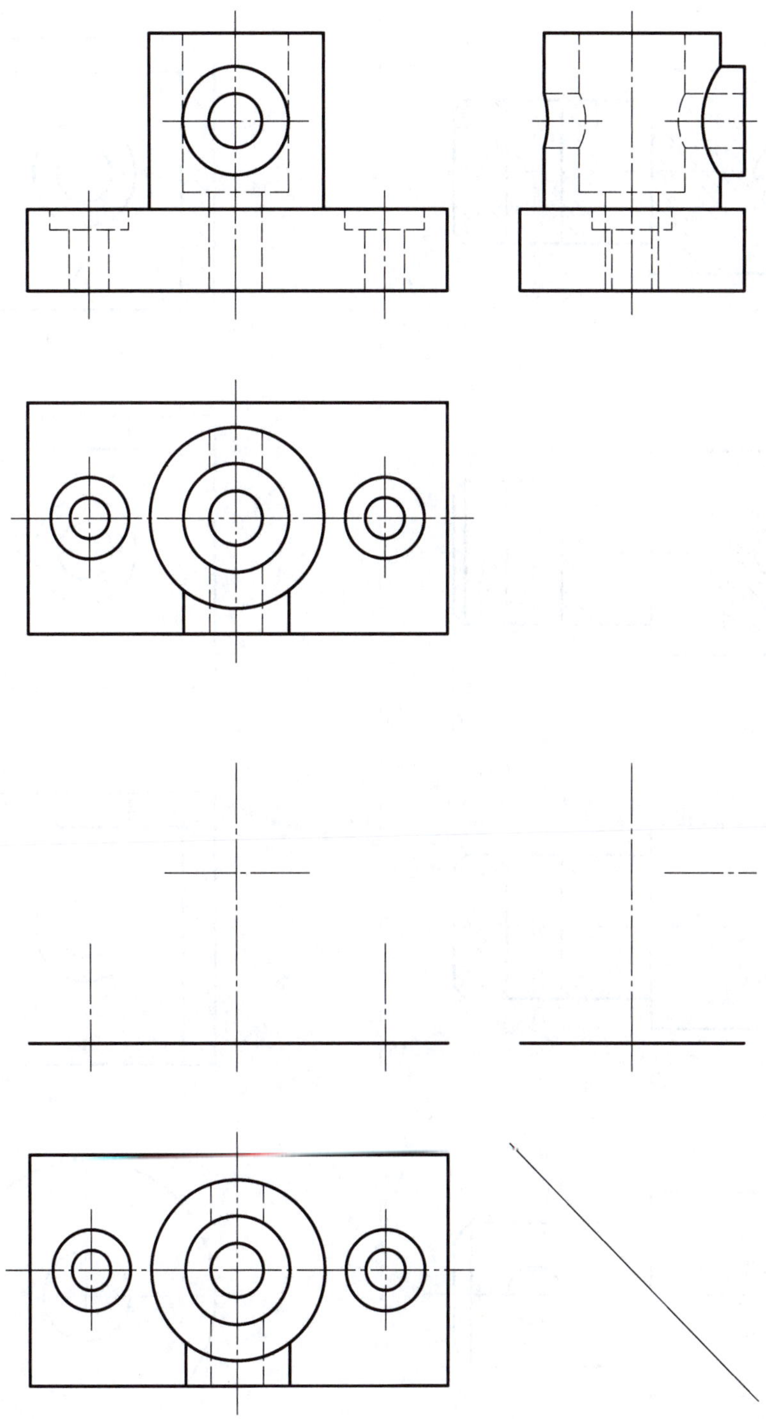

3-9-3

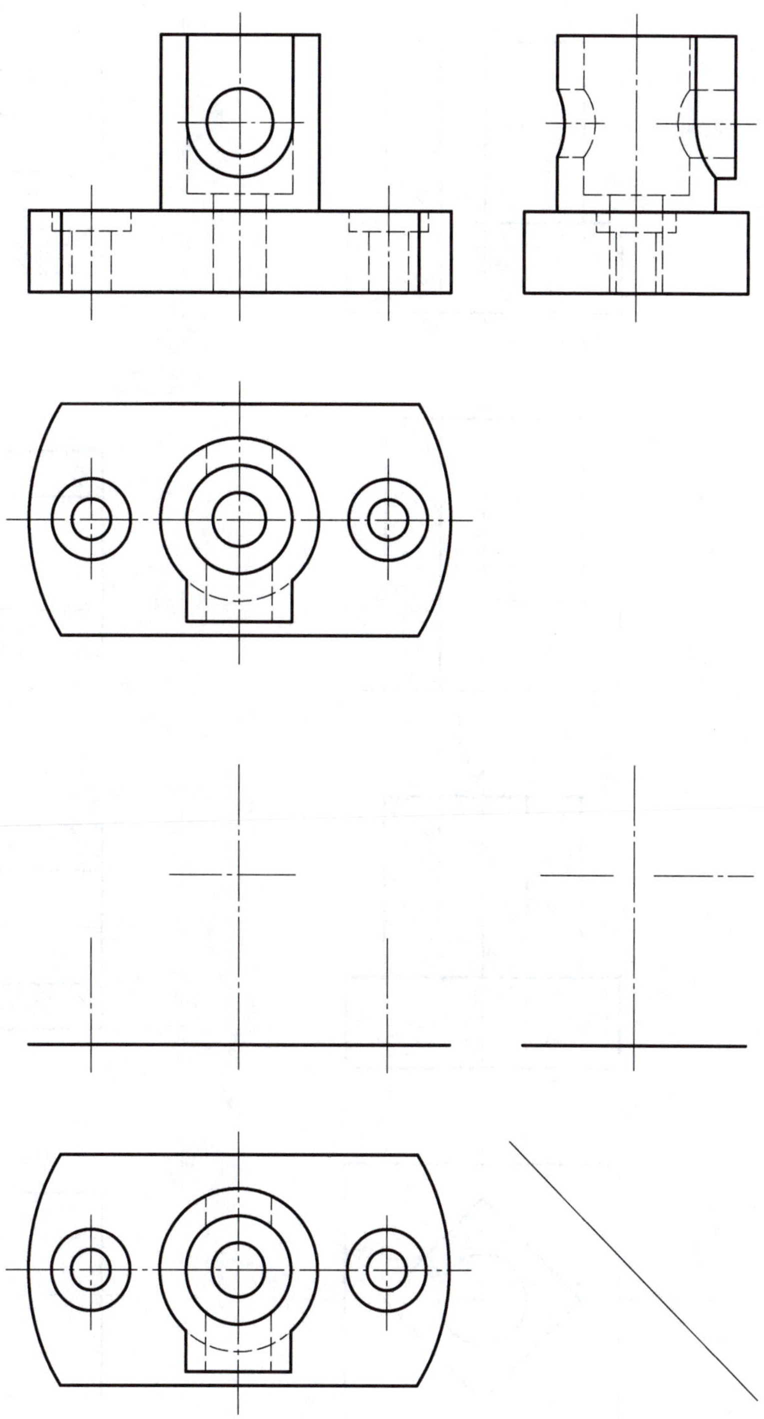

3-10 选择正确的主视图，并在相应的括号内画“√”

班级　　姓名　　学号

3-10-1

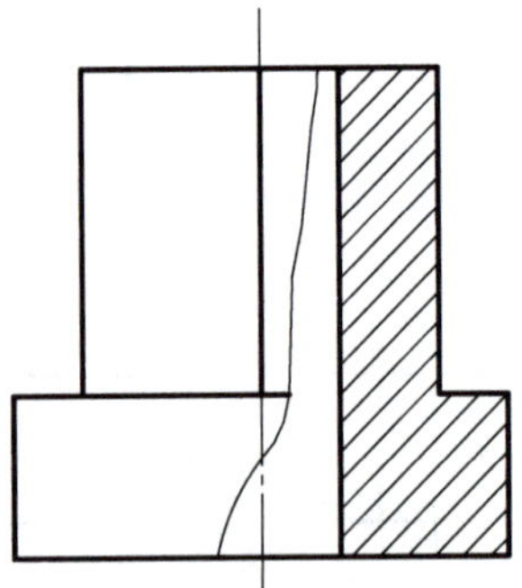

(　　)

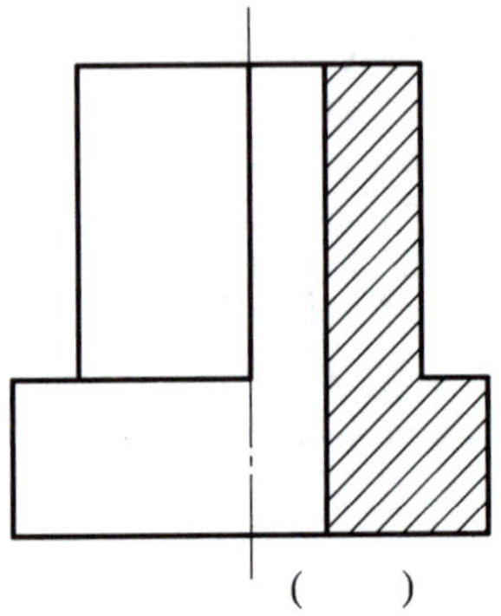

(　　)

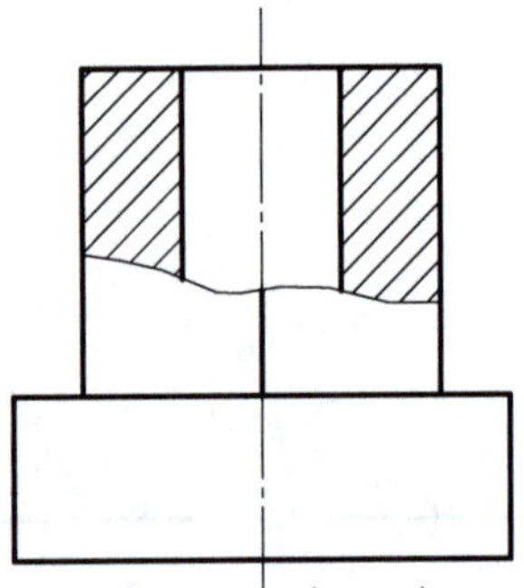

(　　)

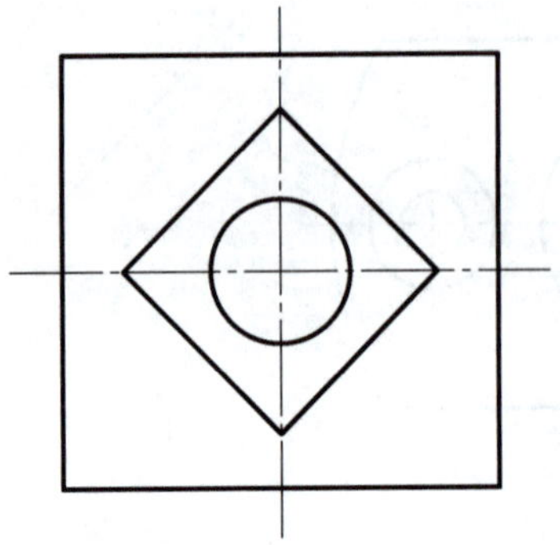

3-10-2

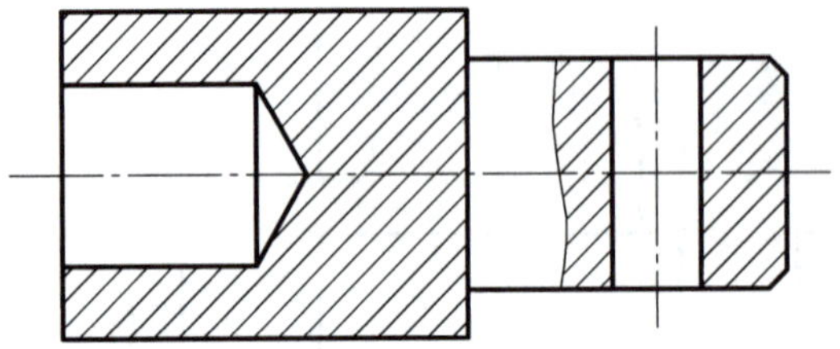

(　　)

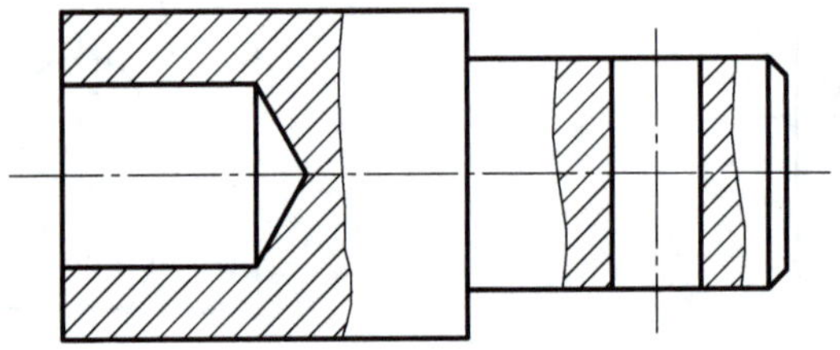

(　　)

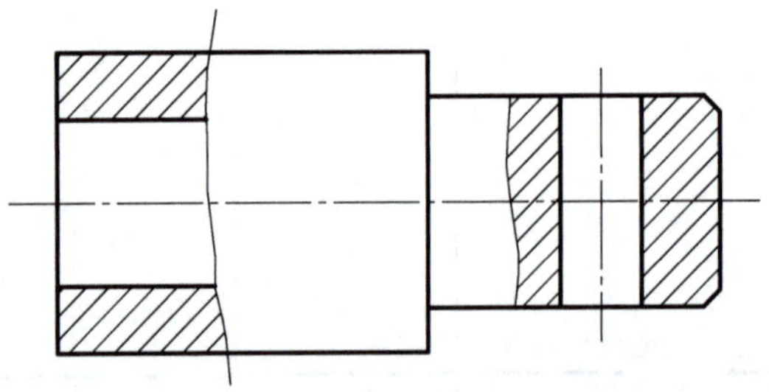

(　　)

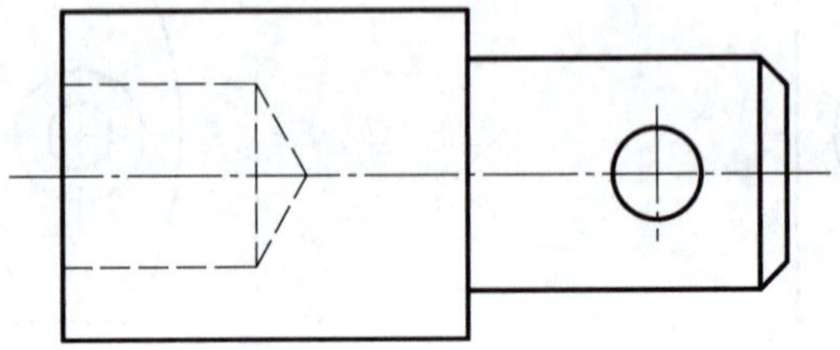

3-10-3

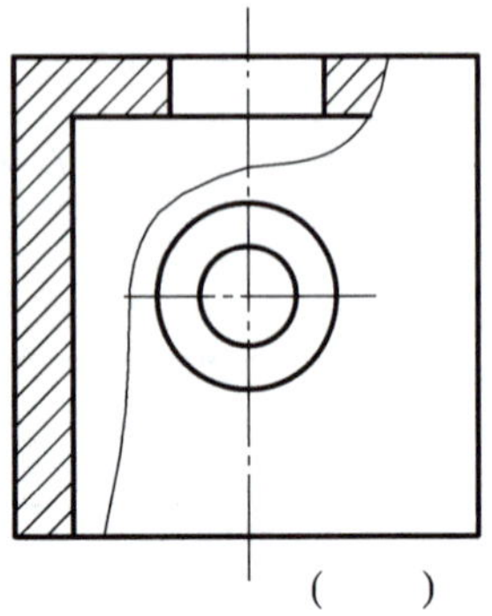

(　　)

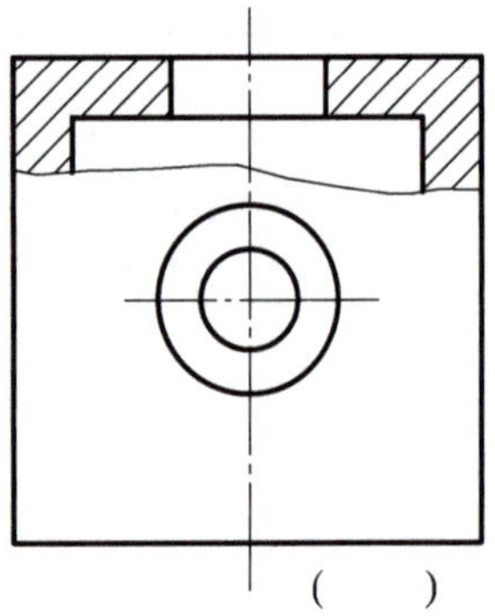

(　　)

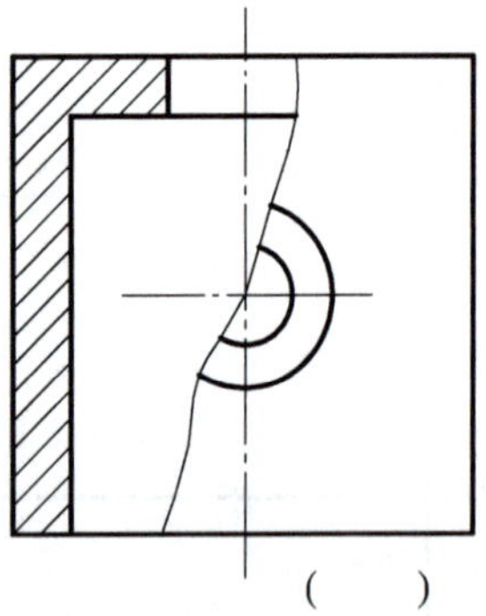

(　　)

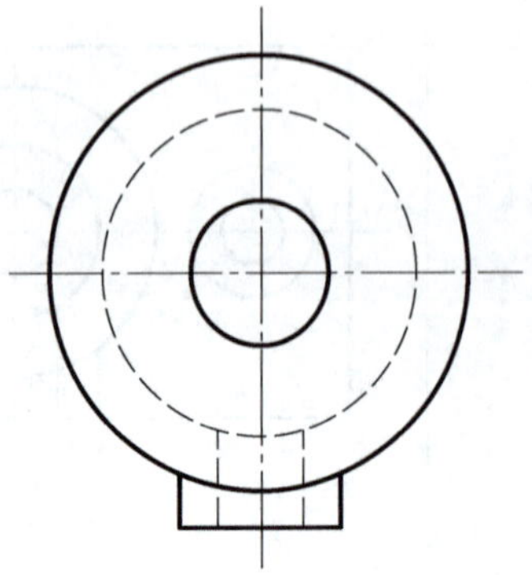

3-10-4

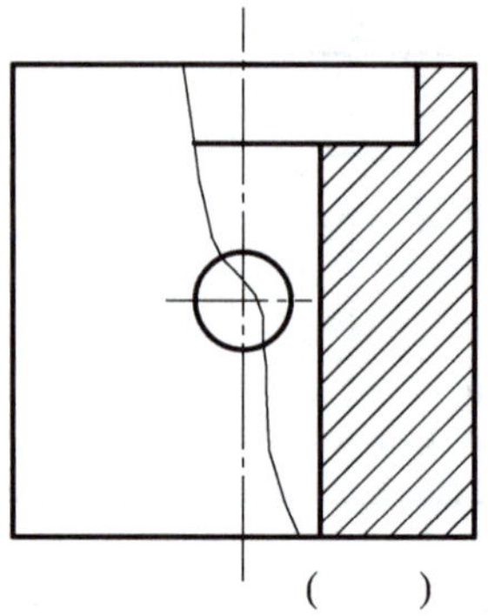

(　　)

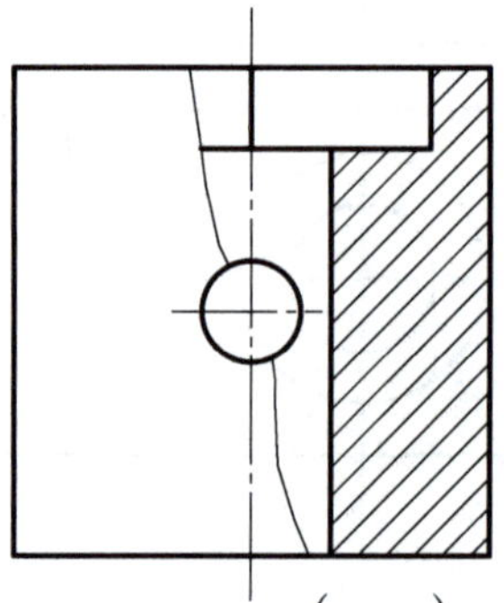

(　　)

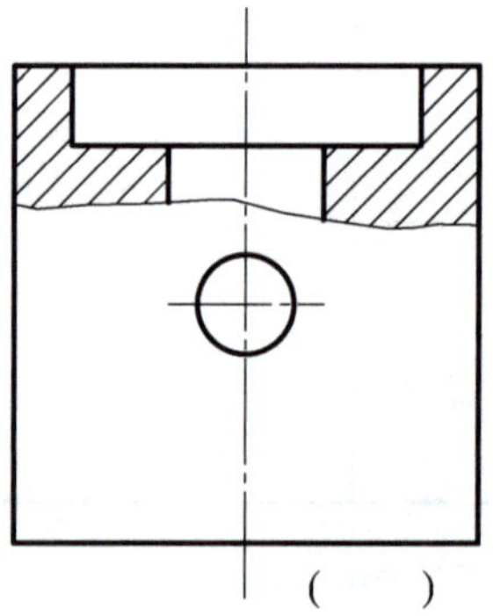

(　　)

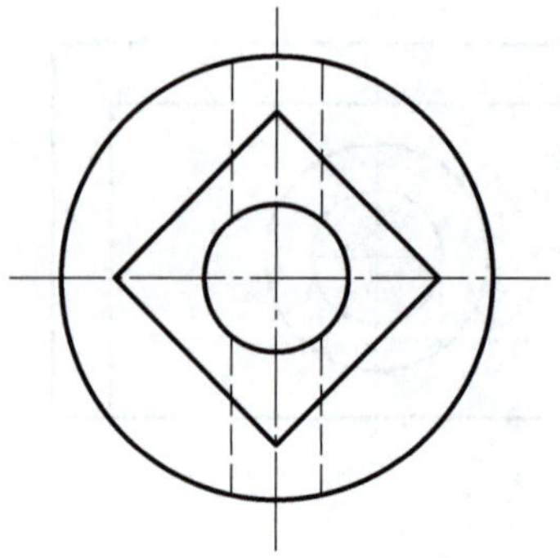

3-11 根据左侧的主、俯两视图，在适当的部位作出局部剖视图

班级　　　　姓名　　　　学号

3-11-1 选择合适的位置，在右侧将主视图改画成局部剖视图。

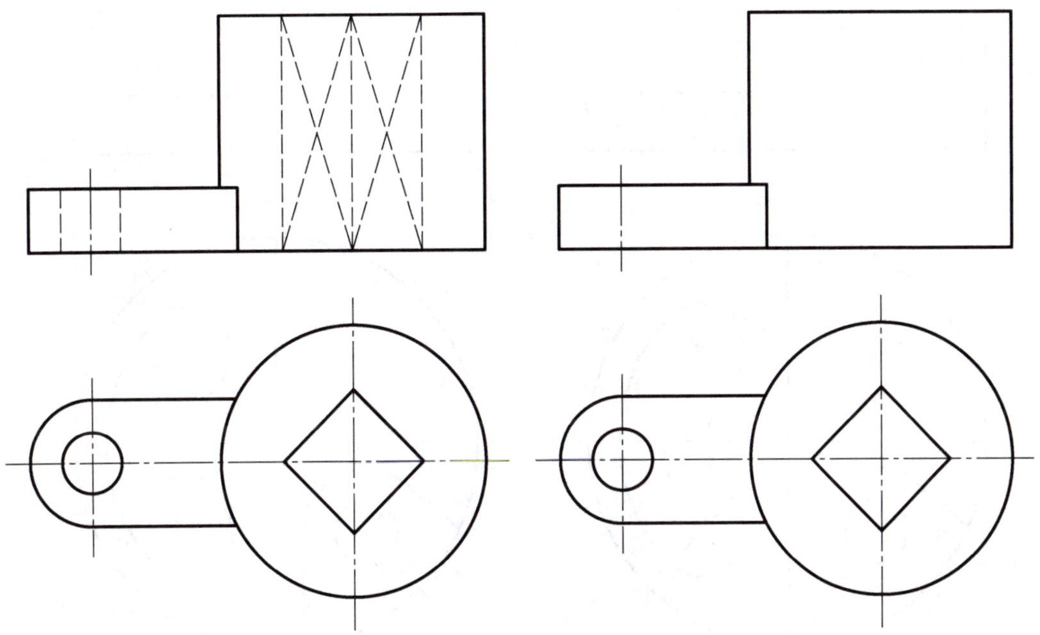

3-11-2 选择合适的位置，在右侧将主、俯视图改画成局部剖视图。

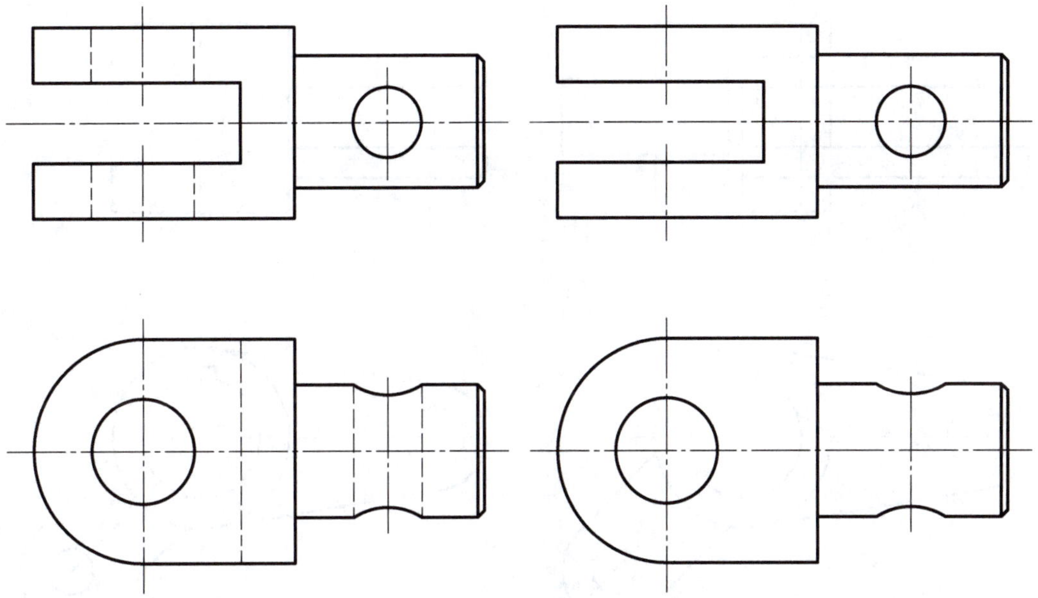

3-11-3 选择合适的位置，在右侧将主、俯视图改画成局部剖视图。

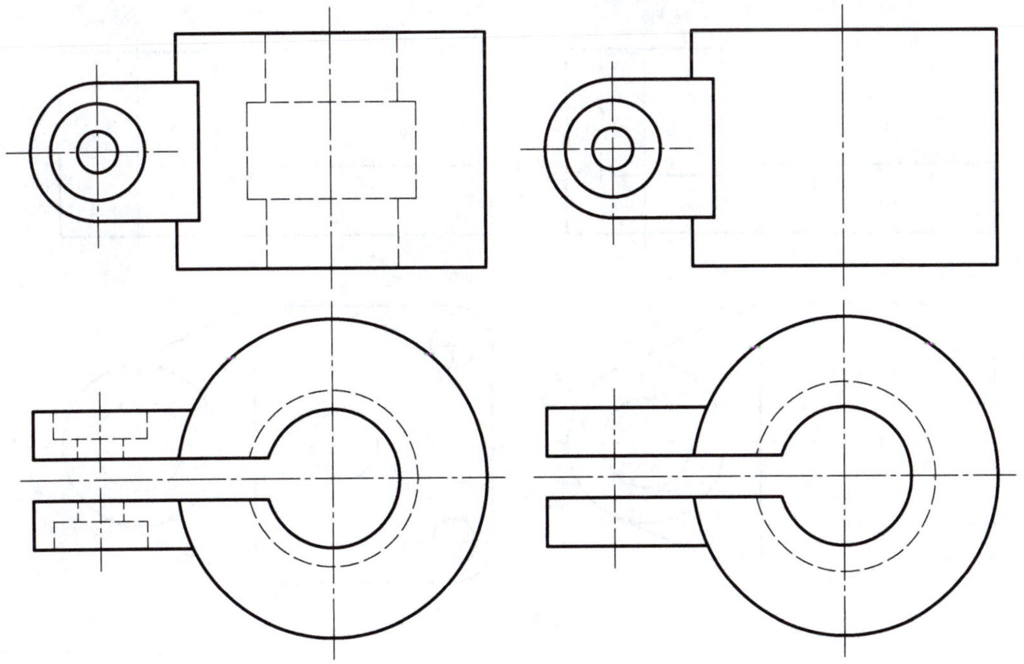

3-11-4 选择合适的位置，在右侧将主、俯视图改画成局部剖视图。

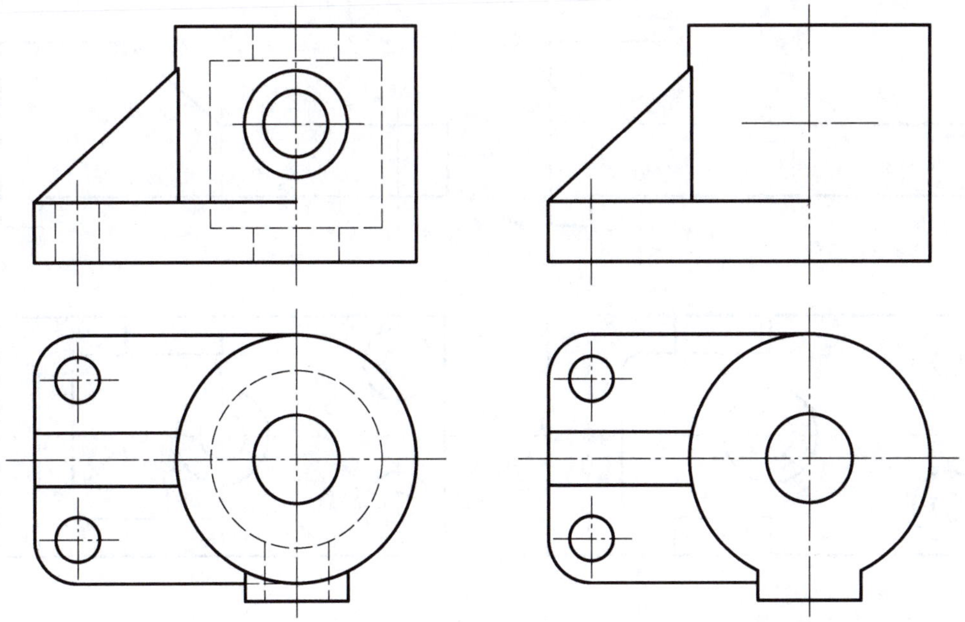

3-12 在指定位置将主视图改画成剖视图

班级　　姓名　　学号

3-12-1 用相交的剖切平面，将主视图改画成全剖视图。

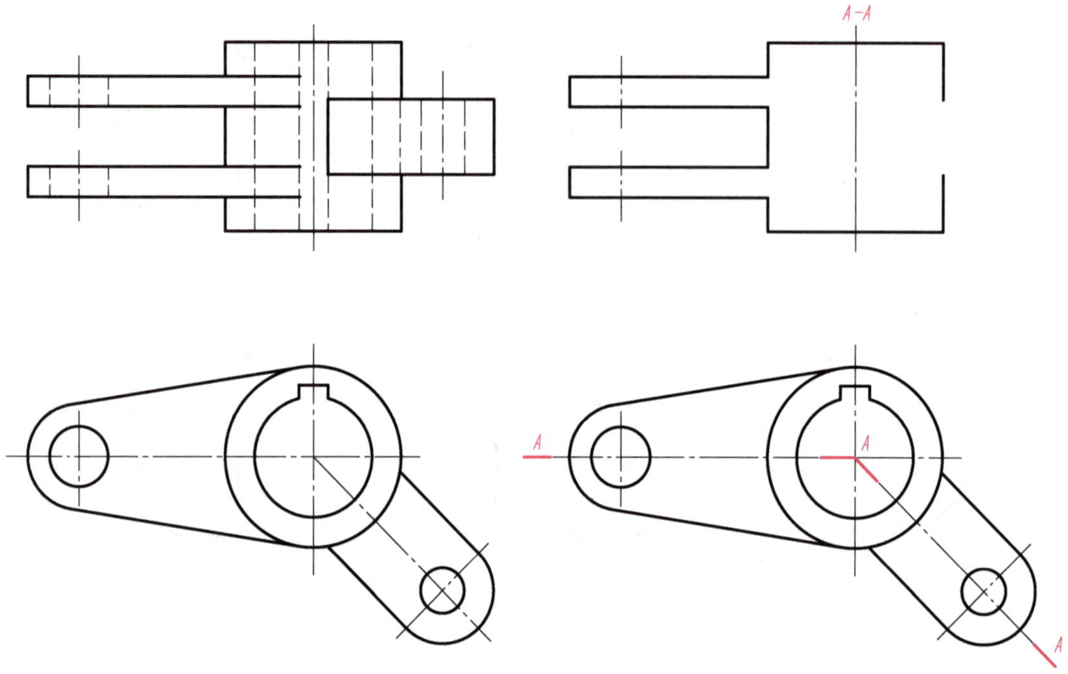

3-12-2 用相交的剖切平面，将主视图改画成全剖视图。

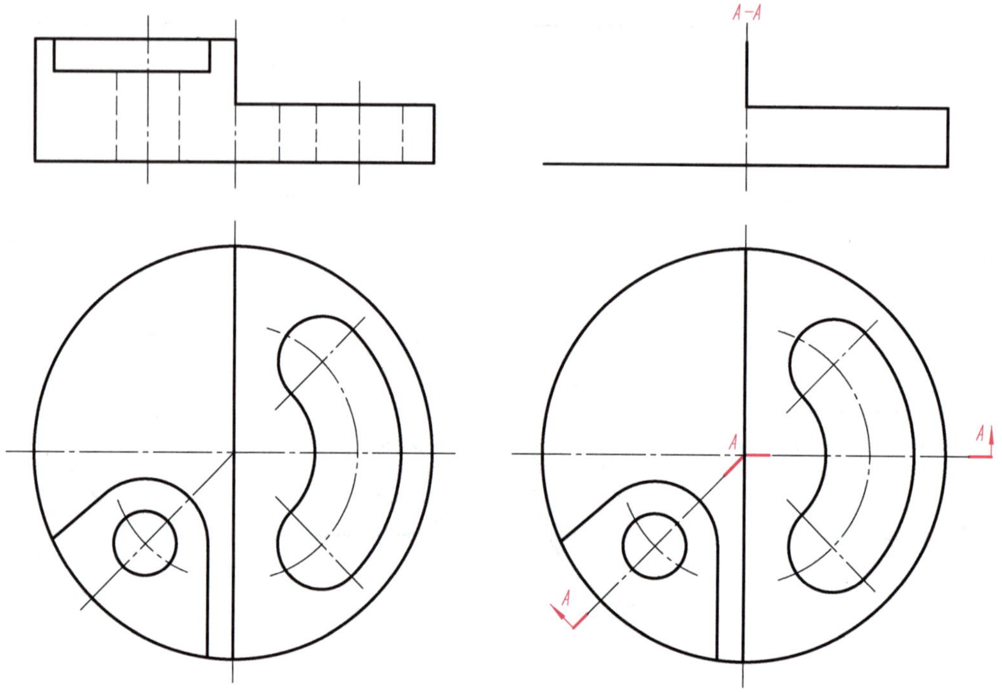

3-12-3 用平行的剖切平面，将主视图改画成全剖视图。

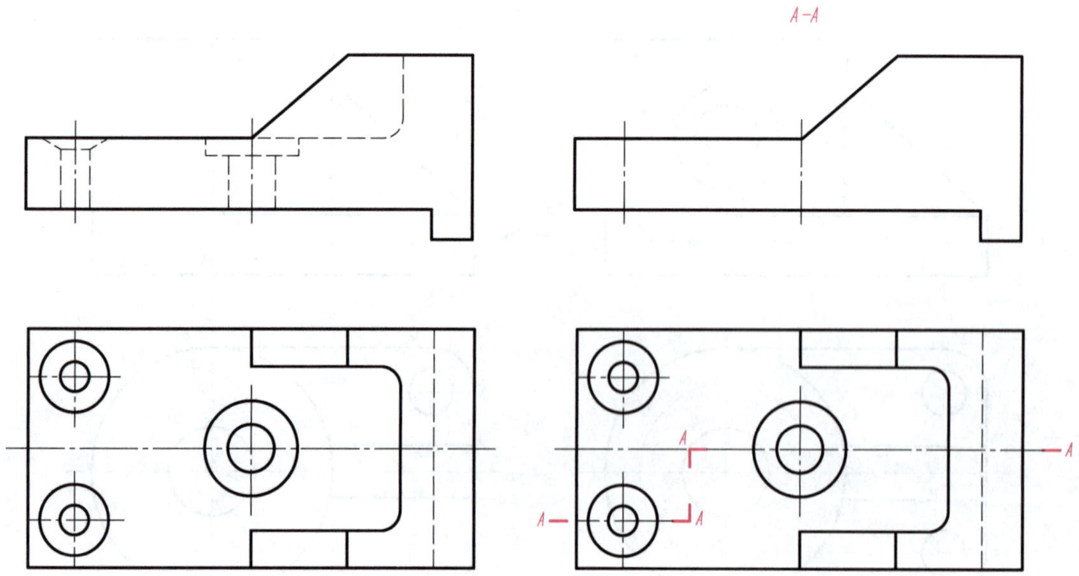

3-12-4 用平行的剖切平面，将主视图改画成全剖视图。

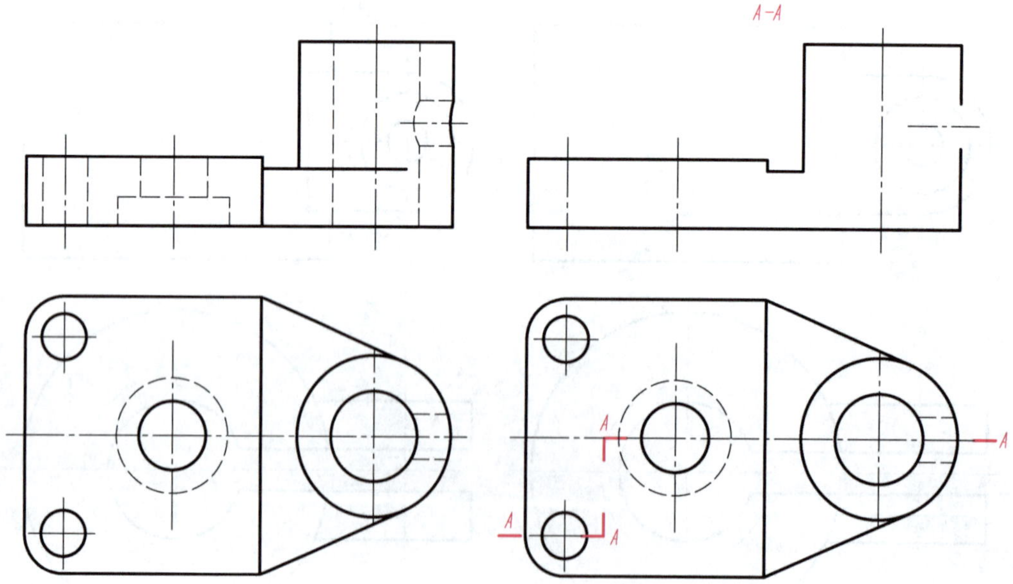

3-13-1　用相交的剖切平面，将主视图改画成全剖视图。

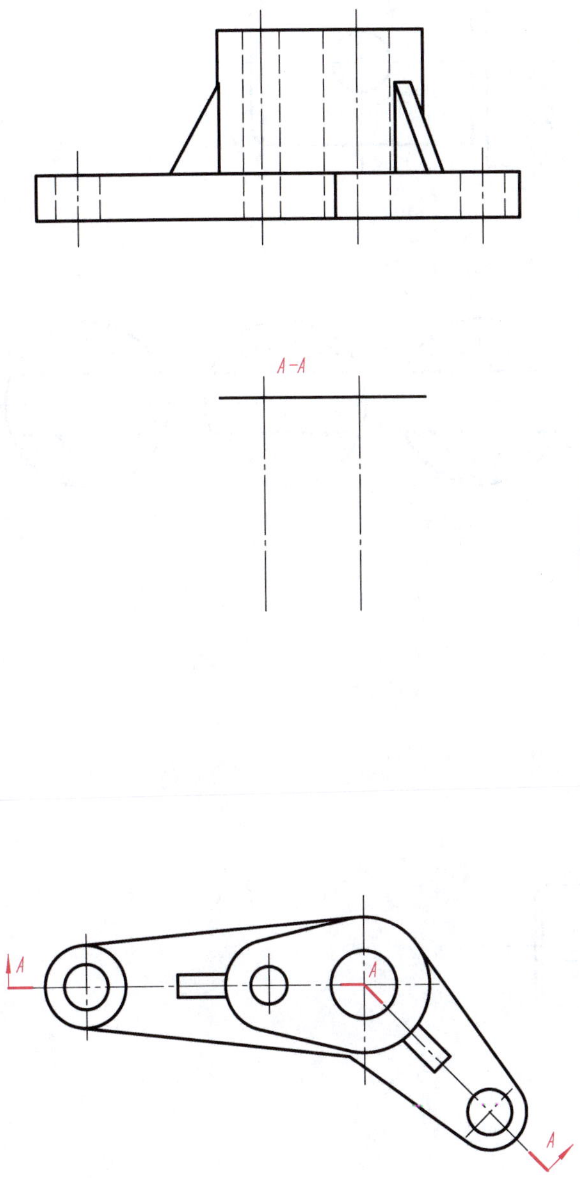

3-13-2　根据剖视图中的规定画法，改正主视图的剖视画法。

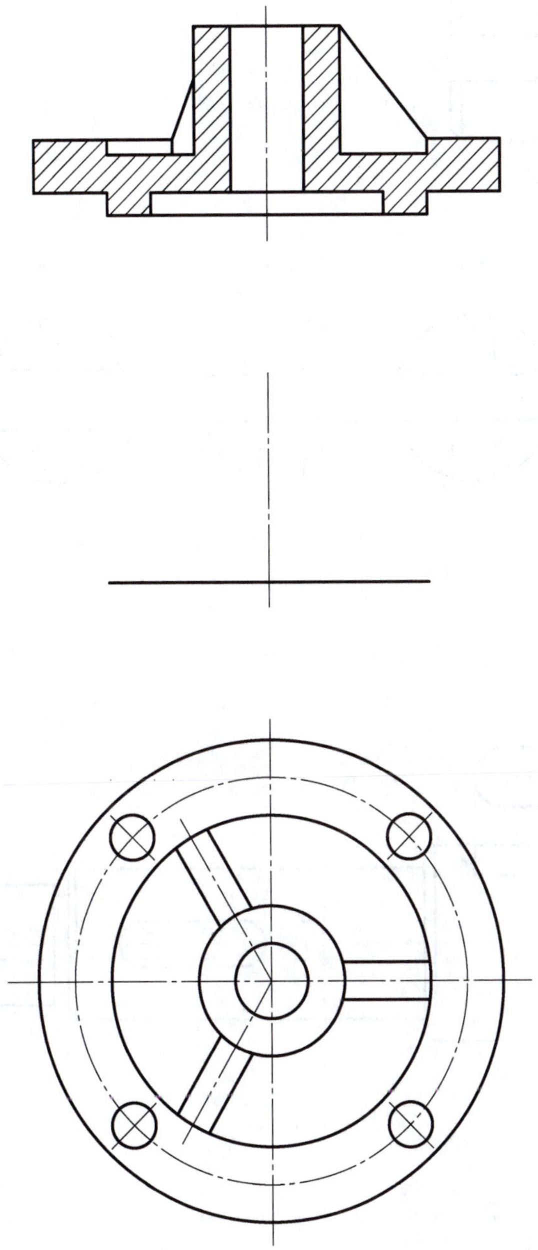

3-13-3　选择正确的主视图，在括号内画√。

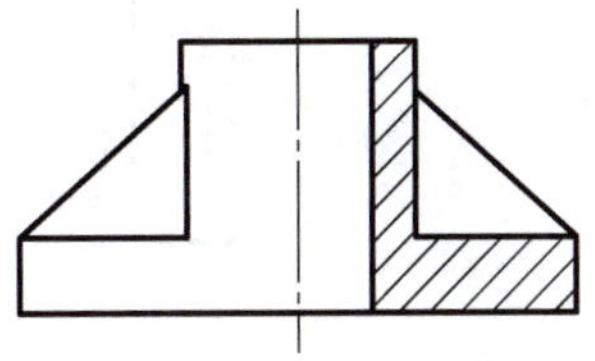

(　)

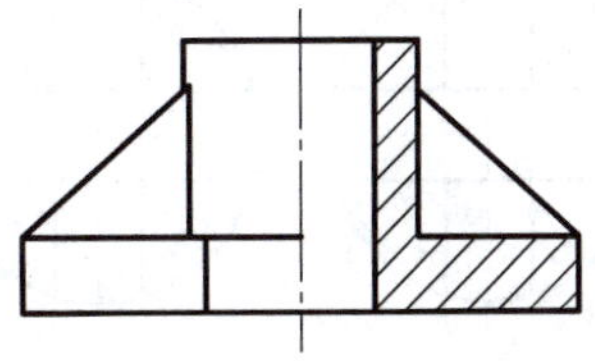

(　)

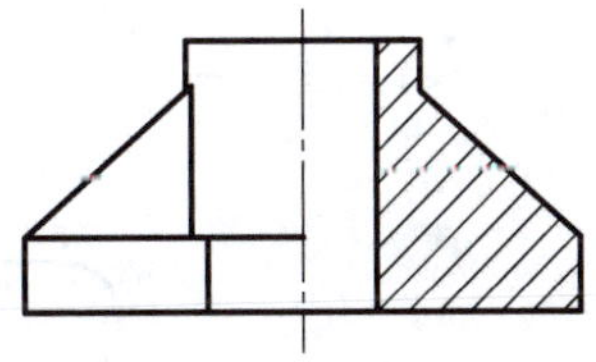

(　)

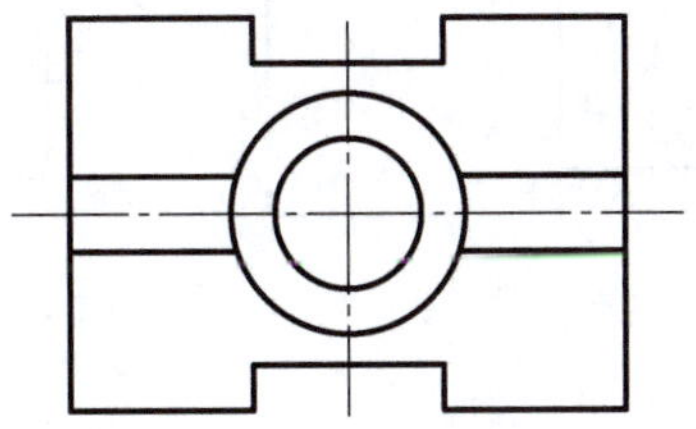

3-13-4　选择正确的主视图，在括号内画√。

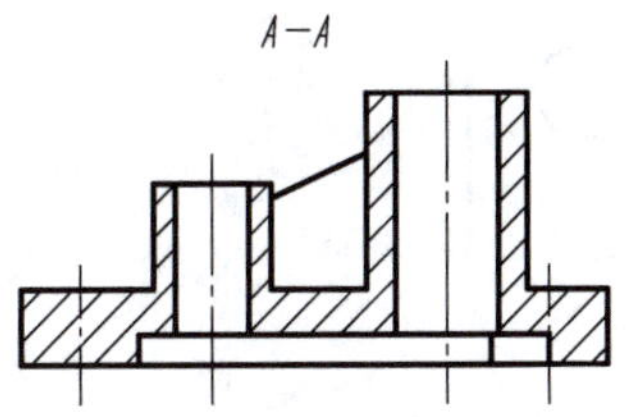

(　)

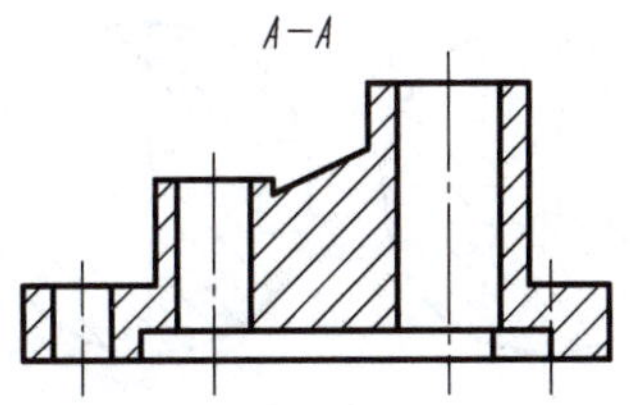

(　)

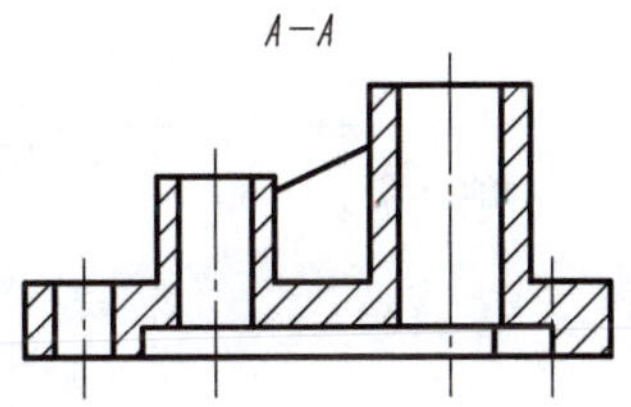

(　)

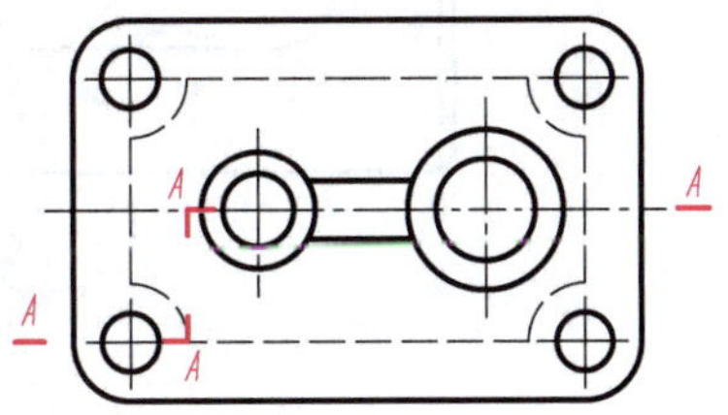

3-13-5　选择正确的主视图，在括号内画√。

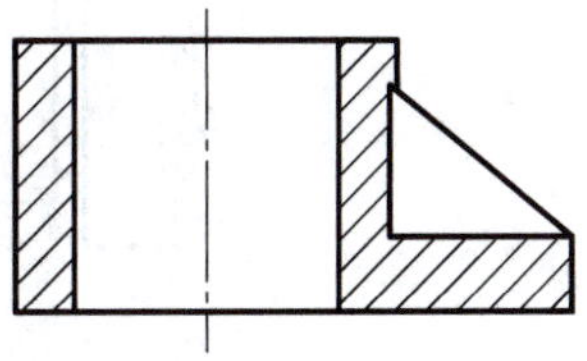

(　)

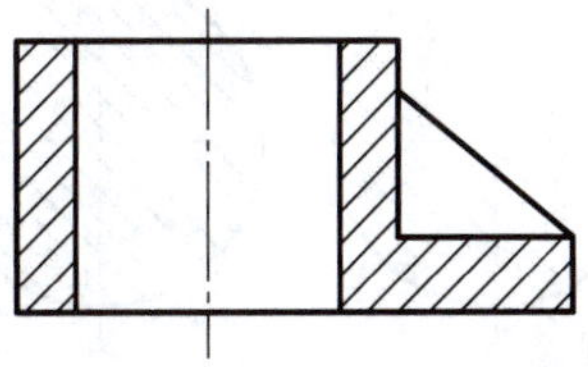

(　)

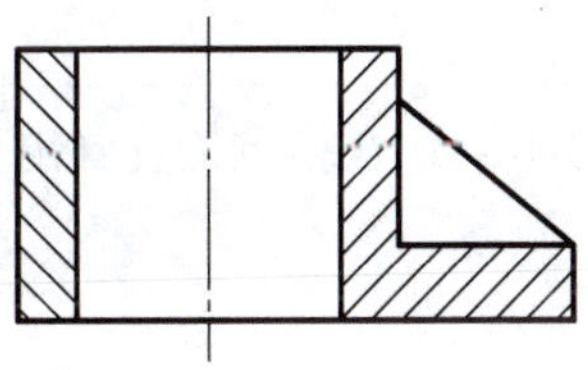

(　)

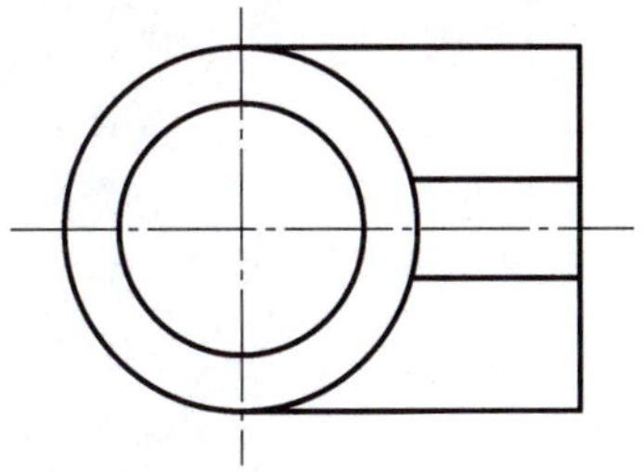

3-14-1　找出正确的移出断面图，在括号内画“√”。

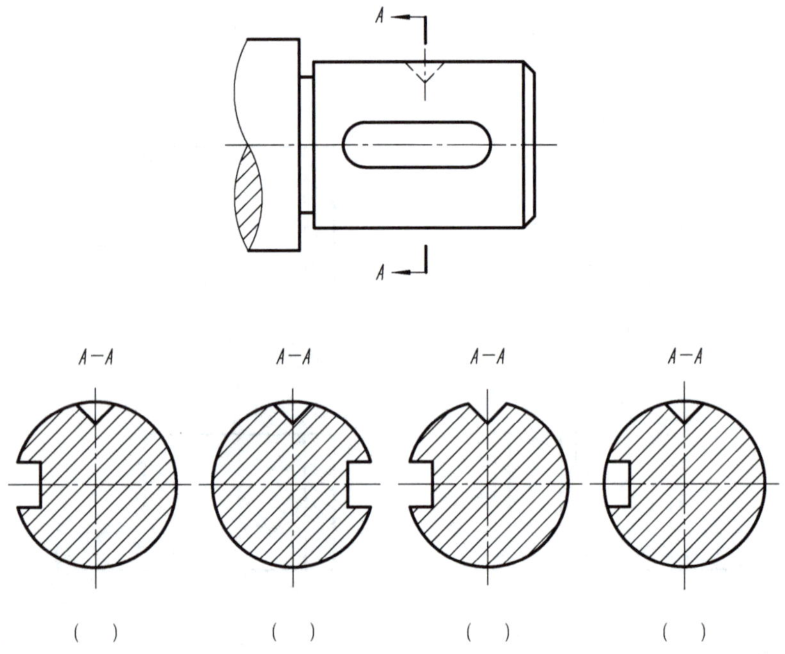

3-14-2　找出正确的移出断面图，在括号内画“√”。

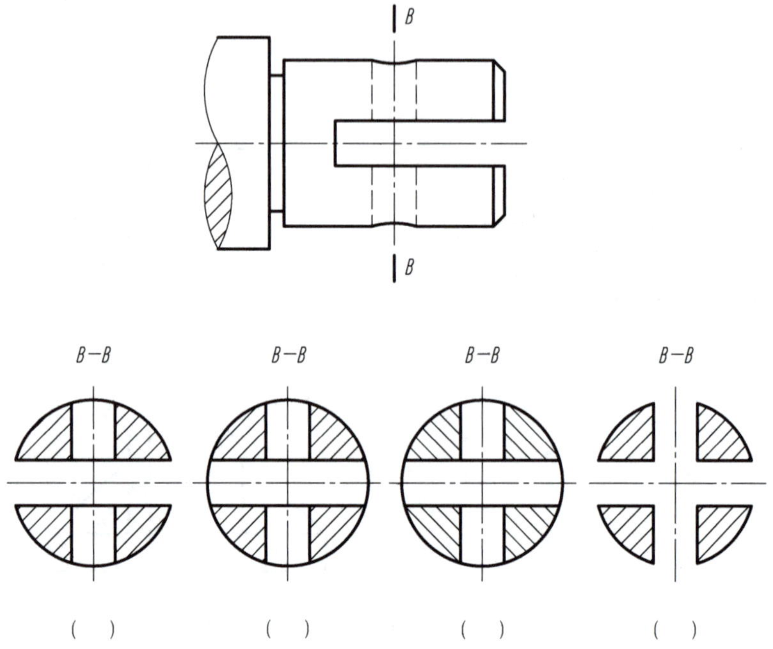

3-14-3　找出正确的移出断面图，在括号内画“√”。

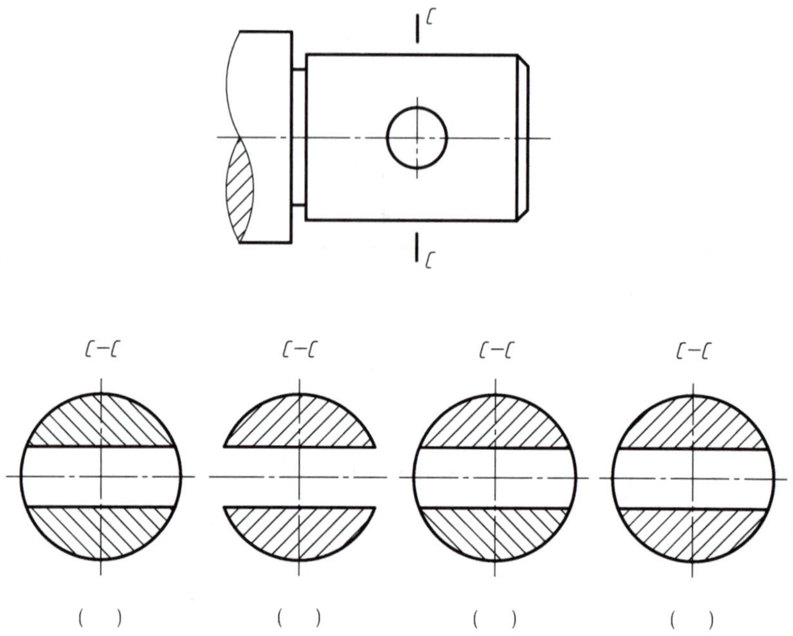

3-14-4　在指定位置画出移出断面图。

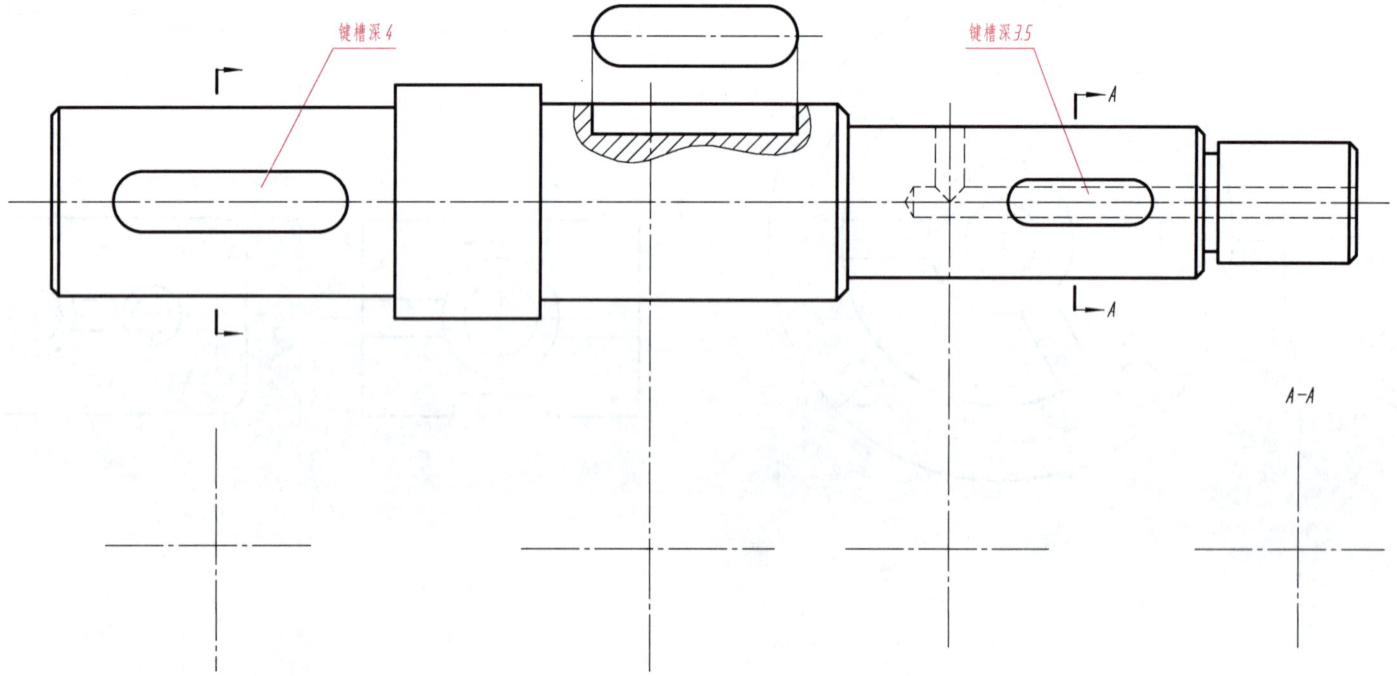

3-15 比较并画出断面图

班级　　　　姓名　　　　学号

3-15-1 移出断面图与重合断面图有何不同？

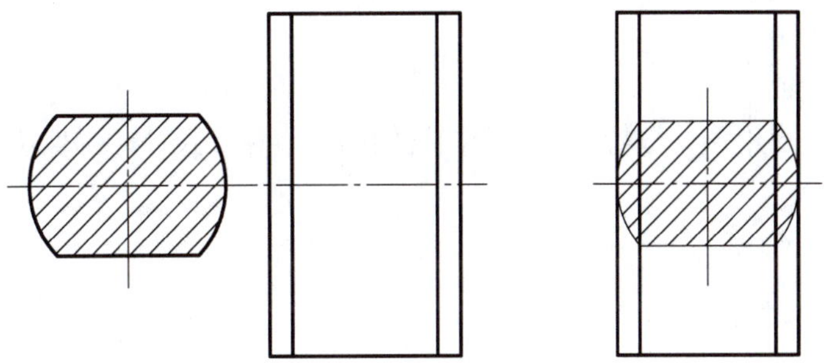

3-15-2 在适当位置画出重合断面图。

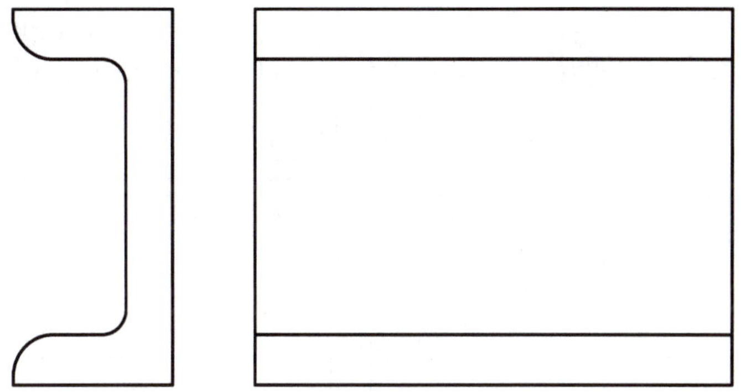

3-15-3 在指定位置画出 *A* 向局部视图和 *B*—*B* 移出断面图。

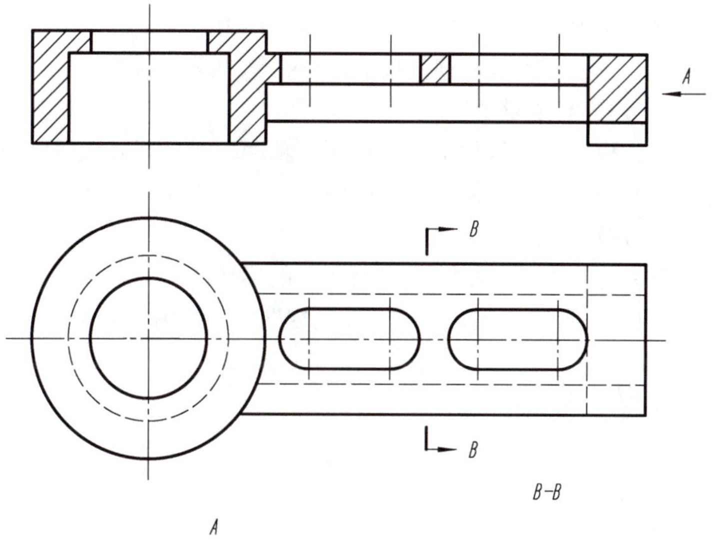

3-15-4 在指定位置画出移出断面图。

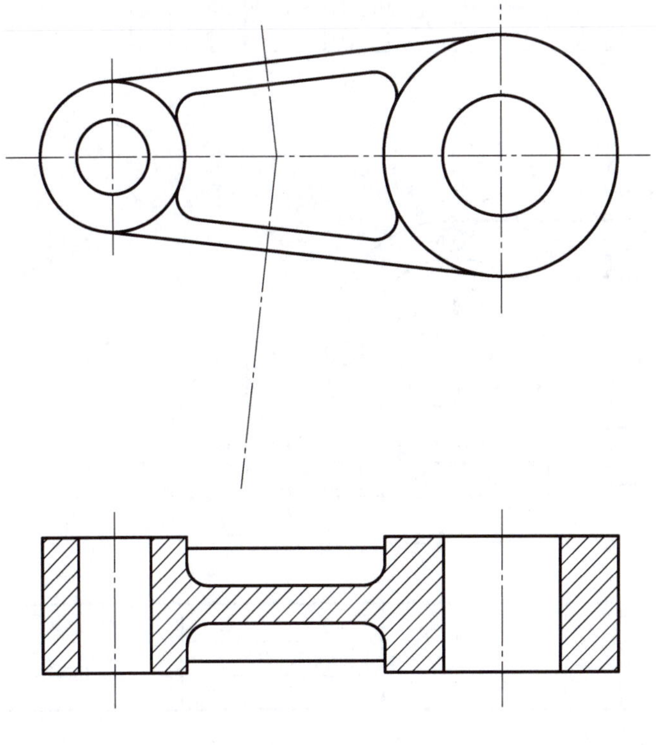

3-15-5 在指定位置画出移出断面图。

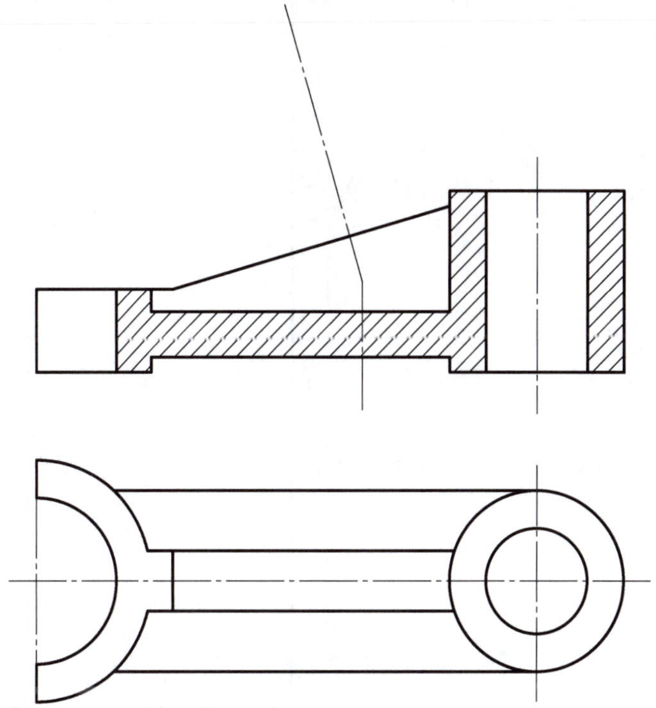

3-15-6 在指定位置画出重合断面图。

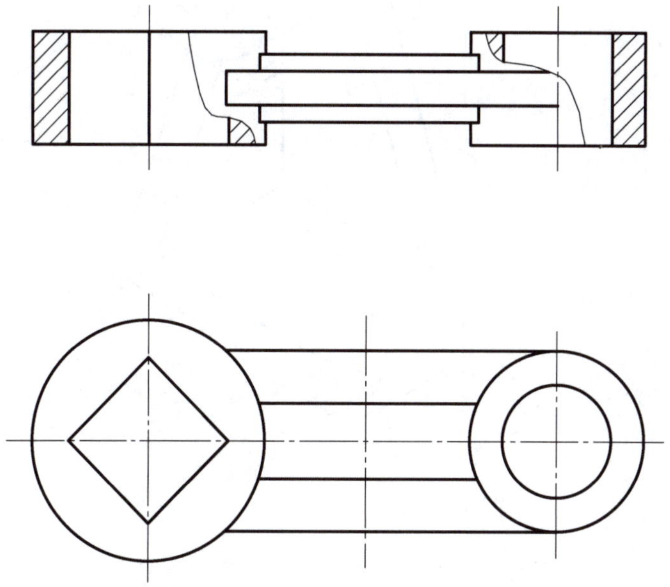

作业指导书（四）

一、目的

（1）培养选择物体表达方法的基本能力。

（2）进一步理解剖视的概念，掌握剖视图的画法。

二、内容与要求

（1）根据任课教师指定的图例（轴测图或视图），选择合适的表达方法并标注尺寸。

（2）自行确定比例及图纸幅面，用铅笔描深。

三、注意事项

（1）应用形体分析法，看清物体的形状结构。首先考虑把主要结构表达清楚，对尚未表达清楚的结构可采用适当的表达方法（辅助视图、剖视图等）或改变投射方向予以解决。可多考虑几种表达方案，并进行比较，从中确定最佳方案。

（2）剖视图应直接画出，而不是先画成视图，再将视图改成剖视图。

（3）要注意剖视图的标注。分清哪些剖切位置可以不标注，哪些剖切位置必须标注。

（4）要注意局部剖视图中波浪线的画法。

（5）剖面线的方向和间隔应保持一致。

（6）不要照抄图例中的尺寸注法。应用形体分析法，结合剖视图的特点标注尺寸，确保所注尺寸既不遗漏，也不重复。

四、图例

见 3-16-1、3-16-2。

3-16-1

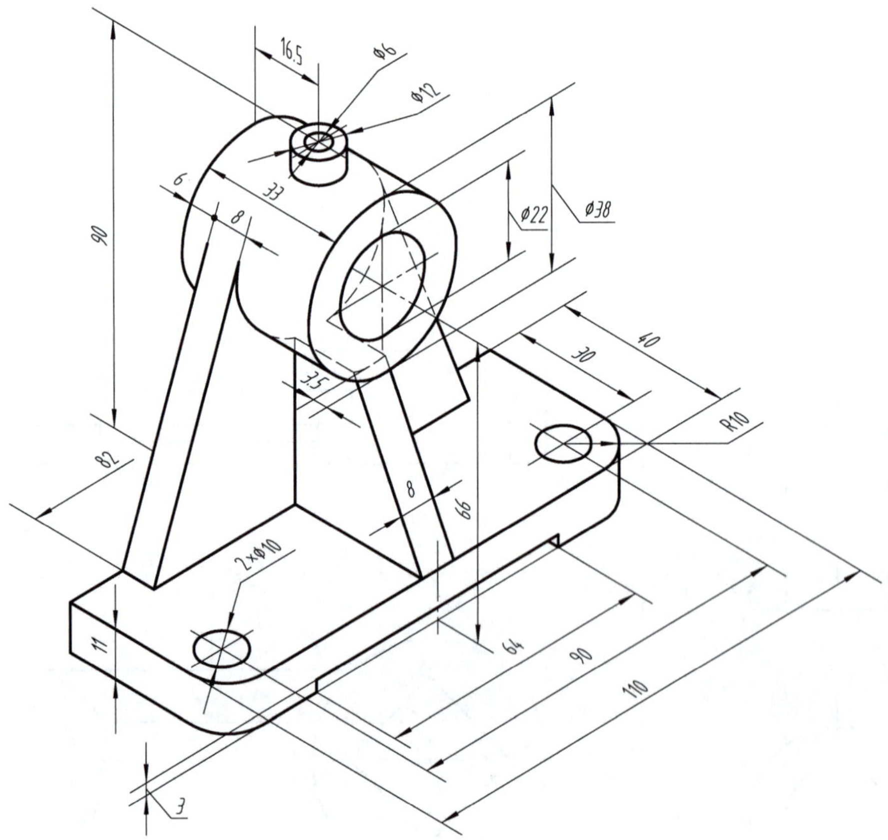

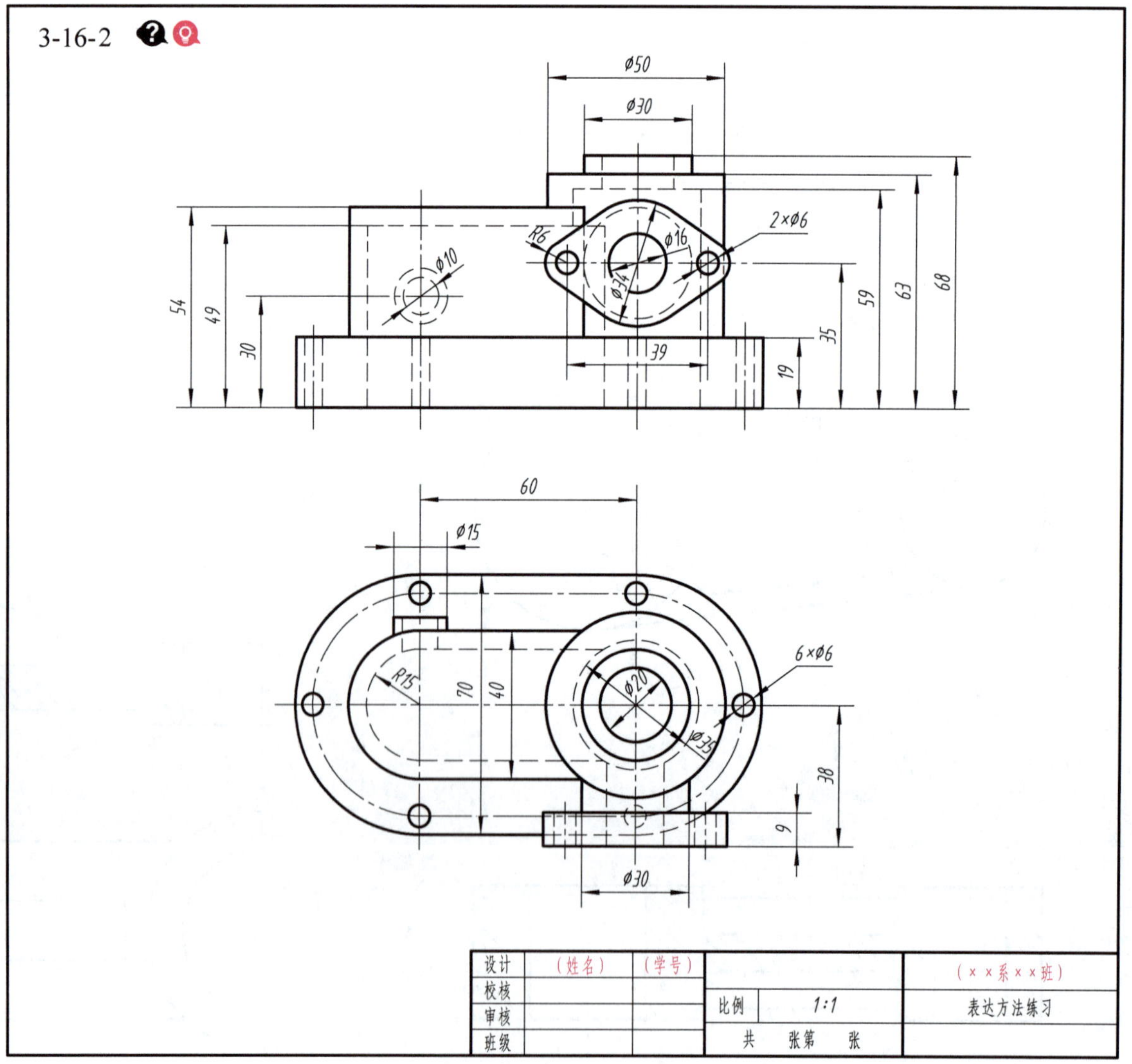

3-17 第三角画法练习（一）

班级　　　　姓名　　　　学号

3-17-1　根据轴测图及尺寸，用第三角画法画出物体的六面视图（按第三角画法配置）。

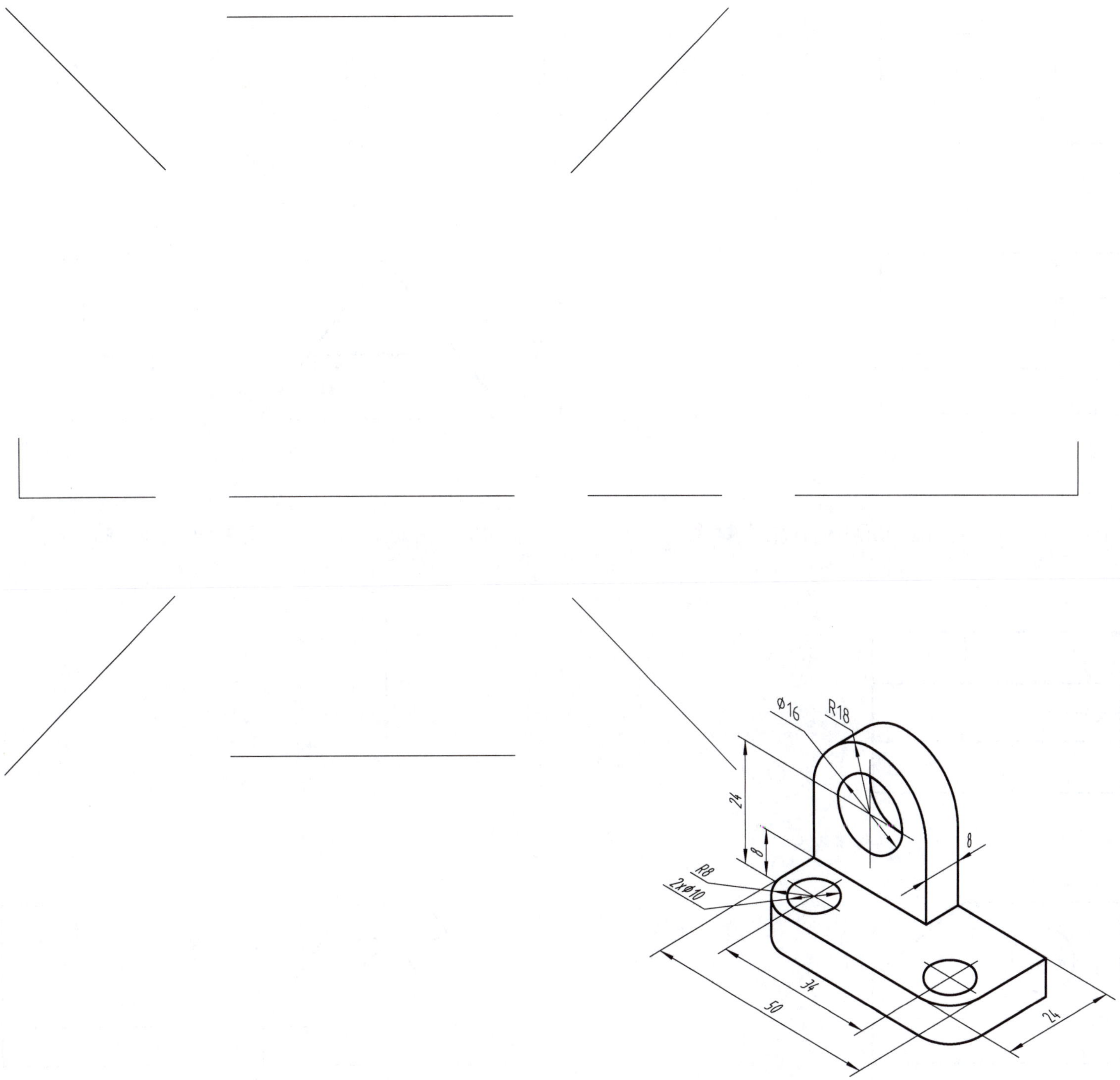

3-17-2　补画第三角画法中所缺的右视图。

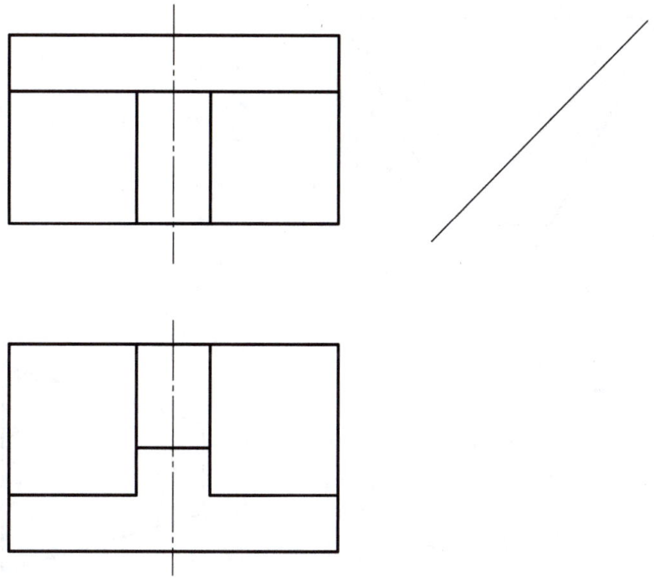

3-17-3　补画第三角画法中所缺的俯视图。

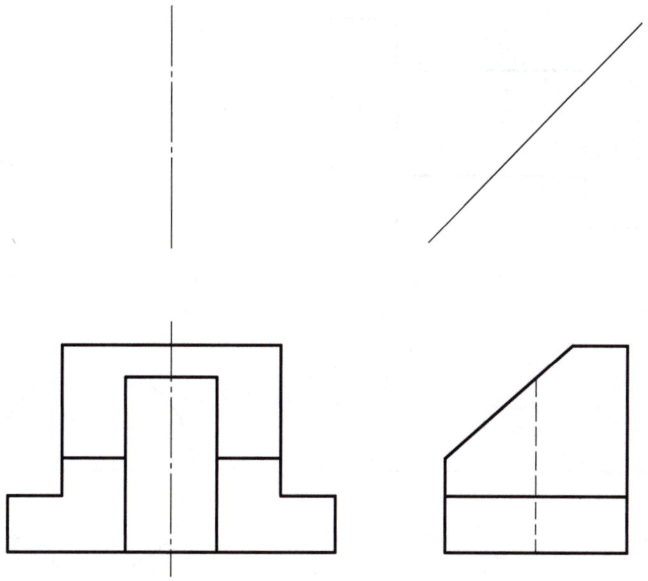

3-18-1 补画第三角画法中所缺的主视图。

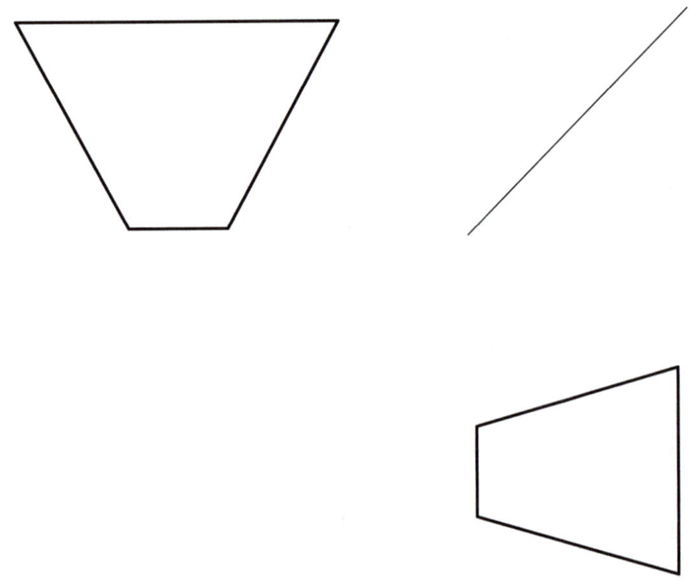

3-18-2 补画第三角画法中所缺的右视图。

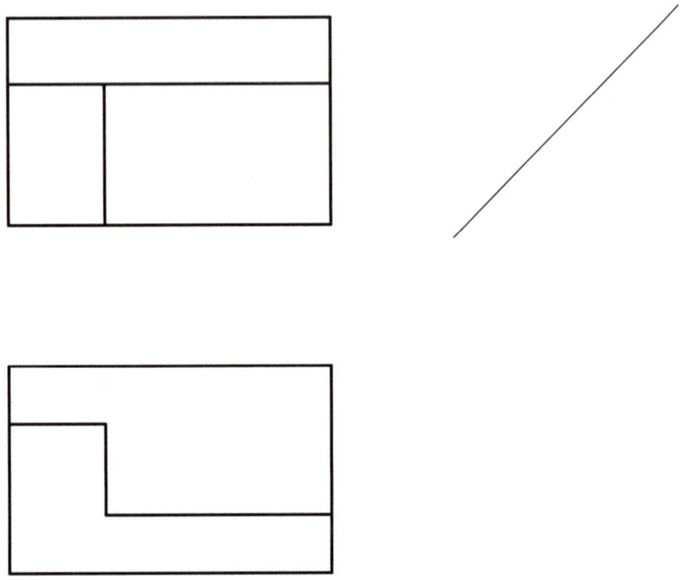

3-18-3 补画第三角画法中所缺的俯视图。

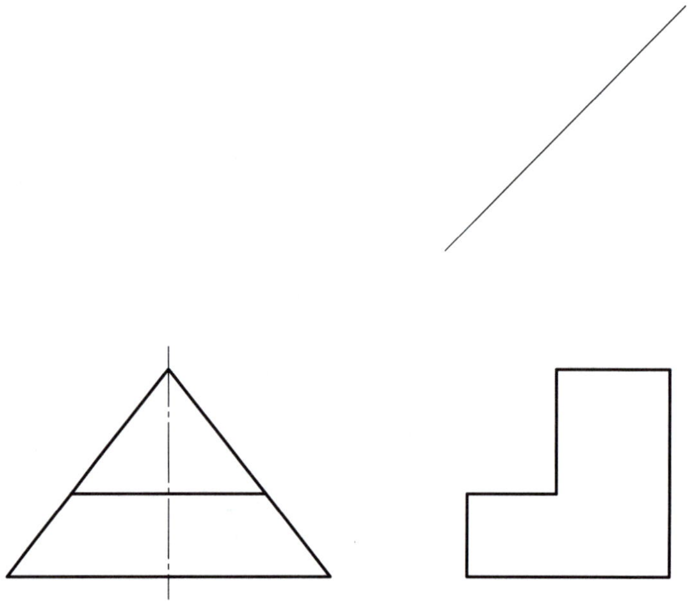

3-18-4 补画第三角画法中所缺的主视图。

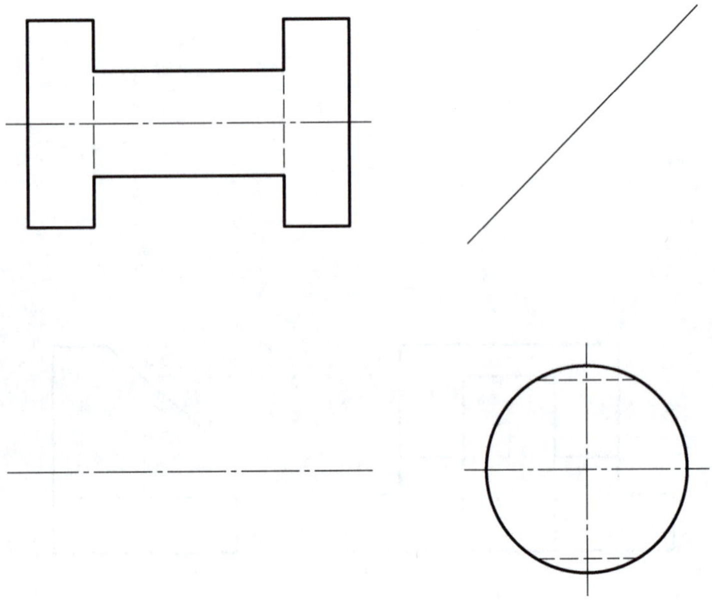

3-18-5 补画第三角画法中所缺的右视图。

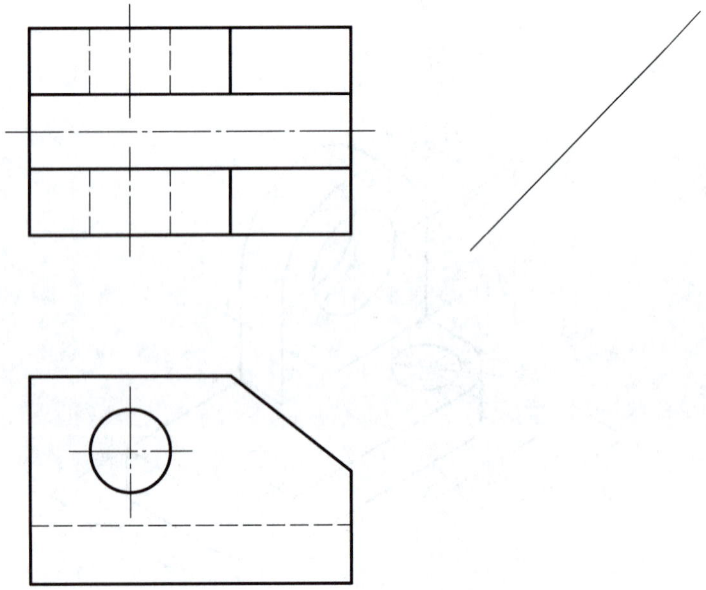

3-18-6 补画第三角画法中所缺的俯视图。

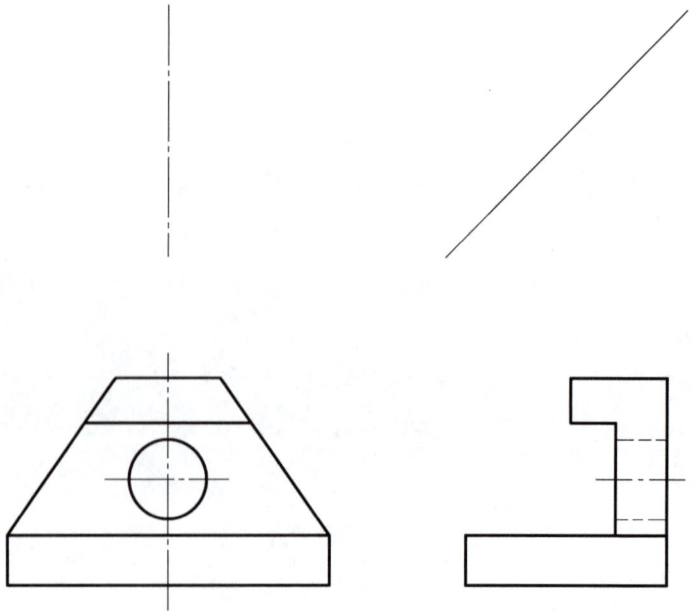

4-1　找出下列螺纹画法中的错误，用铅笔圈出

班级　　　　　　姓名　　　　　　学号

4-1-1

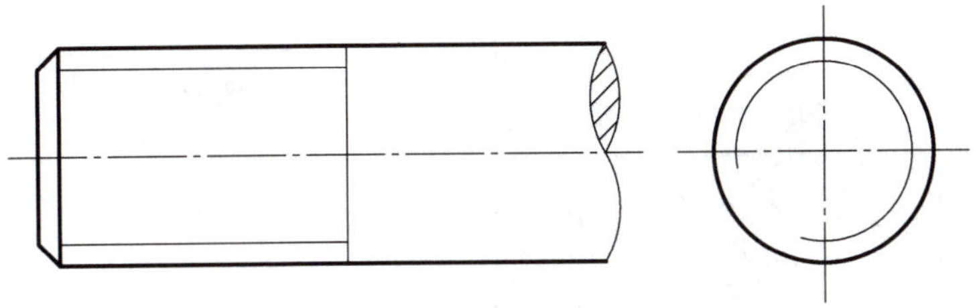

4-1-2

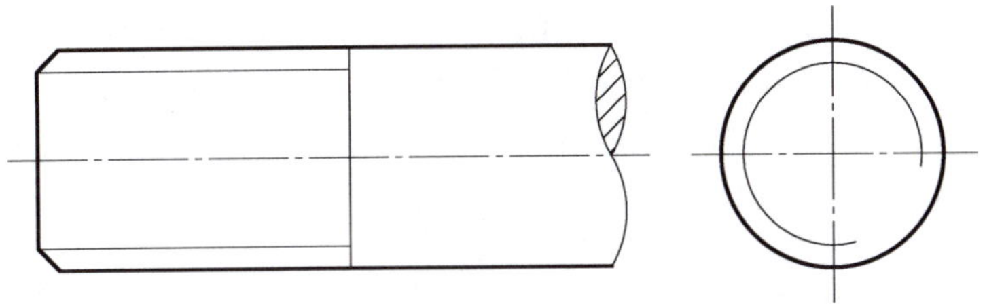

4-1-3

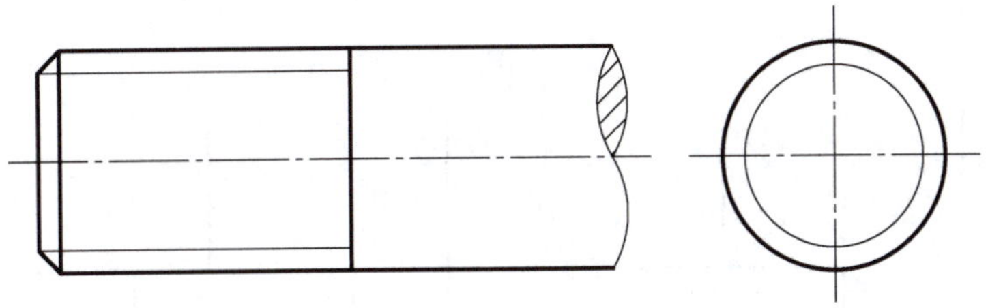

4-1-4

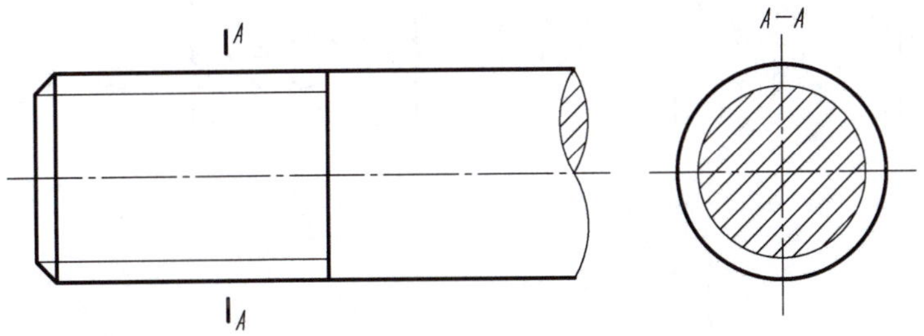

4-1-5

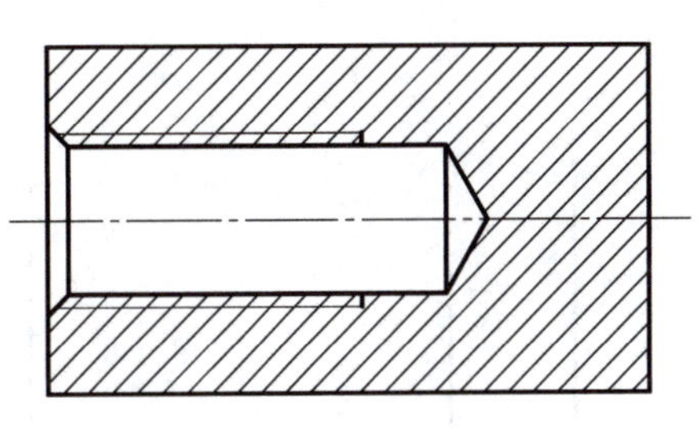

4-1-6

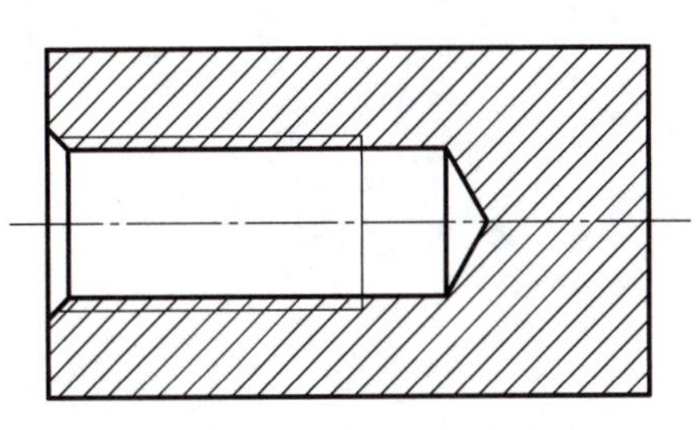

4-1-7

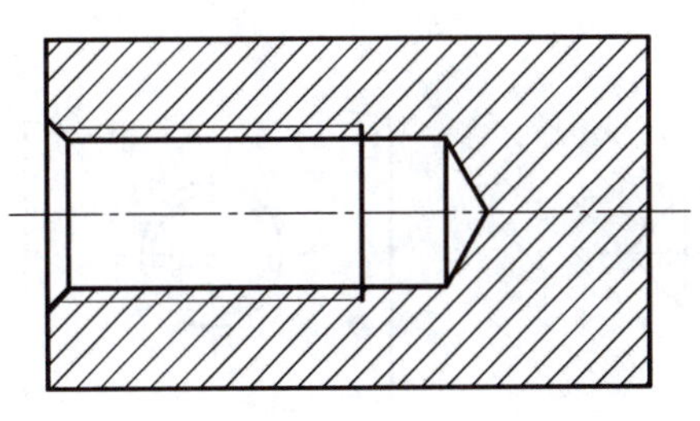

4-1-8

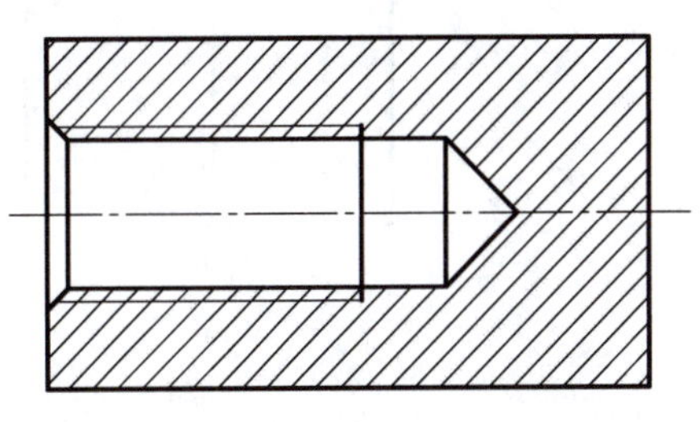

4-1-9

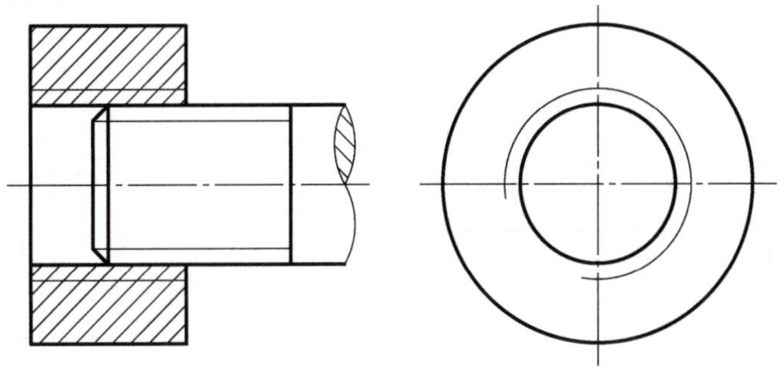

4-1-10

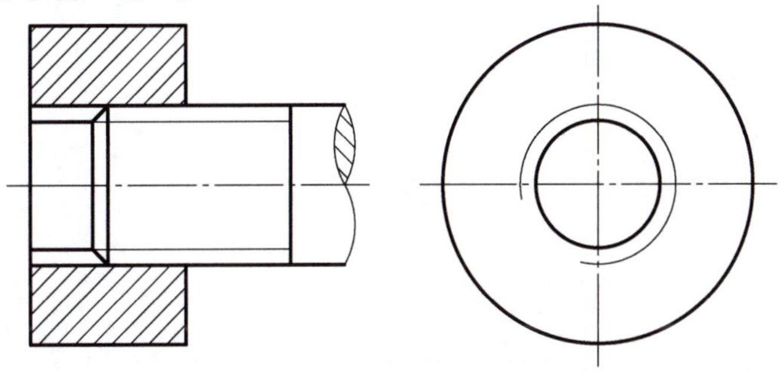

4-1-11

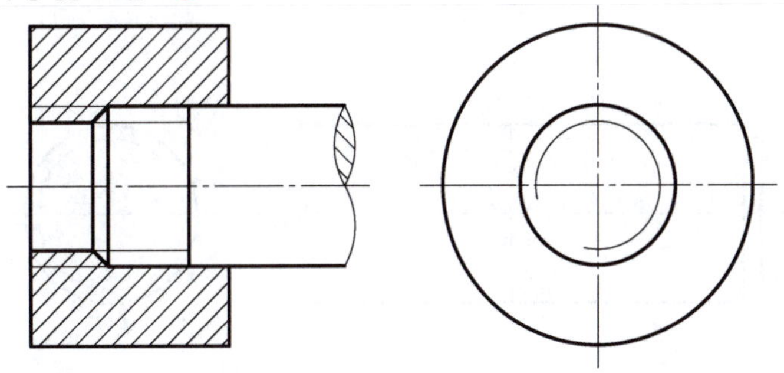

4-1-12

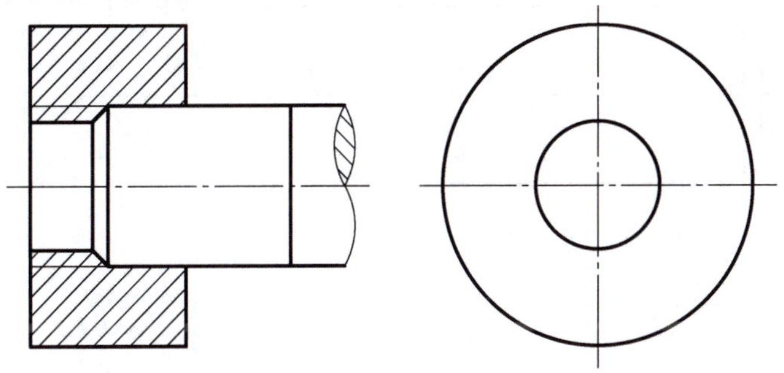

4-2　螺纹画法练习；标注螺纹尺寸

班级　　　　姓名　　　　学号

4-2-1　外螺纹（d=24 mm），螺纹长度为 35 mm。

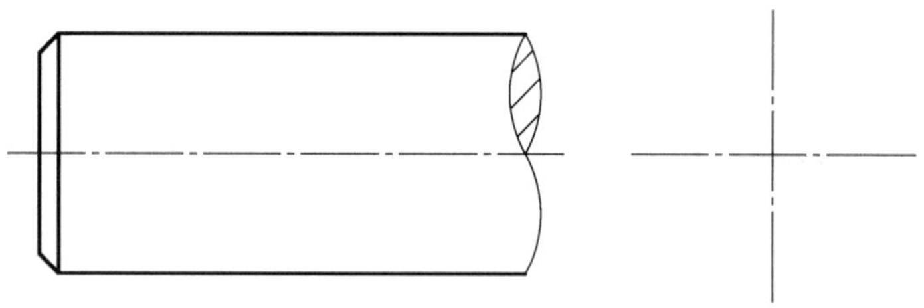

4-2-2　螺纹通孔（D=20mm），两端孔口倒角为 C1.5。

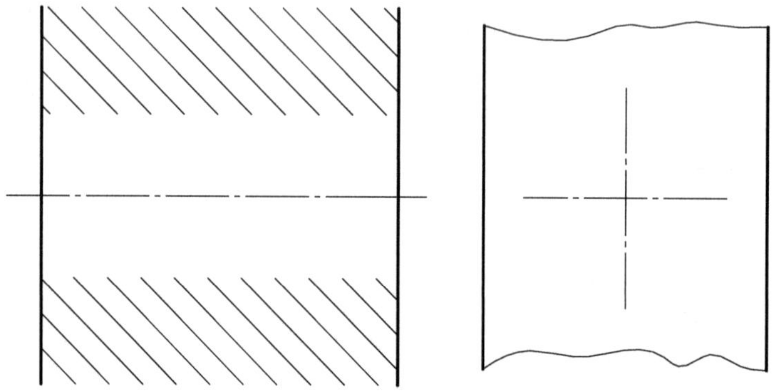

4-2-3　螺纹不通孔（D=16mm），钻孔深度为 30mm，螺纹深度为 22mm，孔口倒角为 C1.5（钻孔底部的画法，参见教材图 4-2）。

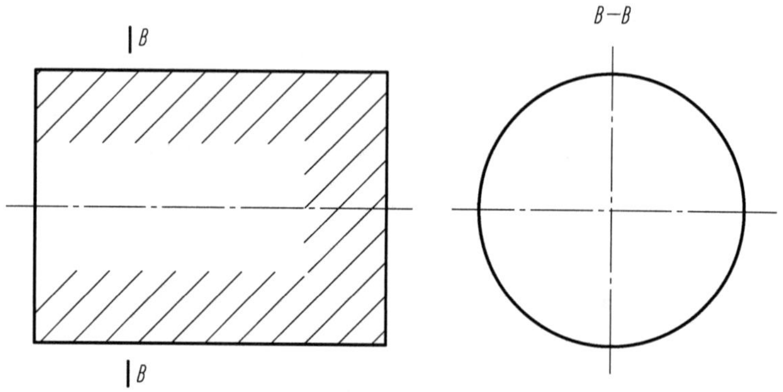

4-2-4　找出外螺纹画法中的错误，在指定位置画出正确的图形。

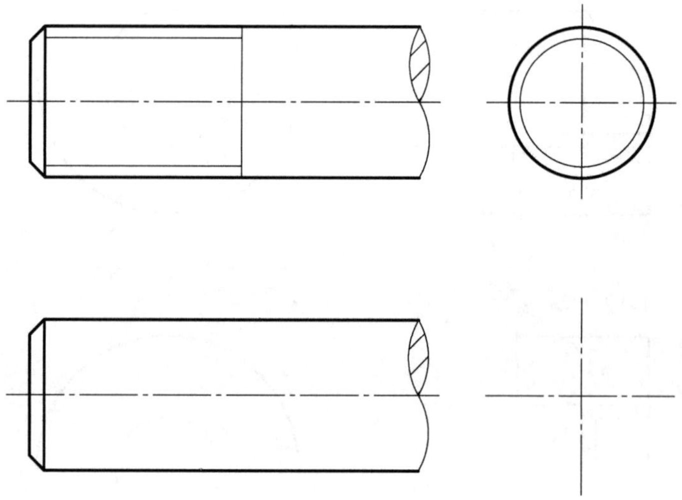

4-2-5　找出内螺纹画法中的错误，在指定位置画出正确的图形。

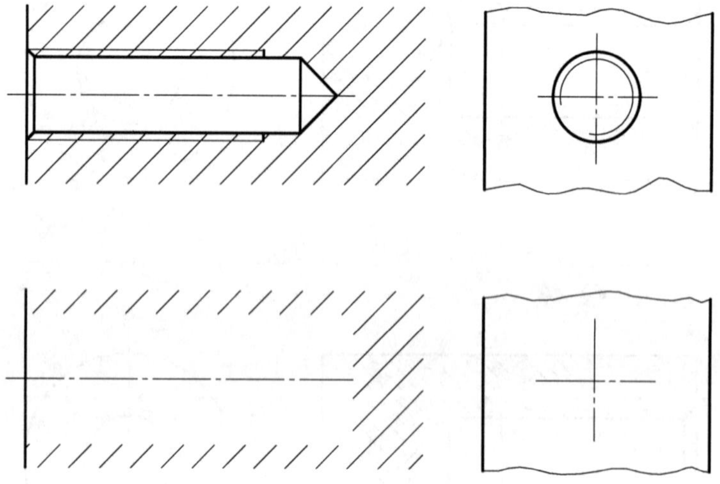

4-2-6　找出螺纹联接画法中的错误，在指定位置画出正确的图形。

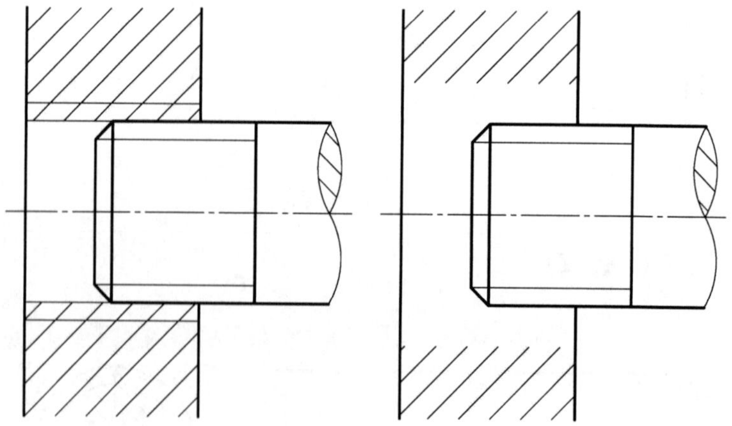

4-3 标注螺纹尺寸；找出螺纹标注的错误

班级　　　　姓名　　　　学号

4-3-1 普通螺纹，大径为20mm，螺距为2.5mm，单线，中径和大径公差带均为6g，右旋。

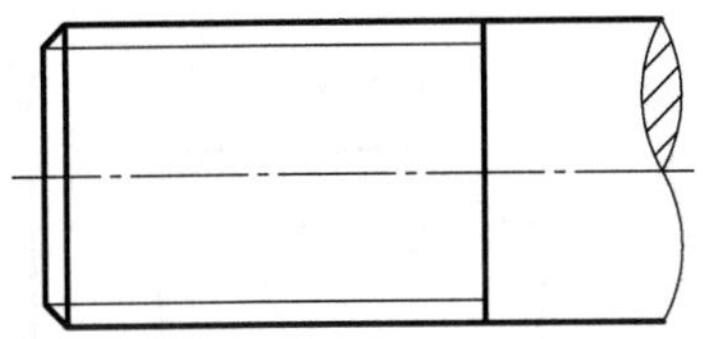

4-3-2 普通螺纹，大径为 20mm，螺距为2mm，单线，中径和小径公差带均为6H，右旋。

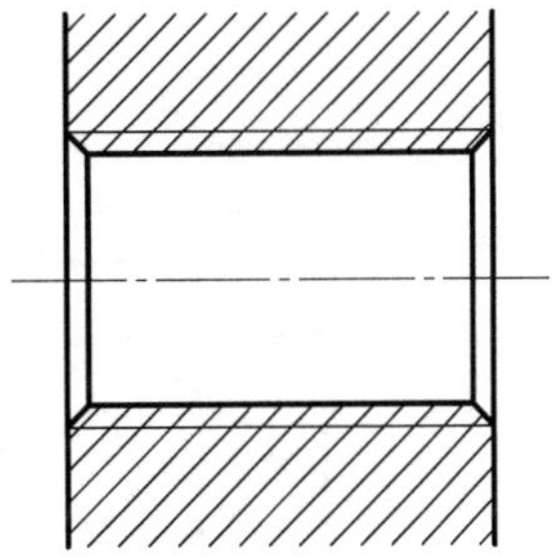

4-3-3 55°非密封管螺纹，尺寸代号为3/4，公差带等级为A级，右旋。

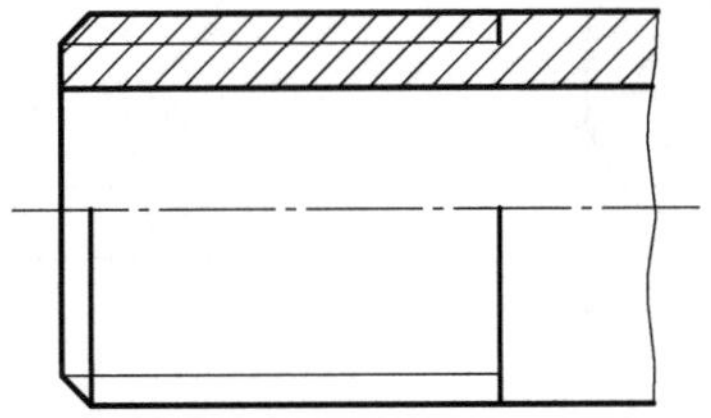

4-3-4 55°密封管螺纹（圆锥内螺纹），尺寸代号为3/4，右旋。

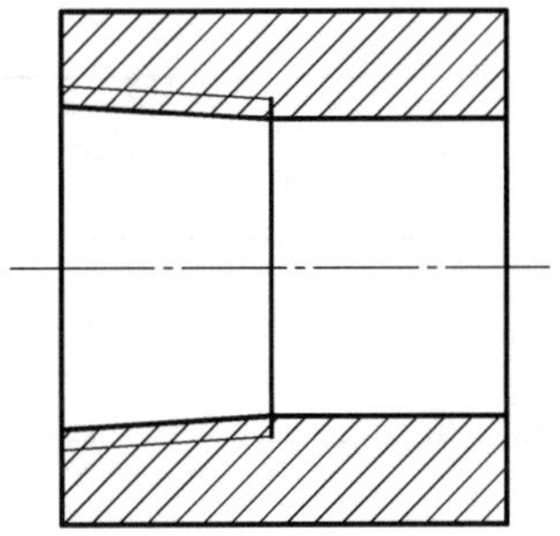

4-3-5 找出粗牙普通外螺纹标注的错误。

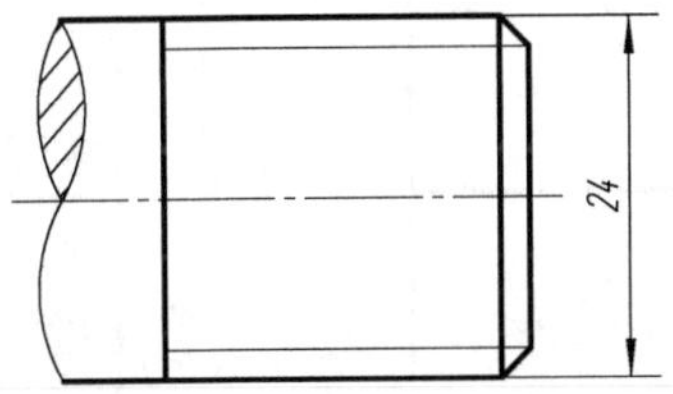

4-3-6 找出粗牙普通外螺纹标注的错误。

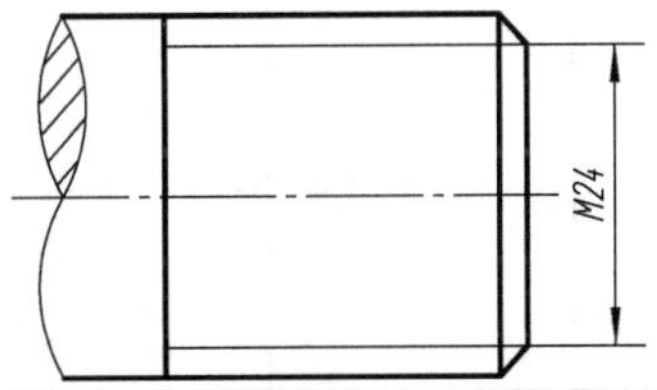

4-3-7 找出粗牙普通外螺纹标注的错误。

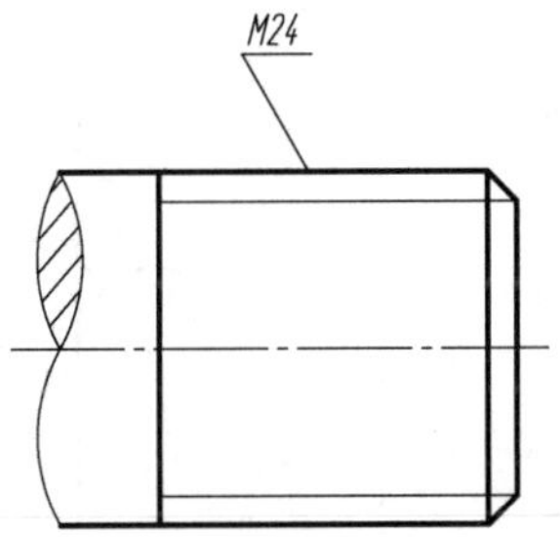

4-3-8 找出粗牙普通内螺纹标注的错误。

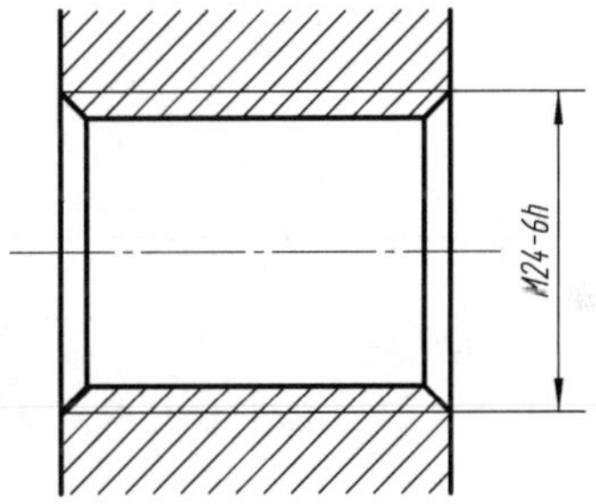

4-3-9 找出55°非密封管螺纹标注的错误。

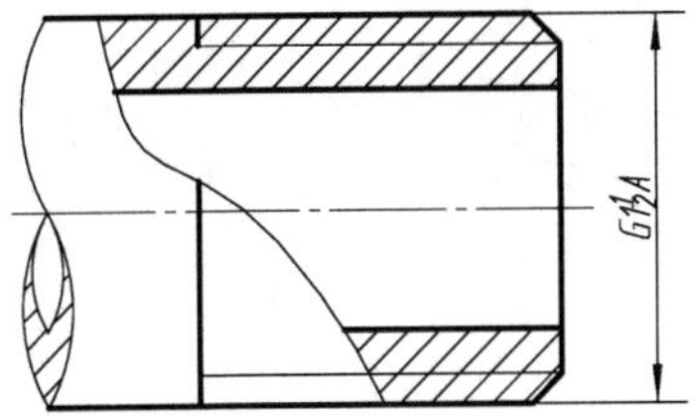

4-3-10 找出55°非密封管螺纹标注的错误。

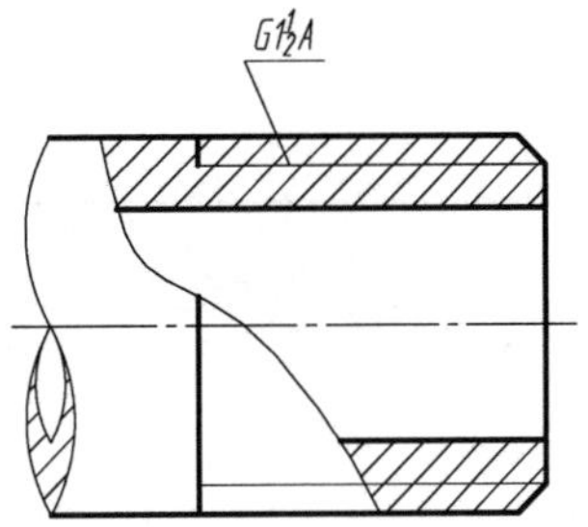

4-3-11 找出55°密封圆柱管螺纹标注的错误。

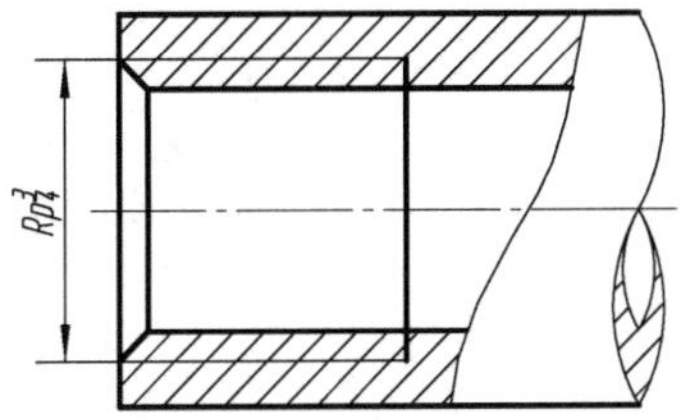

4-3-12 找出55°密封圆柱管螺纹标注的错误。

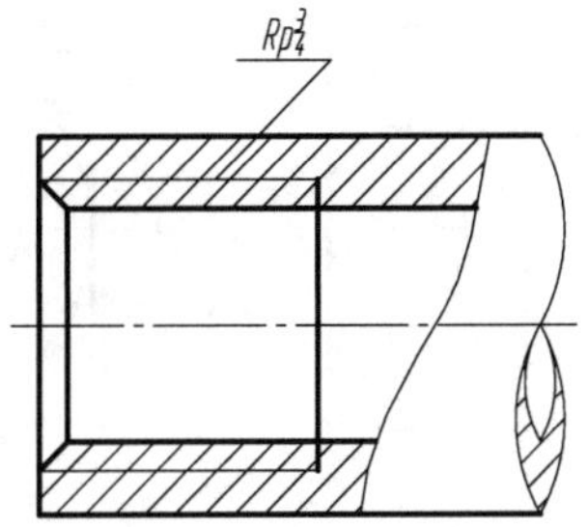

4-4 查附表确定螺纹紧固件尺寸；画出螺纹紧固件联接的全剖视图

班级　　姓名　　学号

4-4-1 查附表确定A级六角头螺栓（GB/T 5782—2016）的尺寸，并写出其规定标记。

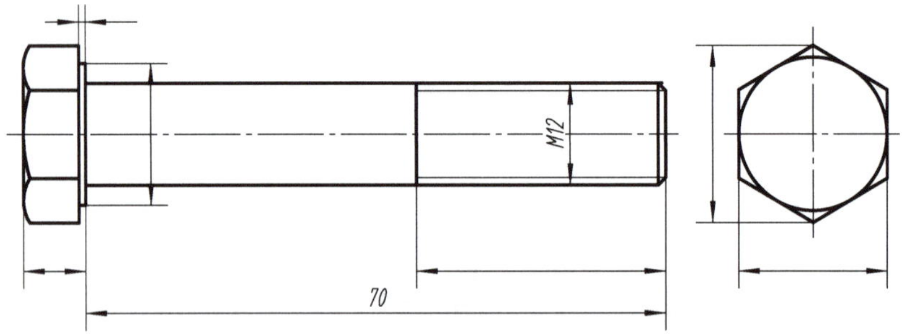

规定标记：________________

4-4-2 查附表确定压力容器法兰用 A 型等长双头螺柱（NB/T 47027—2012）的尺寸，并写出其规定标记。

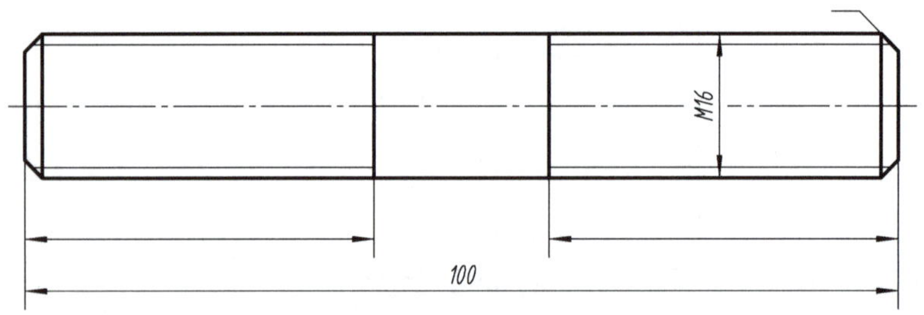

规定标记：________________

4-4-3 查附表确定Ⅰ型六角螺母（GB/T 6170—2015）的尺寸，并写出其规定标记。

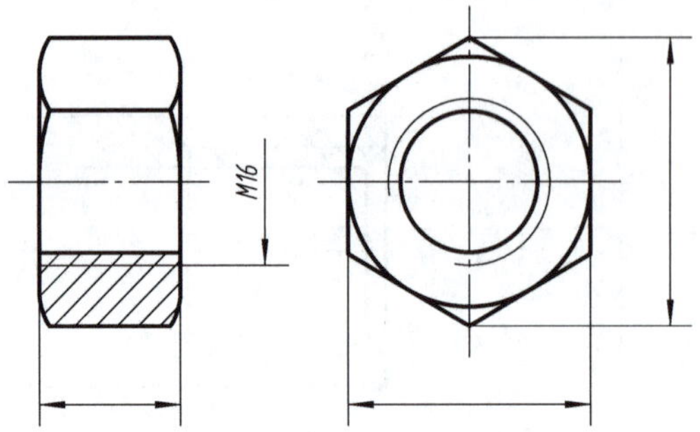

规定标记：________________

4-4-4 按简化画法完成螺栓联接的全剖视图（螺栓规格按 1∶1 的比例由图中量得）。

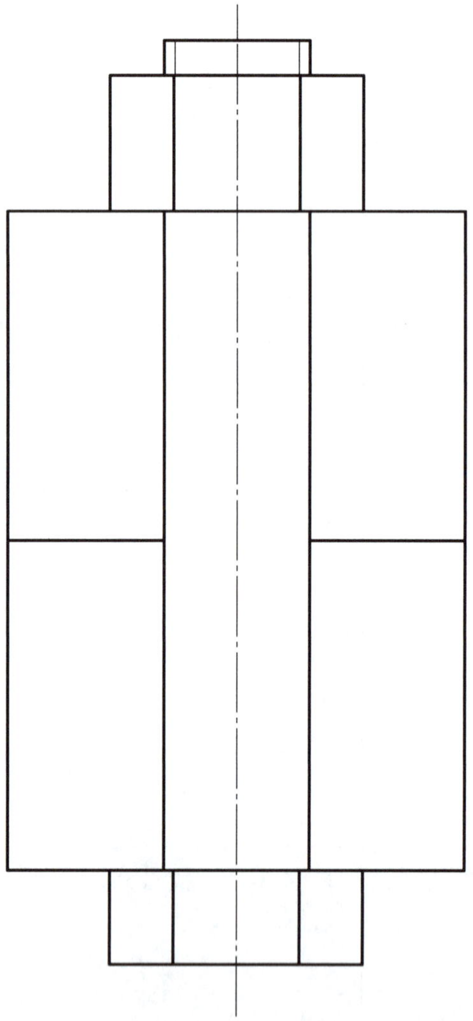

4-4-5 按简化画法完成双头螺柱联接的全剖视图（螺柱规格按 1∶1 的比例由图中量得）。

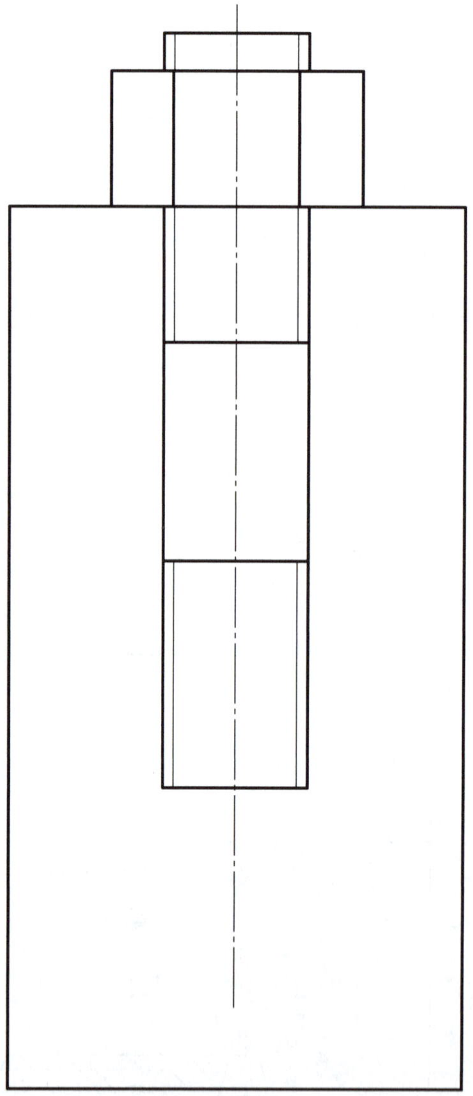

4-4-6 按简化画法完成等长双头螺柱联接的全剖视图（螺栓规格按 1∶1 的比例由图中量得）。

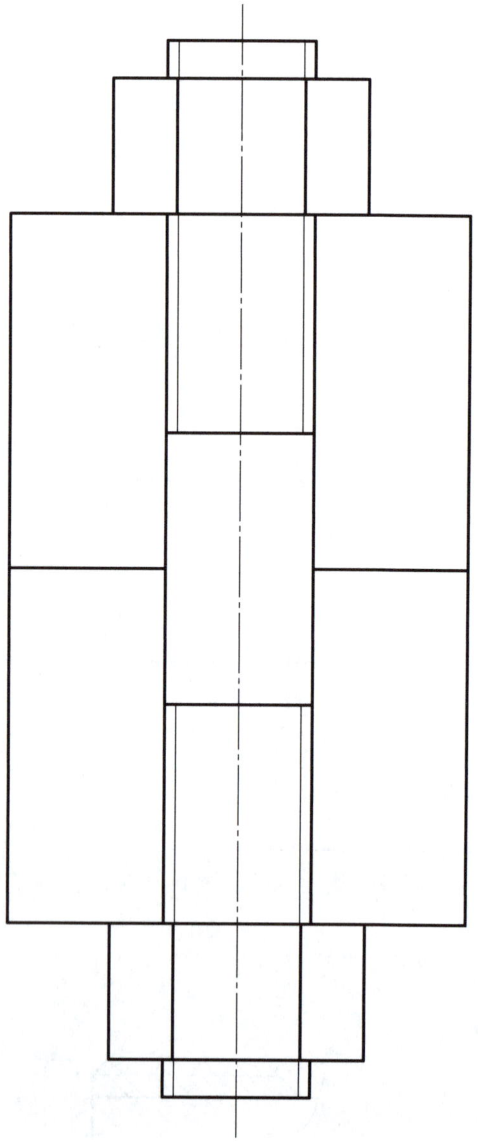

4-5 找出螺纹紧固件联接三视图中的错误

班级　　　　姓名　　　　学号

4-5-1 找出螺栓联接三视图中的错误（每题 3 处，用铅笔圈出）。

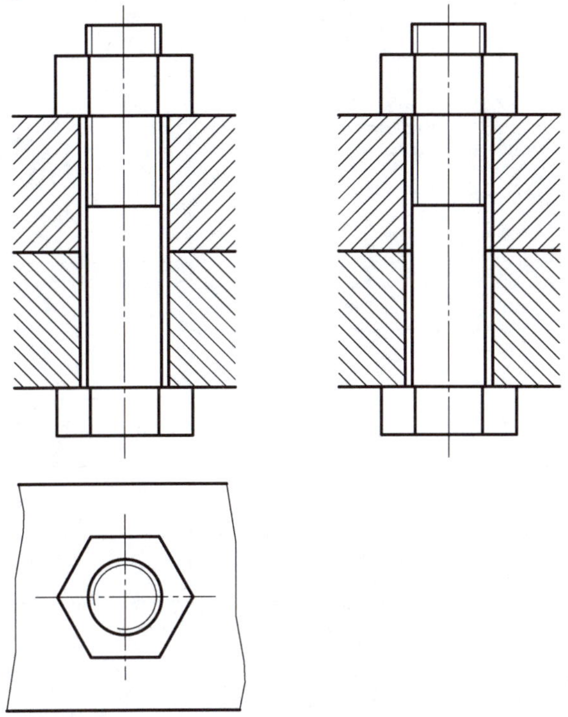

4-5-2 找出螺栓联接三视图中的错误（每题 3 处，用铅笔圈出）。

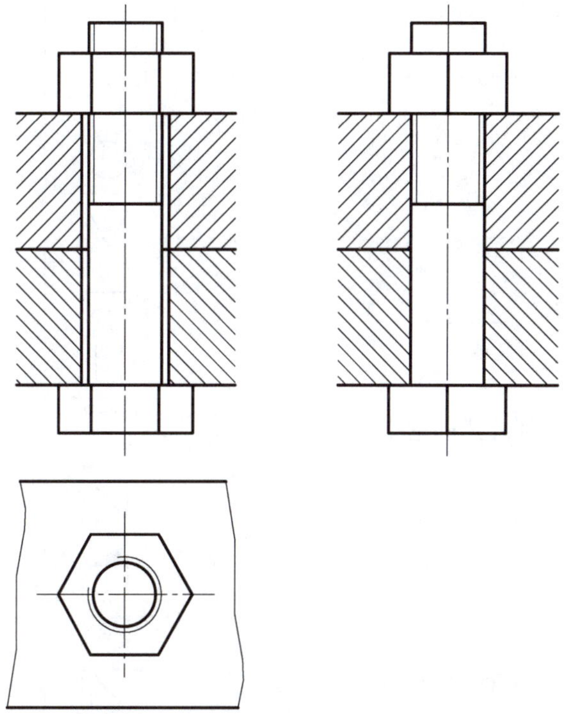

4-5-3 找出螺栓联接三视图中的错误（每题 3 处，用铅笔圈出）。

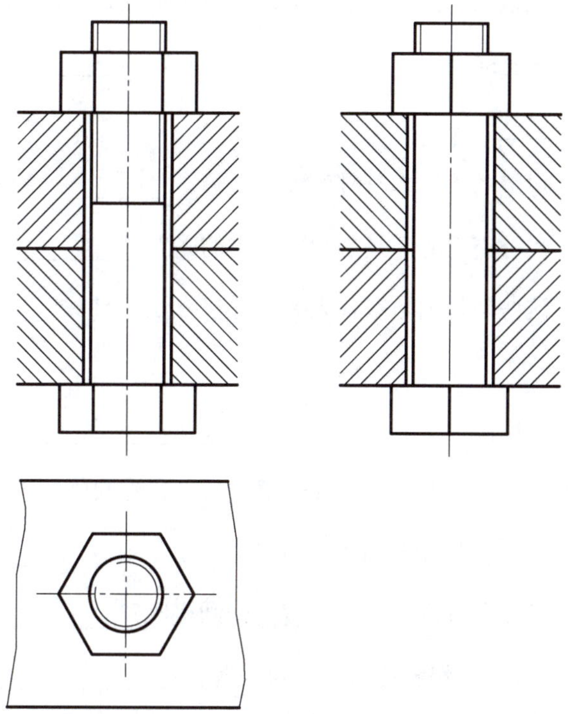

4-5-4 找出等长双头螺柱联接三视图中的错误（每题 3 处，用铅笔圈出）。

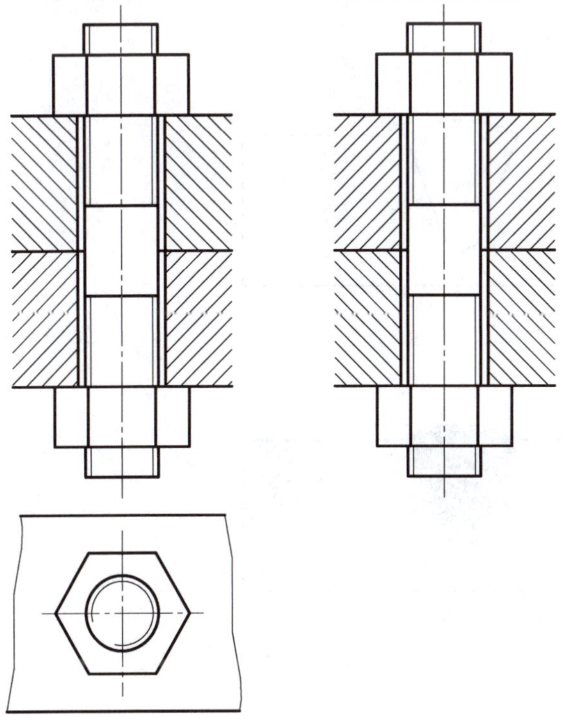

4-5-5 找出等长双头螺柱联接三视图中的错误（每题 3 处，用铅笔圈出）。

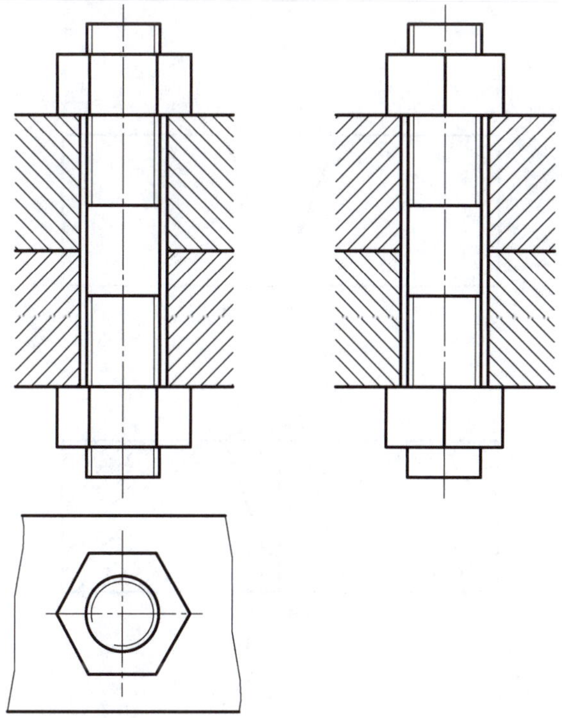

4-5-6 找出等长双头螺柱联接三视图中的错误（每题 3 处，用铅笔圈出）。

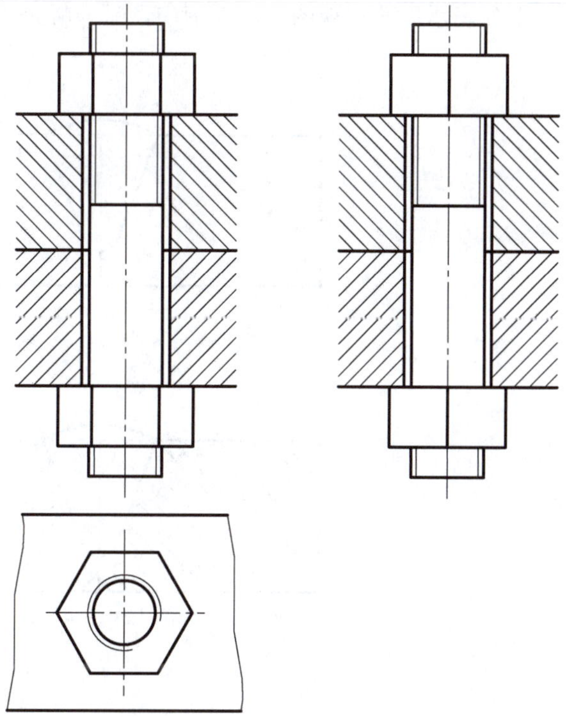

4-6 完成下列题目

4-6-1 回答下列问题。

（1）在金属焊接图样中，优先采用图示法？还是焊缝符号表示法？________

（2）完整的焊缝符号包括哪几项内容？________

（3）焊缝的“基本符号”表示焊缝________的形式或特征。

（4）“补充符号”是必须要标出的吗？________

（5）这些阿拉伯数字代表哪些焊接方法？111：________、212：________、311：________、84：________

（6）指引线箭头直接指向________一侧，则将基本符号标在基准线的细实线上。

（7）________时，可以在焊缝符号中标注尺寸。

（8）“焊脚尺寸”和“焊角尺寸”哪一个对？________

（9）坡口角度和坡口面角度是一回事吗？________

（10）什么样焊缝称为“双面焊缝”？________什么样焊缝称为“对称焊缝”？________

4-6-2 写出下列符号的名称，并判断其类别（画“√”）。

符号	名　称	类　别	
		基本符号	补充符号

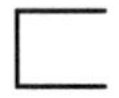			

4-6-3 下列表示焊缝的视图和剖视图中，哪一幅是正确的？

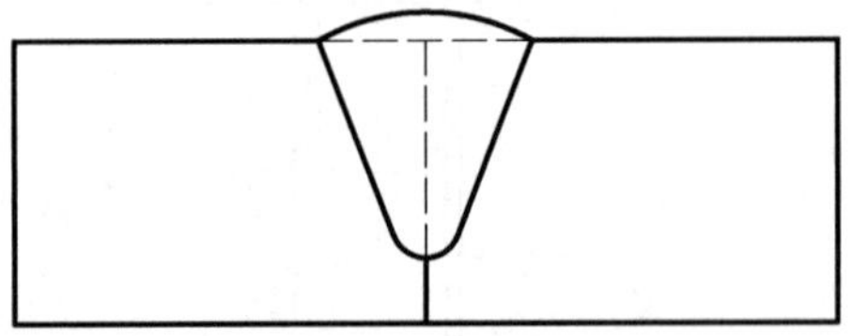

（正确、错误）

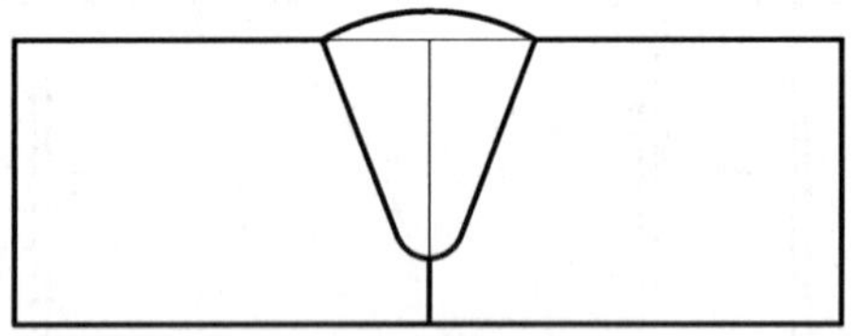

（正确、错误）

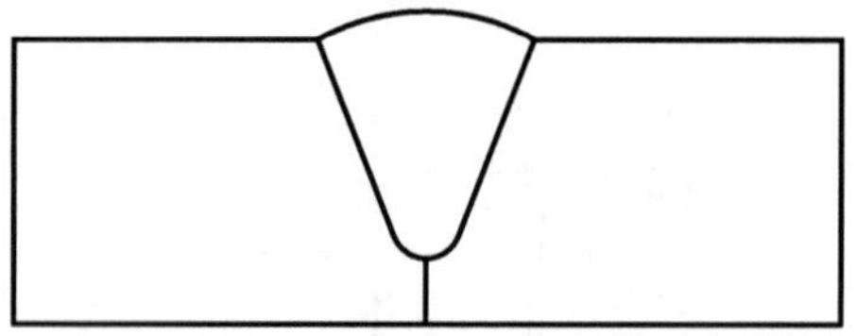

（正确、错误）

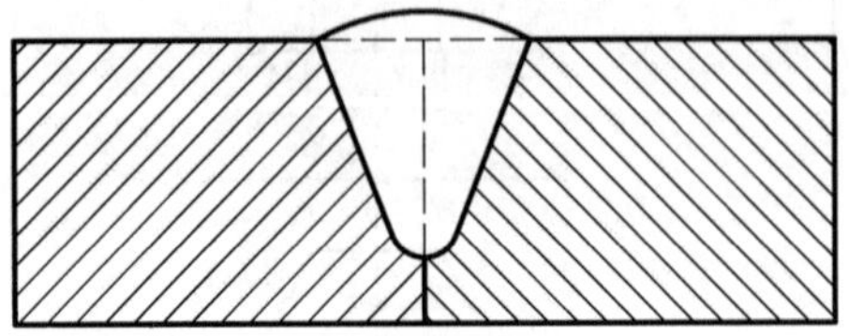

（正确、错误）

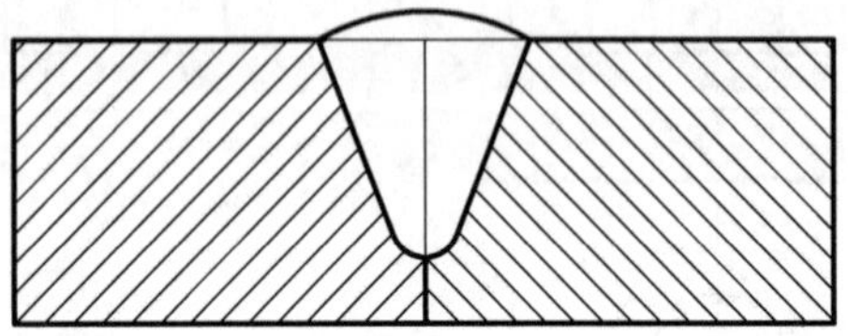

（正确、错误）

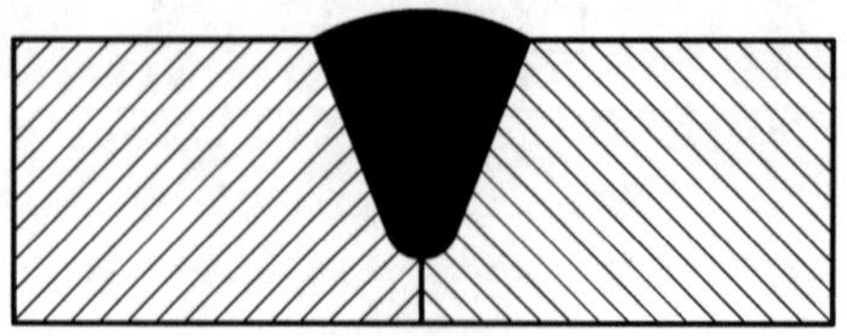

（正确、错误）

4-7 判断焊缝符号标注是否正确；标注焊缝符号

班级　　　　　　姓名　　　　　　学号

4-7-1 在下列两组标注焊缝符号的图形中，哪一幅是正确的？

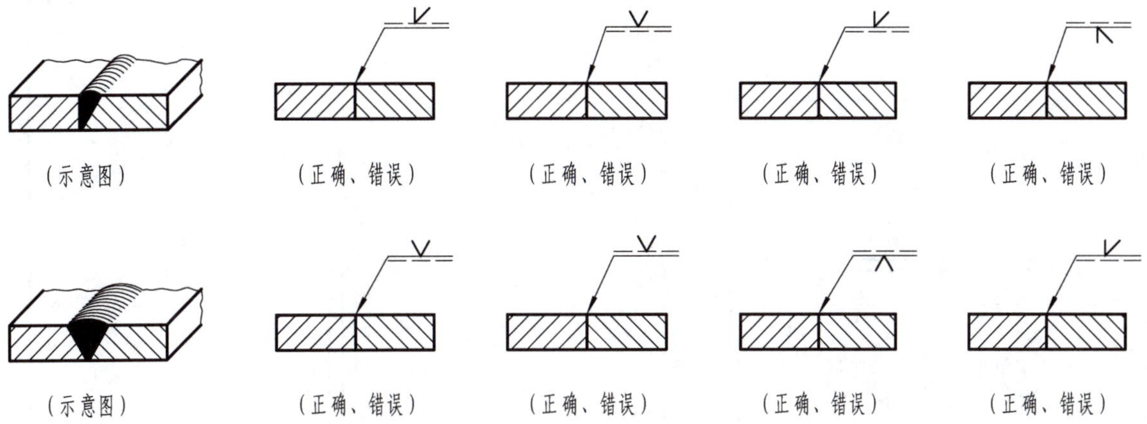

4-7-2 判断焊缝符号标注正确与否。

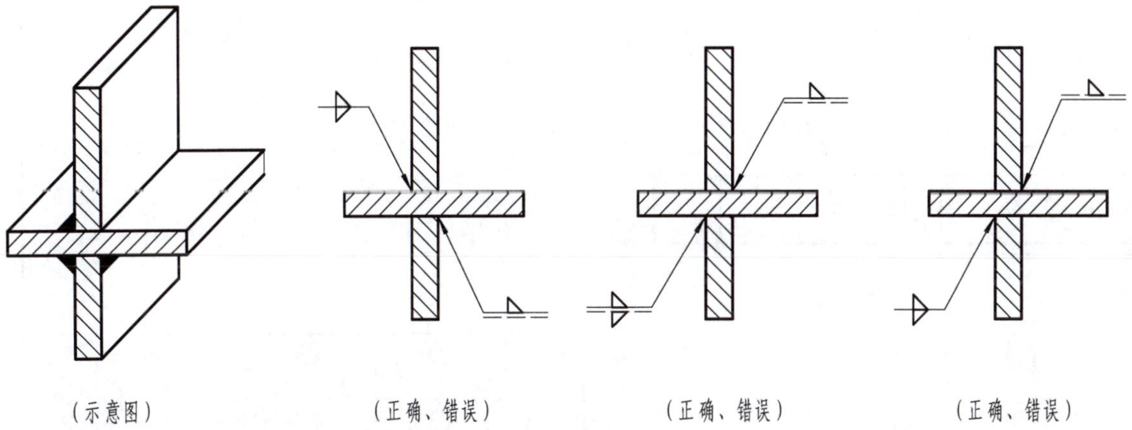

4-7-3 判断焊缝符号标注是否正确。

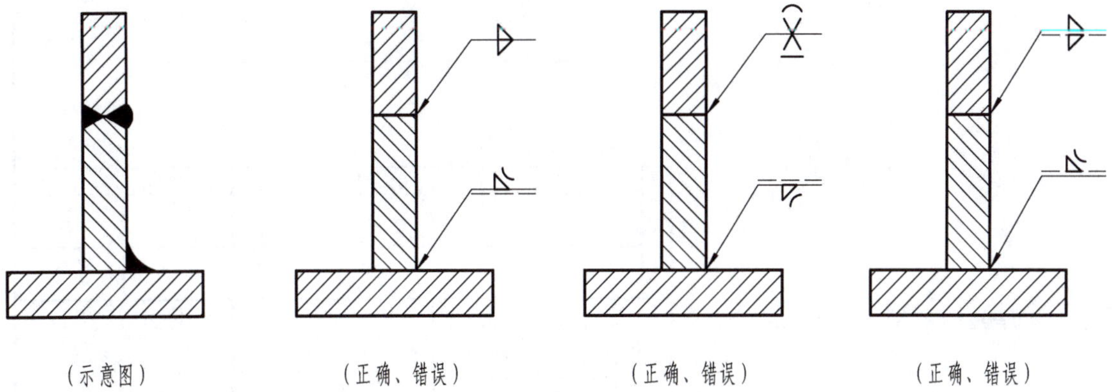

4-7-4 标注焊缝符号。

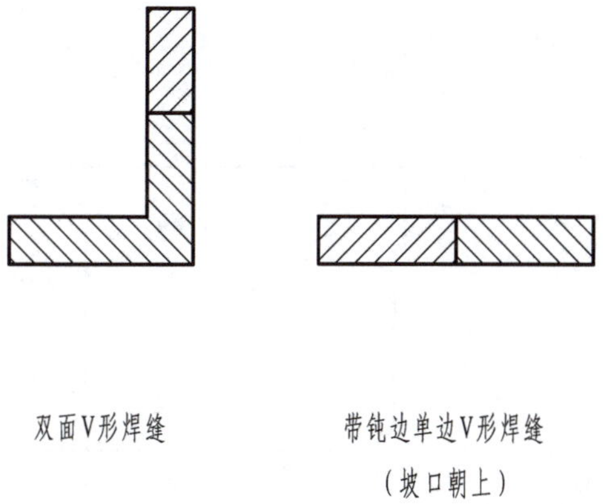

双面 V 形焊缝　　单面带钝边单边 V 形焊缝

（坡口朝上）

4-7-5 角钢两外侧（上方和右侧）与底板在现场用焊条电弧焊进行焊接，K=3mm。试在图上画出焊缝，并标注焊缝符号。

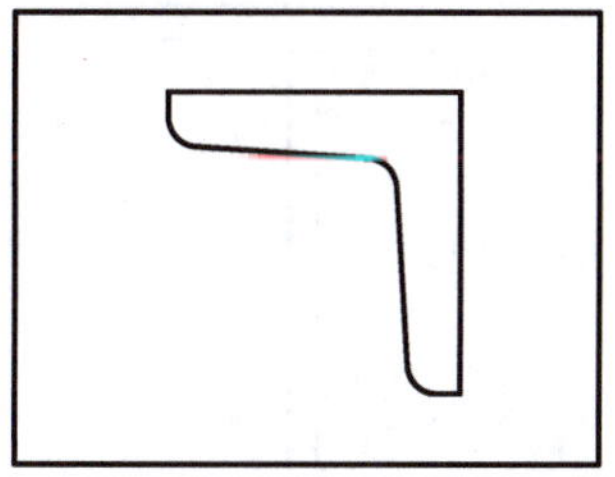

4-7-6 圆管外侧周围与底板焊接，焊接方法为氧乙炔焊，K=4mm。试在右侧视图中标注焊缝符号。

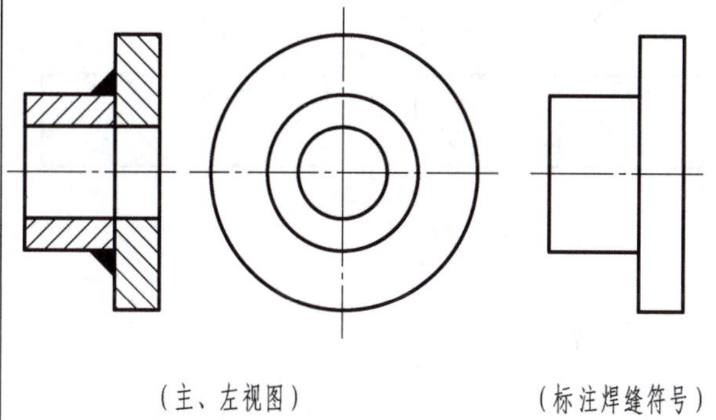

4-7-7 左图所示焊缝为单面角焊缝，焊脚尺寸为 4mm，其余尺寸如左图所示，试在右图中标注其焊缝。

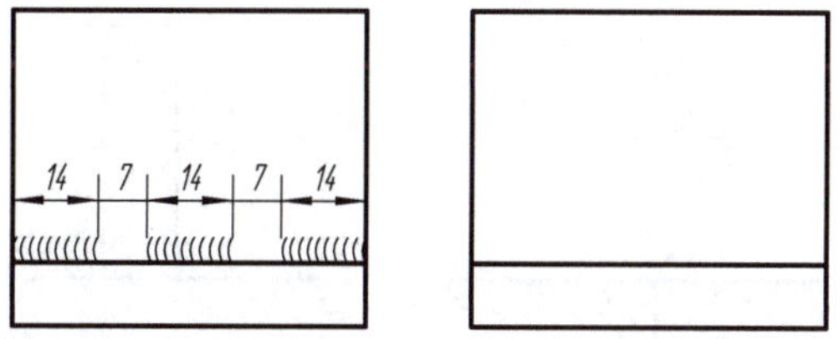

4-8-1 根据左图中的焊缝符号，在右图中画出焊缝图形，并标注焊缝尺寸。

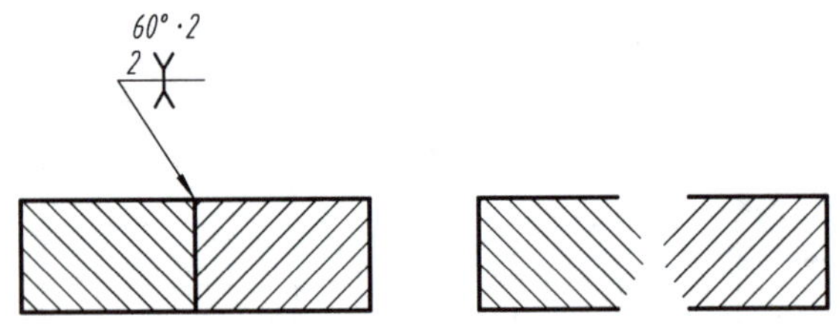

4-8-2 将焊缝符号表达的内容，用图示法表示出来。

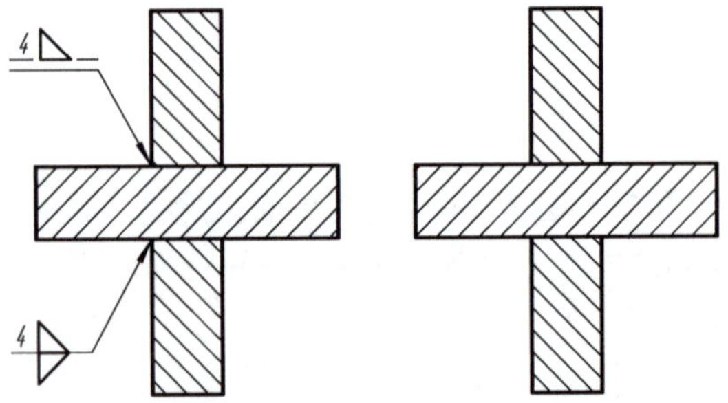

4-8-3 说明焊缝符号的含义。

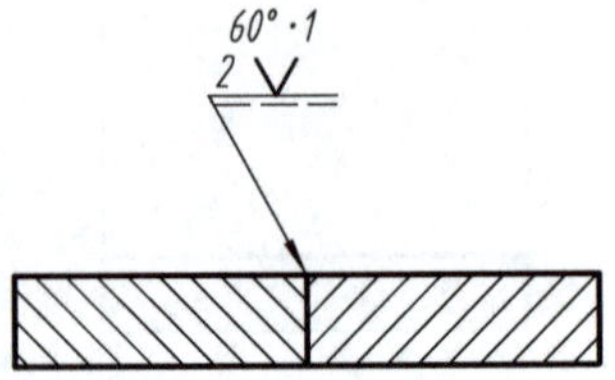

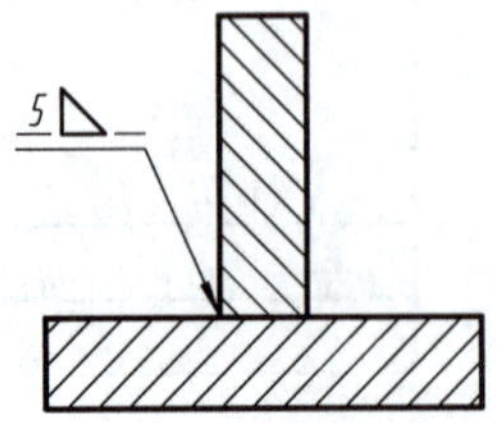

______侧______焊缝，

钝边高度为______，

根部间隙为______，

______为60°。

______侧____焊缝，

焊脚尺寸为______。

4-8-4 读上框架梁焊接图，说明图中5处焊缝标注的含义，并画出 *A—A*、*B—B*、*C—C* 三个断面图。

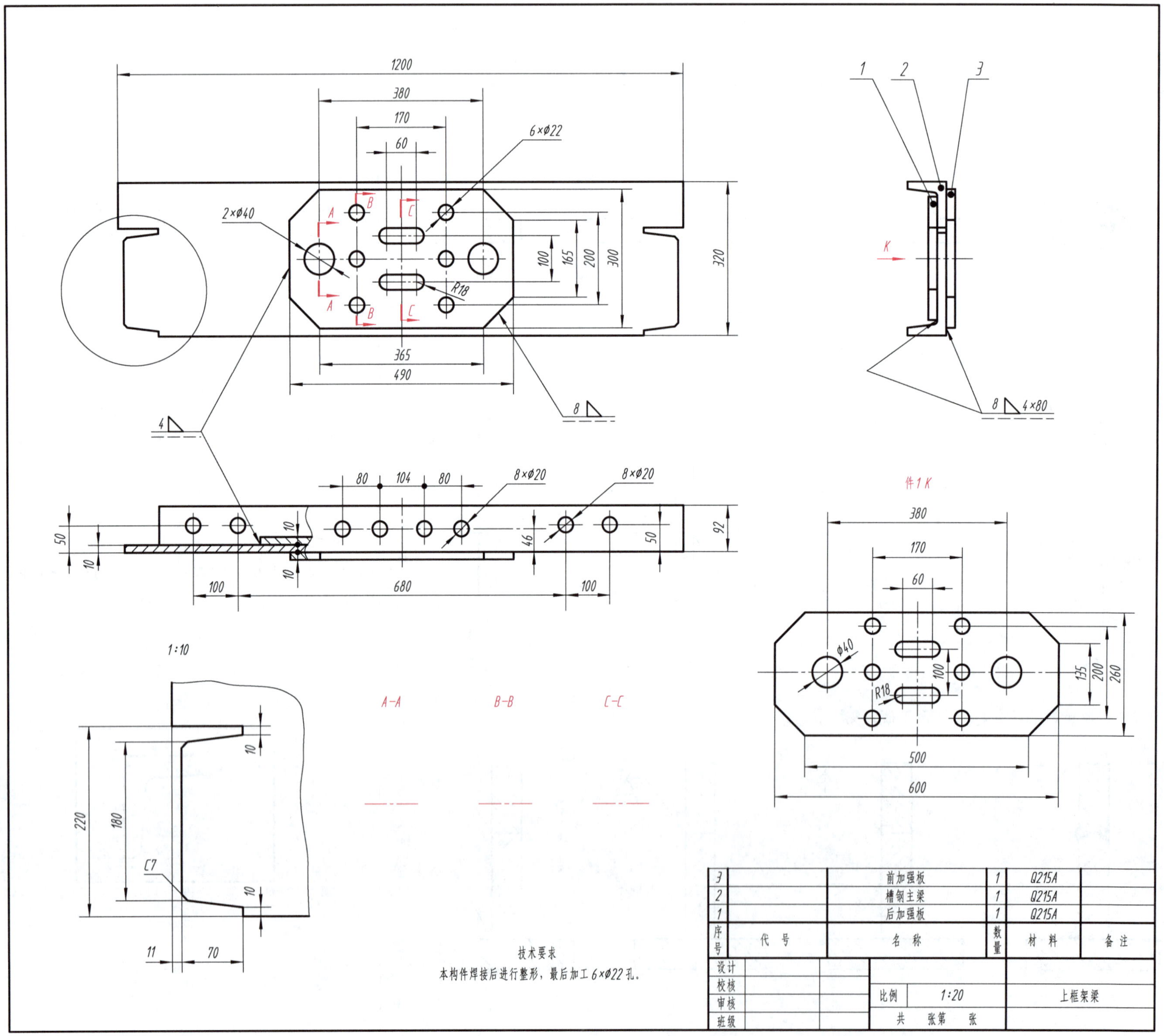

3		前加强板	1	Q235A	
2		槽钢主梁	1	Q235A	
1		后加强板	1	Q235A	
序号	代　号	名　称	数量	材　料	备　注

设计			
校核		比例	1:20	上框架梁
审核			
班级		共　张第　张	

技术要求

本构件焊接后进行整形，最后加工6×Φ22孔。

第五章　化工设备图

5-1　根据规定标记，查教材附录，注出下列化工设备标准零部件的尺寸

班级　　　　姓名　　　　学号

5-1-1　公称直径 1400mm、名义厚度 14mm、材质 16MnR、以内径为基准的椭圆形封头。

EHA　1400×14－16MnR　GB/T 25198－2010

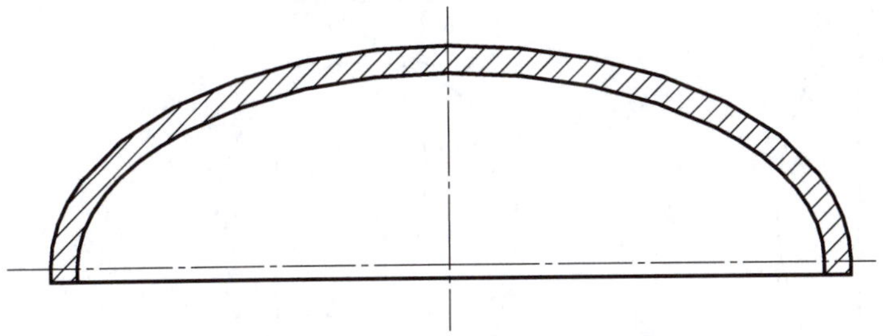

5-1-2　接管公称直径 d_N 为450mm、补强圈厚度为 14mm、坡口型式为 A 型、材料为 Q235B 的补强圈。

d_N450×14－A－Q235B　JB/T 4736－2002

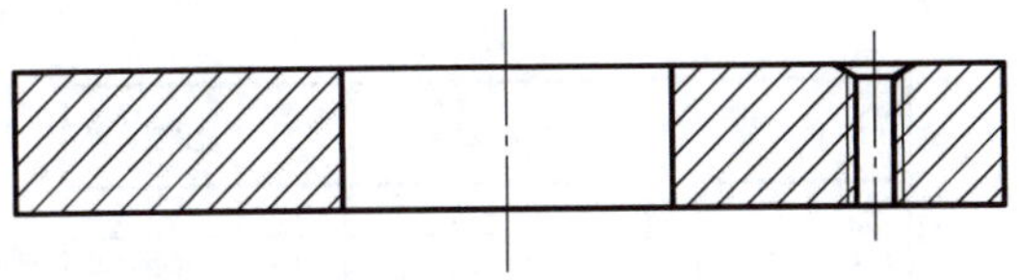

5-1-3　公称尺寸（见下表），公称压力 *PN*16，配用公制管的突面板式平焊钢制管法兰，材料为 Q235A。

HG/T 20592－2009　法兰　PL××（B）－16　RF　Q235A

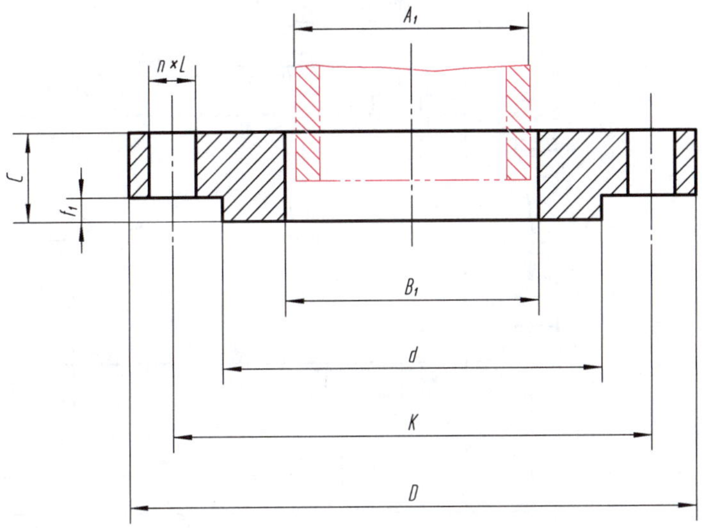

管口符号		*a*	$b_{1\text{-}4}$	*c*	*d*、*f*、*g*
公称压力/bar		16			
接管尺寸/mm		ϕ32×3.5	ϕ25×3	ϕ57×3.5	ϕ32×3.5
公称通径 *DN*					
法兰尺寸	A_1				
	B_1				
	D				
	K				
	d				
	C				
	f_1				
	$n\times L$				

5-1-4　公称直径 *DN*450、H_1=160、Ⅰ类材料、采用石棉橡胶板垫片的常压人孔。

人孔　Ⅰb（A-XB350）　450　HG/T 21515－2014

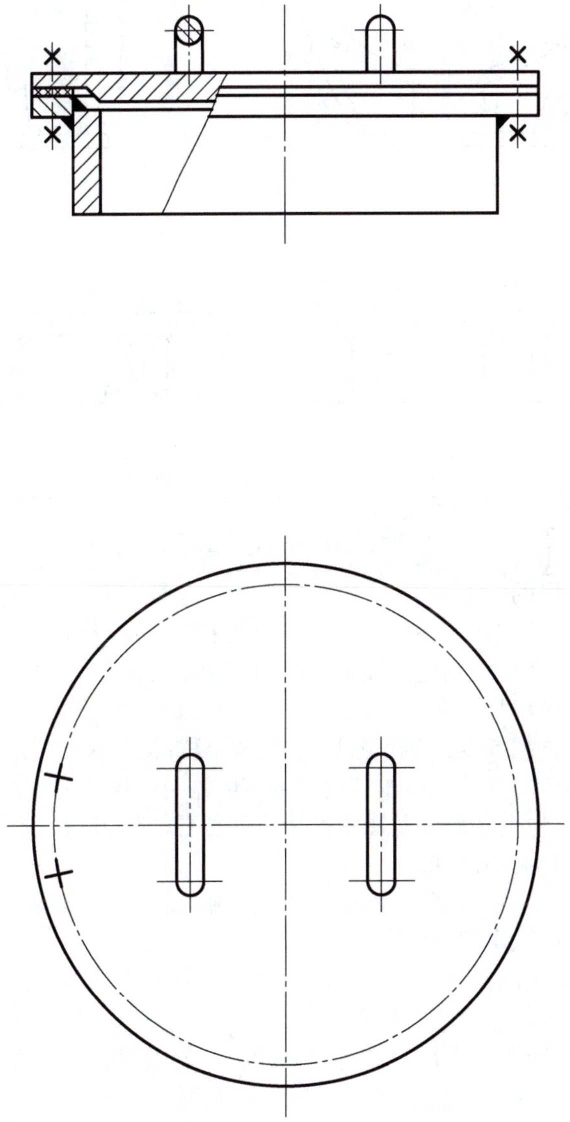

5-2-1　容器的公称直径为1400mm、支座包角为120°，重型，带垫板，标准高度的固定式焊制鞍座（鞍座材料Q235A·F）。

JB/T 4712.1—2007，鞍座　BⅠ　1400—F

JB/T 4712.1—2007，鞍座　BⅠ　1400—S

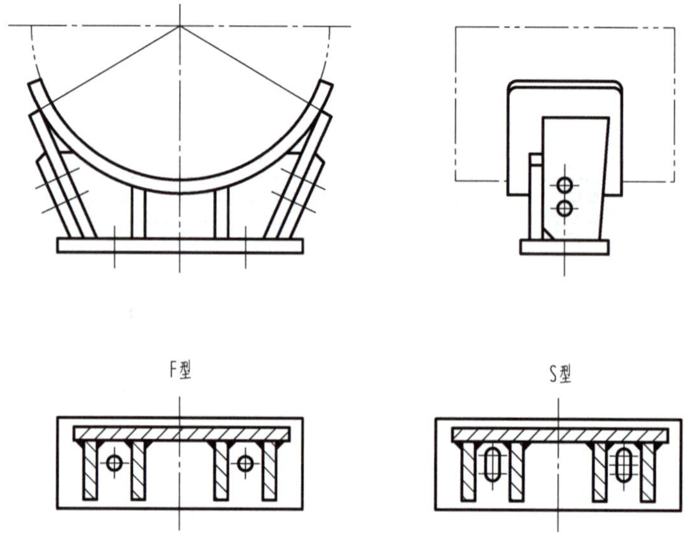

作业指导书（五）

一、目的

（1）熟悉并掌握化工设备装配图的内容及表达方法。

（2）掌握绘制化工设备装配图的基本方法。

二、内容与要求

（1）根据5-2-2中的液化石油气贮罐的装配示意图，结合5-2-1中各零部件的尺寸，拼画液化石油气贮罐装配图，并标注尺寸。

（2）根据装配示意图中所指定的位置，作出 *A*—*A* 剖视、局部放大图和局部剖视。

（3）用A2图纸、横放。绘图比例自定，铅笔加深。

三、注意事项

（1）画图前必须读懂装配示意图及有关零部件图，了解各零部件的连接关系及相对位置。

（2）布置图面时，要考虑标题栏、明细栏、管口表、技术特性表和技术要求的摆放位置，力争布局匀称。

（3）局部放大部位的结构，可参考教材附表15绘制。

（4）筒体、封头、接管等壁厚可不按比例适当夸大画出，但不要超过2.5mm。

（5）相邻零件剖面线的方向相反；同一零件剖面线的倾斜方向、间隔和倾斜角度要保持一致。

5-2-2　液化石油气贮罐装配示意图、管口表、技术特性表和技术要求。

液化石油气贮罐

(V_N=6m³)

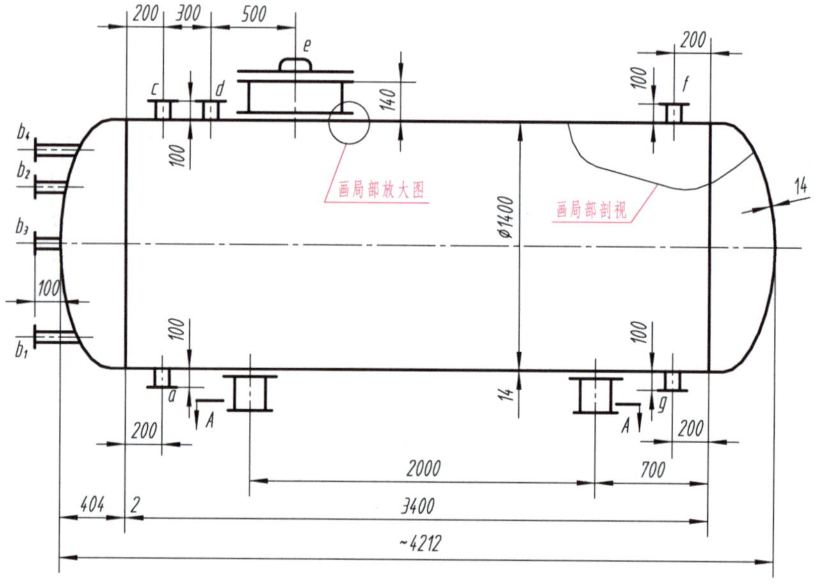

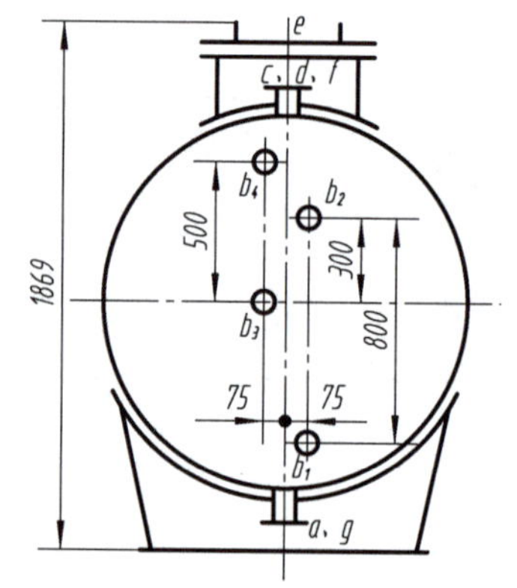

技术要求

1. 本设备按GB 150.4—2011《压力容器　第4部分：制造检验和验收》和《压力容器安全监察规程》进行制造、试验和验收。

2. 焊接采用焊条电弧焊。焊接材料、接头型式及尺寸按JB/T 4709—2000《钢制压力容器焊接规程》中规定，法兰焊接按相应法兰标准。

3. 壳体焊缝应进行无损探伤检查，检查长度为焊缝总长的100%。合格标准：超声波探伤按GB/T 3323—2005《锅炉和钢制压力容器对接焊缝超声波探伤》Ⅰ级；射线探伤按JB/T 1152—1981《金属熔化焊焊接接头射线照相》B级。

4. 设备焊接完毕后进行消除应力处理。

5. 设备制造完毕后，以2.5 MPa表压进行水压试验。水压试验合格后，以2.2MPa表压进行气密性试验。

技术特性表

公称压力/MPa	1.6	工作温度/℃	20
设计压力/MPa	2.2	设计温度/℃	30
物料名称	混合液化石油气		
焊缝系数φ	Ⅰ	腐蚀裕度/mm	3
容器类别	Ⅱ	容　积/m³	4.8

管口表

符号	公称尺寸	连接尺寸，标准	连接面形式	用途或名称
a	25	HG/T 20592—2009	凹面	进料口
b_{1-4}	20			液面计接口
c	50	HG/T 20592—2009	平面	安全阀口
d	25	HG/T 20592—2009	凹面	压力表口
e	450	HG/T 21515—2014		人　孔
f	25	HG/T 20592—2009	凹面	放空阀口
g	25	HG/T 20592—2009	凹面	出料口

读懂冷凝器装配图（5-4），回答下列问题

（1）图上零件编号共有______种，其中标准化零部件有______种。接管口有___个。

（2）设备管间工作压力为__________，管内工作压力为___________，管间的设计温度为_________，管内的设计温度为__________，换热面积为___________。

（3）装配图采用了___个基本视图。一个是_____视图，另一个是_____视图。主视图采用的是________的表达方法，另一视图采用的是__________的表达方法。

（4）$B-B$ 剖视图表达了_______型和_______型鞍式支座，两种支座的_________结构不同，为什么？______________________________________

（5）图样中采用了___个局部放大图，主要表达了_______与_______和________与________的连接方式，同时也表达了的____________结构以及23号件的结构形状。

（6）该冷凝器共有______根换热管，管子的长度为___________，壁厚为_________。管内走______，管外（壳程）走________。试在图中用铅笔画出两种流体的走向。

（7）冷凝器的内径为____________，外径为__________；该设备总长为____________，总高为___________。

（8）换热管与管板连接方式为_______，而封头与筒体用___个______联接。

（9）试解释“法兰　PL　25（B）-16　RF”（件14）的含义。

PL：____________________________

25：____________________________

B：____________________________

16：____________________________

RF：____________________________

（10）拆画件4、件8零件图（比例1∶5）并标注尺寸。

冷凝器工作原理

冷凝器是进行热量交换的通用设备。在化工生产中，对流体加热或冷却，以及液体汽化或蒸气冷凝等过程都需要进行热量交换，因而需要冷凝器。

它的工作原理是：两种介质各自通过管内及管间进行热量交换。

固定管板式冷凝器是列管式换热器的一种。它主要由固定在管板上的管子、管板和壳体组成。这种换热器的结构比较简单、紧凑，便于清洗管内及更换管子，但清洗管外比较困难，适用于壳程介质清洁，不易结垢，管内需清洗及温差比较小的场合。

卧式换热器用鞍式支座固定在基础上。

5-3-1　拆画冷凝器件4（椭圆封头）零件图。

5-3-2　拆画冷凝器件8（补强圈）零件图。

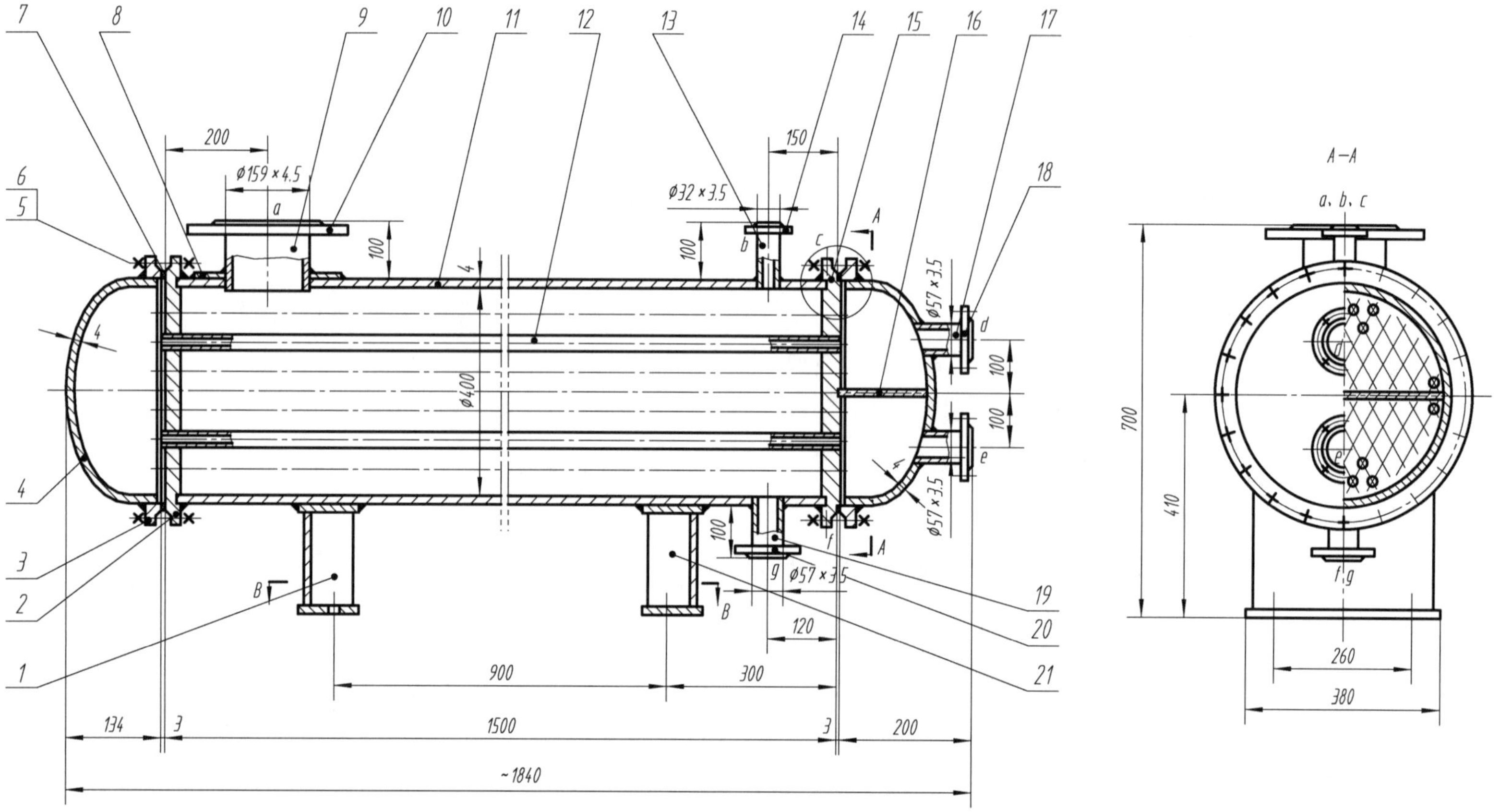

技术特性表

内容	管内	管间
工作压力/MPa	0.3	0.15
设计温度/℃	20	55
物料名称	水	料气
换热面积/m²	17	

管口表

符号	公称尺寸	连接尺寸,标准	连接面形式	用途或名称
a	150	HG/T 20592—2009	平面	料气入口
b	25	HG/T 20592—2009	平面	放空口
c		G1/4	螺纹	排气孔
d	50	HG/T 20592—2009	平面	出水口
e	50	HG/T 20592—2009	平面	进水口
f		G1/4	螺纹	放水口
g	50	HG/T 20592—2009	平面	冷凝液出口

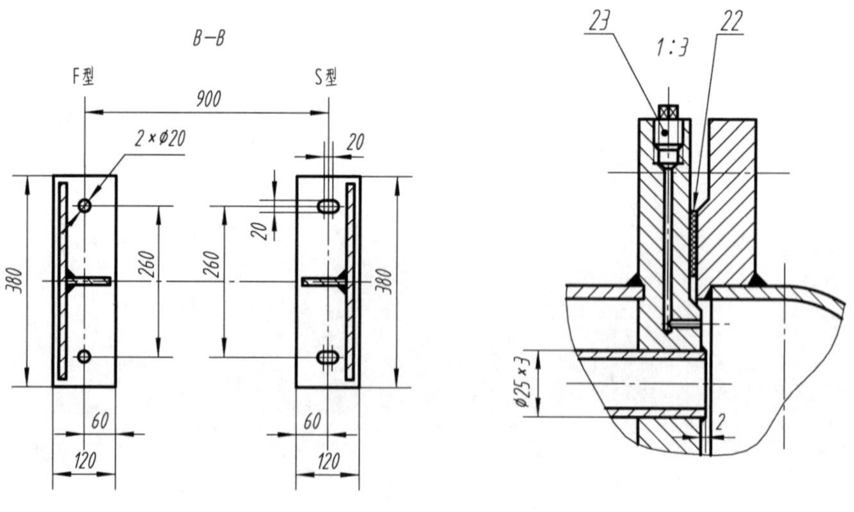

技术要求

1. 本设备按 GB 150.4—2011《压力容器 第4部分：制造检验和验收》和《压力容器安全监察规程》进行制造、试验和验收。

2. 焊接采用焊条电弧焊，焊接材料、接头型式及尺寸按 JB/T 4709—2000《钢制压力容器焊接规程》中规定，法兰焊接按相应法兰标准。

3. 壳体焊缝应进行无损探伤检查，检查长度为焊缝总长的 100%。合格标准：超声波探伤按GB/T 3323—2005《锅炉和钢制压力容器对接焊缝超声波探伤》Ⅰ级；射线探伤按 JB/T 1152—1981《金属熔化焊焊接接头射线照相》B级。

4. 设备焊接完毕后进行消除应力处理。

5. 设备制造完毕后，以 2.5 MPa表压进行水压试验。水压试验合格后，以 2.2 MPa表压进行气密性试验。

设备总质量：850 kg

序号	代号	名称	数量	材料	备注
23		管堵 G1/4	2	Q235A	
22	HG/T 20606—2009	垫片 RF 400—1.6	1	石棉橡胶板	
21	JB/T 4712.1—2007	鞍座 BⅠ400—F	1	Q235A·F	
20	HG/T 20592—2009	法兰 PL 50(B)—1.6 RF	1	Q235A	
19		接管 Ø57×3.5	1	10	l=110
18	HG/T 20592—2009	法兰 PL 50(B)—1.6 RF	2	Q235A	
17		接管 Ø57×3.5	2	10	l=120
16		隔板	1	Q235A	l=6
15		管板	1	Q235A	l=22
14	HG/T 20592—2009	法兰 PL 25(B)—1.6 RF	1	Q235A	
13		接管 Ø32×3.5	1	10	l=110
12		接管 Ø25×3	98	10	l=1510
11	GB/T 9019—2015	筒体 DN400×4	1	Q235A	H=1465
10	HG/T 20592—2009	法兰 PL 150(B)—1.6 RF	1	Q235A	
9		接管 Ø159×4.5	1	10	l=120
8	JB/T 4736—2002	补强圈 d_N150×4—A	1	Q235A	
7	HG/T 20606—2009	垫片 RF 400—1.6	1	石棉橡胶板	
6	GB/T 6170—2015	螺母 M16	40		
5	GB/T 5782—2016	螺栓 M16×60	40		
4	GB/T 25198—2010	封头 EHA 400×4—Q235A	2		
3	NB/T 47021—2012	法兰 RF 400—1.6	2	Q235A	
2		管板	1	Q235A	l=22
1	JB/T 4712.1—2007	鞍座 BⅠ1400—S	1	Q235A·F	

设计				
校核				冷凝器
审核			比例 1∶10	
班级			共 张第 张	F=17m²

第六章　建筑施工图

6-1　复习建筑施工图内容，按要求完成下列题目

班级　　　　姓名　　　　学号

6-1-1　回答下列问题。

（1）按房屋的基本组成和作用，可将其分为______结构、______结构、______结构、________结构、______结构和______________结构。

（2）一套建筑施工图包括__________、__________图、__________图和__________图。

（3）常以建筑物的首层室内地面作为零点标高，注写成________；建筑标高要求注写到小数点后第____位。

（4）建筑施工图中的尺寸以______为单位，而表示楼层地面的标高以______为单位。

（5）在平面图中，门的代号用______表示，窗的代号用______表示。

（6）在平面图和剖面图中，与剖切平面接触的轮廓线用________线表示，其余可见轮廓线用________线或________线表示，定位轴线用________________线表示。

（7）在立面图中，最外轮廓线用________线表示，门窗洞、台阶等主要结构用__________线表示，其他次要结构用_______线表示，地坪线用__________线表示。

6-1-2　回答下列问题。

（1）一般房屋有四个立面，通常把反映房屋主要出入口的立面图称为__________图，其背后的立面图称为__________图，左、右侧的立面图各称为__________图和__________图。

（2）建筑物的朝向是根据房屋主出入口所对方向确定的，一般根据房屋朝向将立面图分为__________图、__________图、__________图和__________图。

（3）建筑施工图中的____________，相当于机械图样中的主视图；建筑施工图中的__________，相当于机械图样中的俯视图；建筑施工图中的__________，相当于机械图样中的剖视图。

（4）定位轴线编号的圆圈用________线绘制，其直径为________mm。在平面图上，横向编号采用______________从左向右依次编写；竖向编号用______________________________自下而上顺序编写。

（5）立面图最外轮廓线用________线表示，门窗洞、台阶等主要结构用__________线表示，其他次要结构（如窗扇的开启符号、水刷石墙面分格线、雨水管等）用_______线表示。

6-1-3　加深平面图中的图线；注写轴线的编号；根据图中已有的尺寸，补全图中所缺的尺寸（轴线位于墙的中间）；注写门（M）、窗（C）的编号。

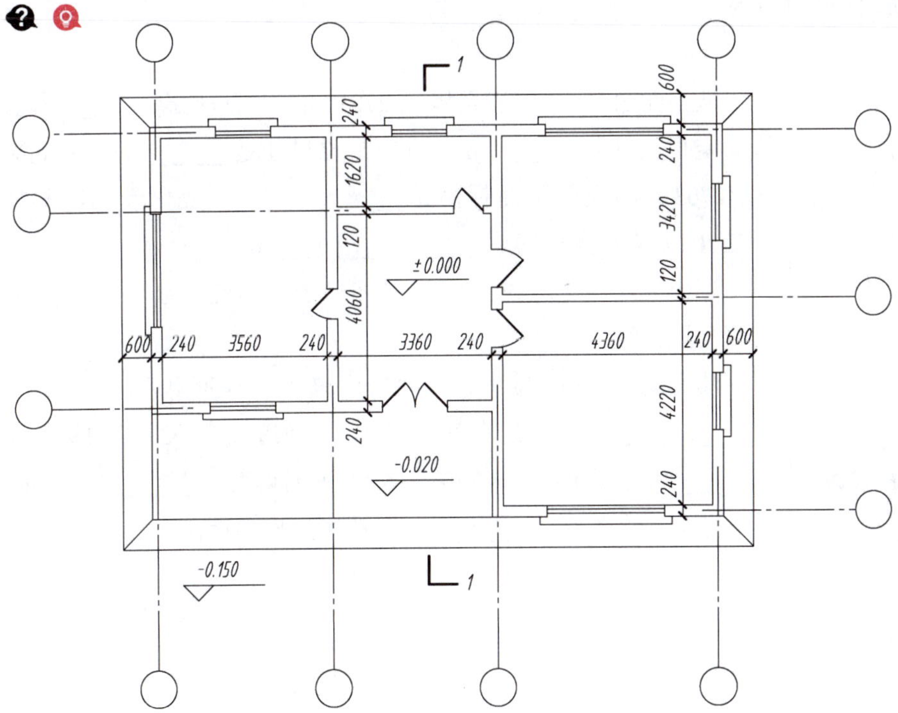

平面图 1:100

6-1-4　根据建筑制图标准的规定，加深南立面图和西立面图中的图线；注写轴线编号；注写标高尺寸；参照 6-1-3 平面图，绘制 1—1 剖面图。

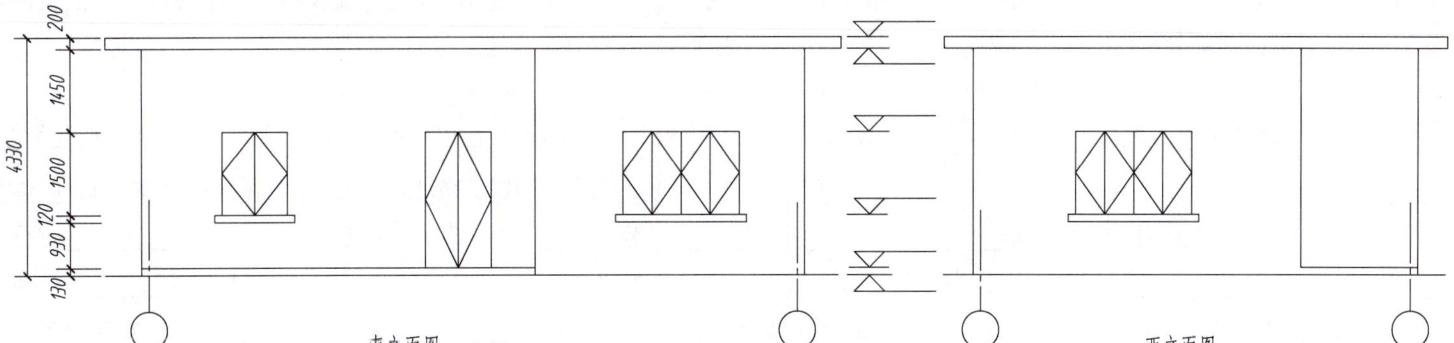

南立面图 1:100　　西立面图 1:100

1—1 剖面图 1:100

第七章　化工工艺图

7-1　复习管道及仪表流程图内容，回答下列问题

班级　　　　　　　姓名　　　　　学号

7-1-1　复习管道及仪表流程图内容，回答下列问题。

（1）工艺方案流程图亦称____________或____________。

（2）工艺管道及仪表流程图亦称______、或______________、或__________________。

（3）机械制图的图线宽度分为____种，化工工艺图的图线宽度分为____种。

（4）化工工艺图的图线宽度分为：粗线宽___________mm、中粗线宽___________mm、细线宽____________mm。

（5）在工艺管道及仪表流程图中，______________用粗线绘制，_______________用中粗线绘制。

（6）在设备布置图中，“设备轮廓”用________线绘制，“设备支架和设备基础”用_________线绘制。

（7）用单线绘制的管道布置图中，“管道”用________线绘制，“法兰及阀门”用_______线绘制。

（8）在工艺管道及仪表流程图中，仪表位号中的__________填写在圆圈的上半圆中，____________填写在圆圈的下半圆中。

（9）在工艺管道及仪表流程图中，气液两相流工艺物料用_________表示；仪表用空气用______表示；润滑油用______表示；冷冻盐水回水用_______表示；工艺液体用______表示。

（10）管道号由三个单元组成，即_________号、_________号、______________号。

（11）管道应标注四部分内容，即________、______________、____________、_________________，总称为管道组合号。

（12）仪表图形符号是一个直径为_____mm 的细实线圆圈。

（13）在工艺方案流程图中，用__________画出各设备之间的主要物料流程；用____________画出其他辅助物料的流程线。流程线一般画成________线和________线，转弯画成________。

（14）当同一物料线交错时，按流程顺序_____不断、____断；不同物料线交错时，_____________不断，_______________断。

7-1-2　阅读管道及仪表流程图（7-2-1），回答下列问题。

（1）阅读标题栏及首页图（见教材图 7-1），从中了解图样名称和图形符号、代号等意义。

（2）了解设备名称、位号及数量，大致了解设备的用途。

该工段共有设备______台，自左到右分别为___________、_________、________________、____________、____________、____________、____________、____________、____________、____________、____________、____________、________________、________________、______________。其中静设备____台，动设备____台。

（3）阅读流程图，了解主物料介质流向。

其主流程是，原料油与介质_____在设备_______________内混合搅拌后，去圆筒炉加热。混合前，原料在设备_______________内与________油通过热量交换进行预热。

对影响润滑油使用性能的轻质组分，在塔顶通过设备_____________和设备______________抽入 V2702 集油槽进行回收。

（4）了解各种介质与主物料如何接触和分离。

白土与原料油混合后，吸附了润滑油原料中的机械杂质、胶质、沥青等，再通过设备____________________进行分离。

（5）看动力系统流程，了解蒸汽用途。

T2701 精馏塔底吹入介质____________，携带轻质馏分到塔顶并进入 E2702 冷凝器________。循环冷却水来自______________，分为_____路，其中一路去设备_______________进行喷淋，另一路经过设备___________________后，去__________塔。

（6）看仪表控制系统，了解各种仪表安装位置以及测量和控制参量。

在往复泵出口，就地安装有___________仪表，在离心泵出口，就地安装有______________仪表。原料油与白土混合后，在设备___________内部和出口，通过仪表测量并控制其________参量。

7-1-3　阅读设备布置图（7-2-2），回答下列问题。

（1）概括了解。

由标题栏可知，该图为润滑油精制工段的设备布置图，共有两个视图：一个是________图，一个是_____________图。

（2）了解建筑物的结构，尺寸及定位。

该图画出了厂房定位轴线___________和________，其横向轴线间距为________m，纵向间距为________m，该厂房地面标高为___________m。

（3）了解设备布置情况（要求填写设备的名称和代号）。

图中一共绘制了_____台设备，分别布置在编号为_____的塔区和编号为______的泵区。

在厂房内（泵区）安装有____台动设备，对照润滑油精制工段管道及仪表流程图，其中有两台______泵和两台______泵。

在厂房外（塔区）布置了____台静设备；地面上设备从左到右依次是_________________、_________________、________________、____________________、________________；塔顶平台从左到右依次是__________________、____________________。

（4）看平面图和剖面图。

从平面图中可知，精馏塔（T2701）的支承点标高是_______m，横向定位尺寸是_______m，纵向定位尺寸是_______m。中间罐（V2703）的支架顶面标高是_______________m。套管冷却器（E2703）支承点标高是_______________m。

两台蒸汽往复泵（P2702 和 P2705）的基础尺寸为___×____m，其两泵轴线间距为______m。

从剖面图可知，喷射泵（P2704）安装在塔顶附近，其标高为______________m。精馏塔（T2701）下部的原料入口管口标高为_________m，中间罐（V2703）入口管口标高为_____________m。

图中右上角有_______标，指明了厂房和设备的_________。

7-2 管道及仪表流程图和设备布置图图例

7-2-1 润滑油精制工段管道及仪表流程图。

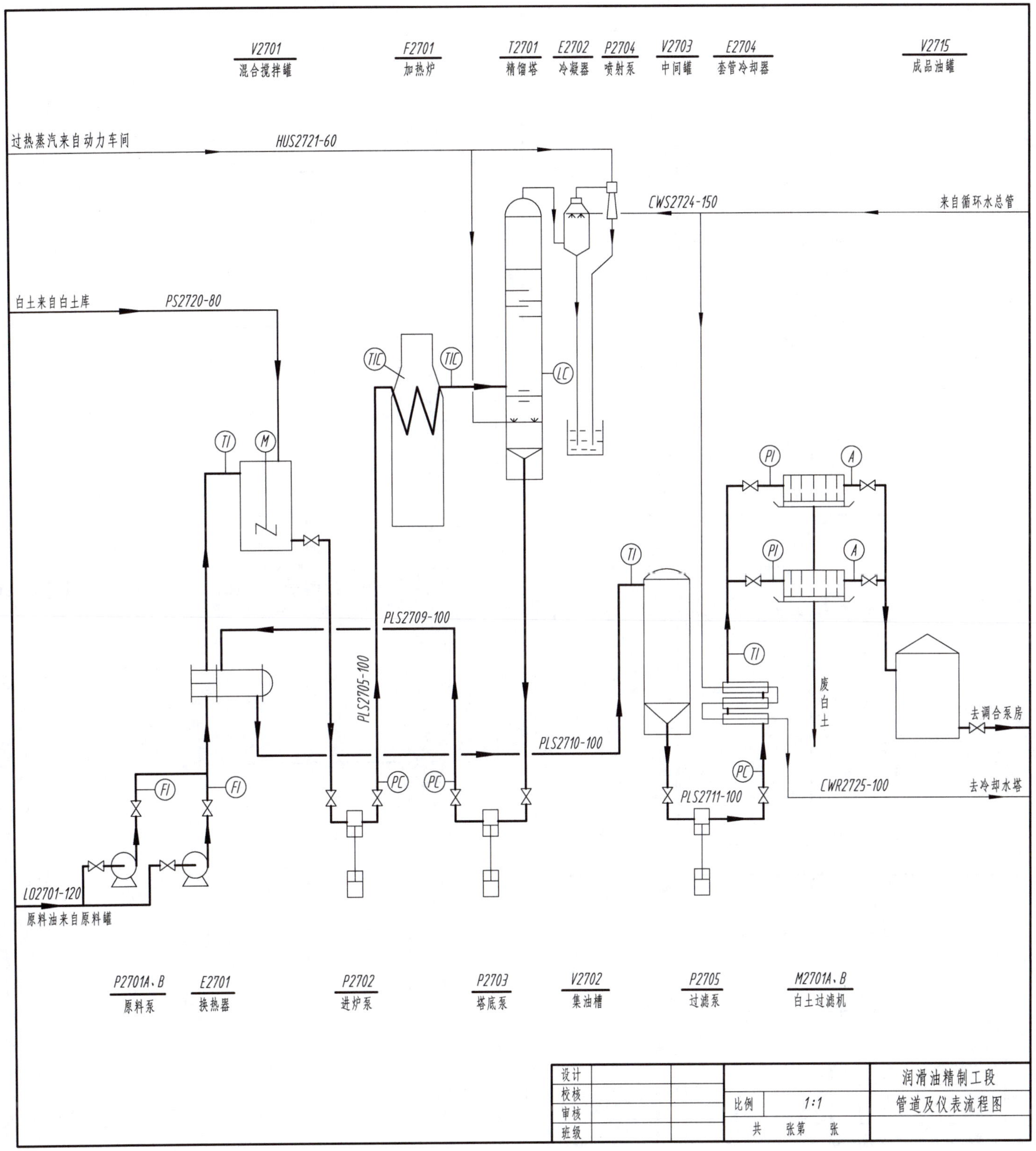

7-2-2 润滑油精制工段设备布置图。

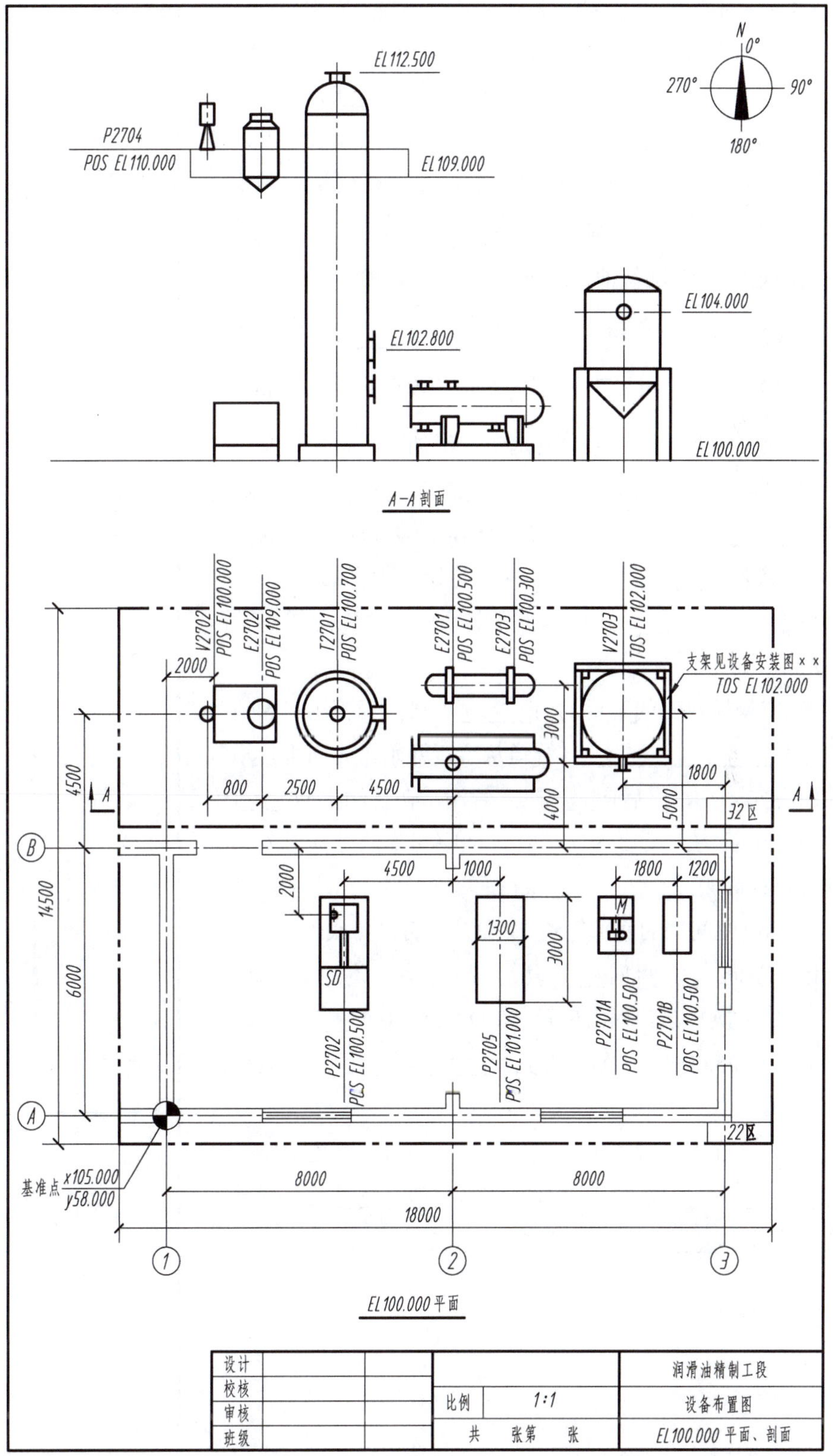

7-3-1 阅读润滑油精制工段（部分）管道布置图（7-3-2），回答问题。

（1）该图共用了_____个视图，一个是________图，一个是______图。该图画出了设备__________的___个管口和设备______________的___个管口的管道布置情况。

（2）图中厂房有纵向定位轴线___，横向定位轴线②、③的间距为___m。建筑轴线②确定了设备________法兰面的定位，该设备轴线距纵向定位轴线Ⓑ____m。

（3）建筑轴线③确定了设备__________中心线的横向定位为_______m，其中心距纵向定位轴线Ⓑ____m。

（4）接管口有三部分管道：润滑油原料自原料泵沿管沟方向来，从换热器___________进入、从______出来、去____________罐；白土与原料油混合物料，自塔底泵来，从换热器_________进入，从换热器壳程下部$\boxed{d}$出来，然后去__________；中间罐底部管道沿________去过滤泵房。

（5）换热器的管口均为______连接，壳程出口管道编号为_________________。管道从出口开始，先向下，沿地面再向____，然后向____进入管沟，在管沟里向____，再向上出管沟，最后拐向____，从中间罐的上部进入，其管口标高为______________m。

（6）中间罐的底部管道 PLS2711，自设备底部向___，沿地面拐向___，再向___，然后向下进入管沟。

（7）换热器管程出口管道 LO2705-80 的_______标高为 EL105.000m，经过编号为___________的管架去白土混合罐。

（8）在设备 V2703_____________的入口管道上安装有____________仪表。在设备 E2701____________的出口管道上安装有____________仪表。

7-3-2 润滑油精制工段（部分）管道布置图。

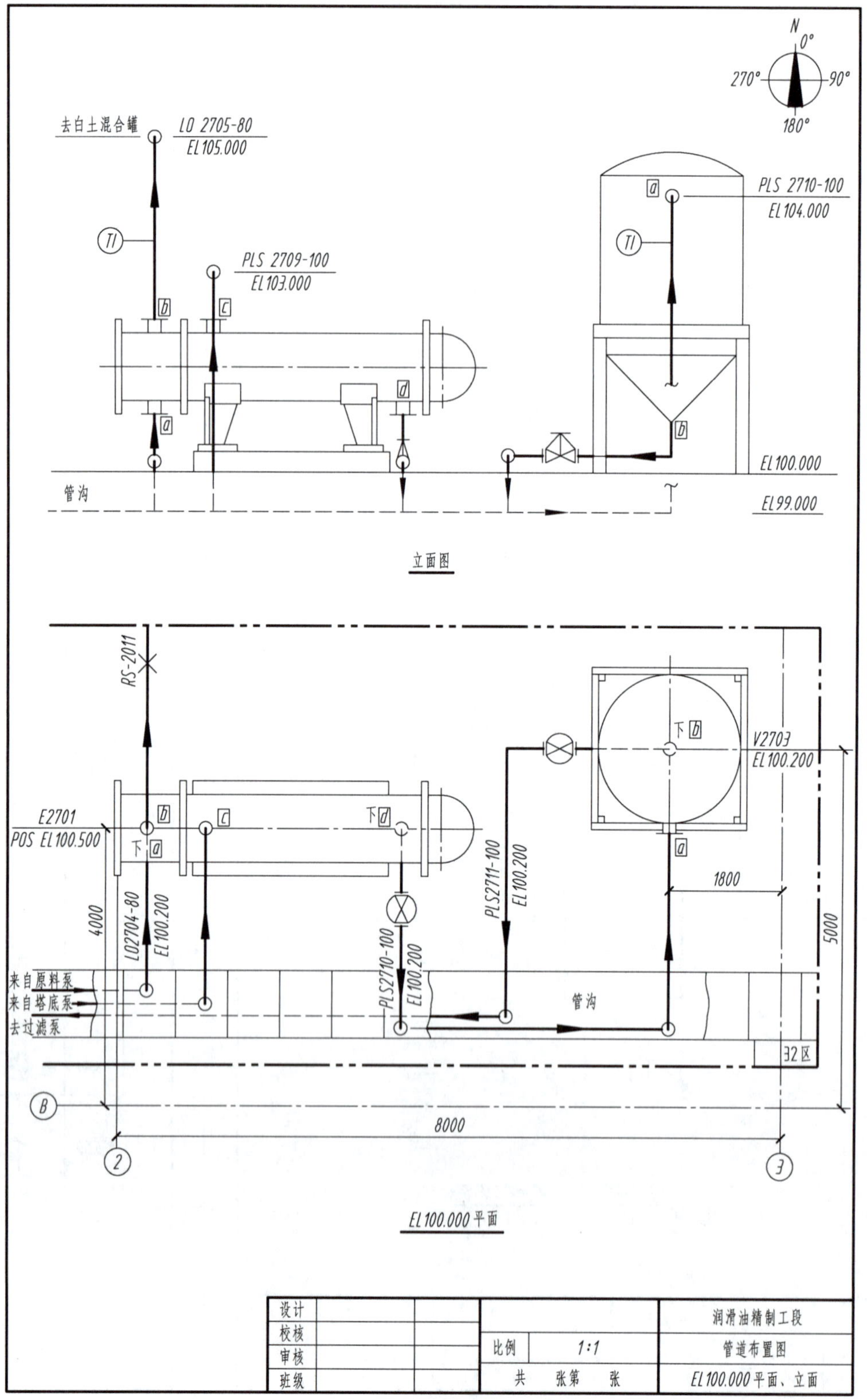

7-3-3 根据管道平面图和立面图，画出其左视图。

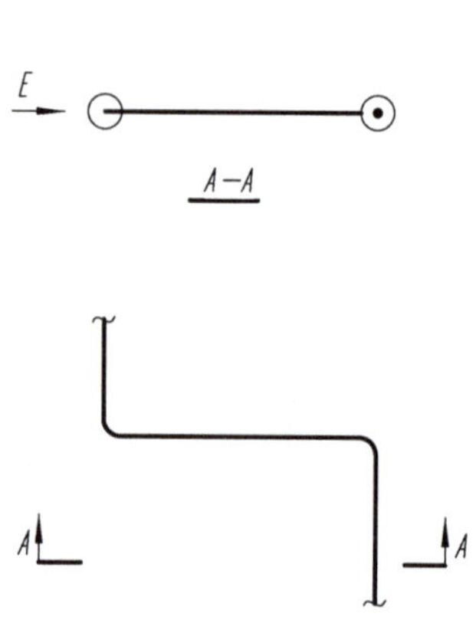

7-3-4 根据管道平面图和立面图，画出其左视图。

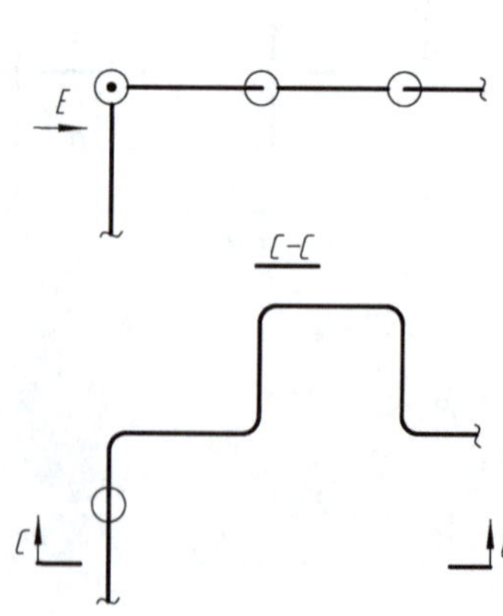

8-1　抄画平面图形

8-1-1　按 1∶1 的比例抄画平面图形，不注尺寸。

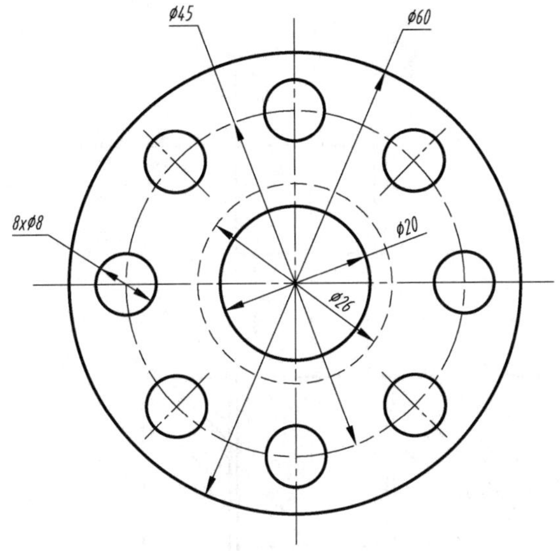

8-1-2　按 1∶2 的比例抄画平面图形，不注尺寸。

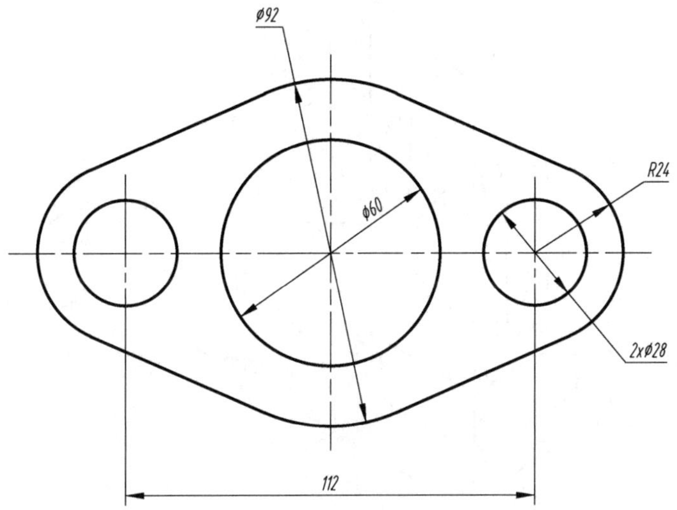

8-1-3　按 1∶1 的比例抄画平面图形，并标注尺寸。

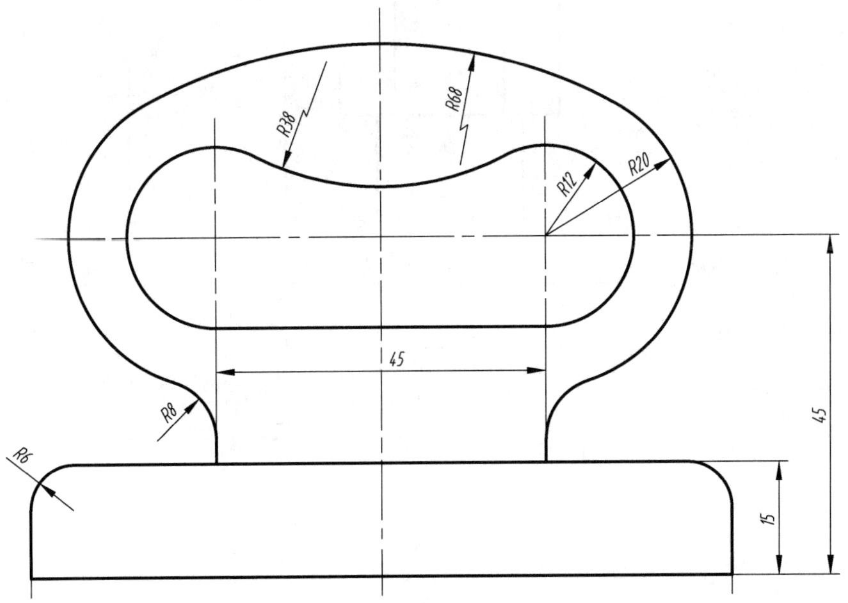

8-1-4　按 1∶2 的比例抄画平面图形，并标注尺寸。

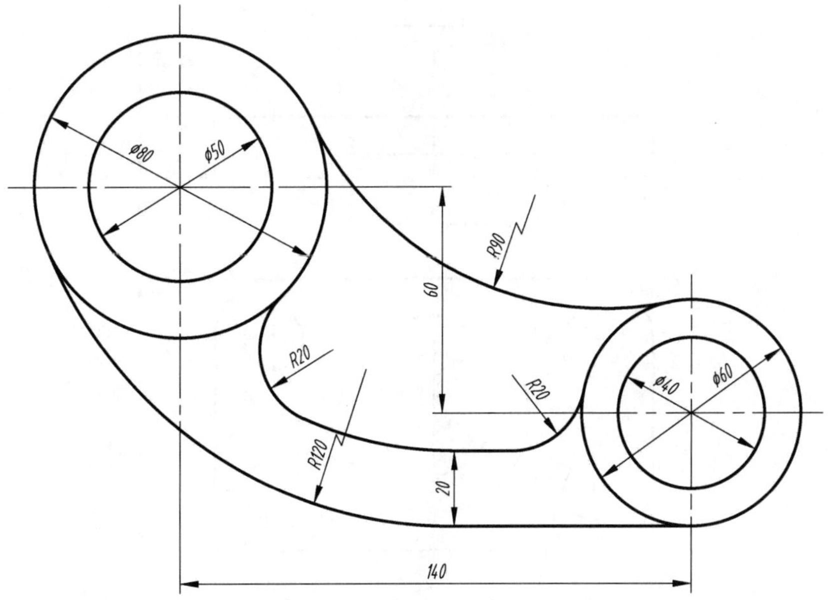

8-2 绘制三视图：补画全剖的左视图；绘制等长双头螺柱连接图

8-2-1 由轴测图绘制三视图，不注尺寸。

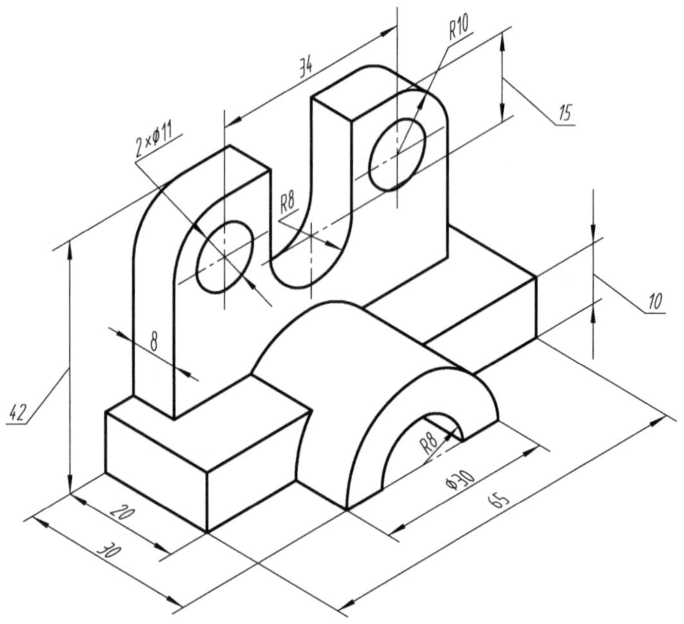

8-2-2 根据主、俯视图，补画全剖的左视图，不注尺寸。

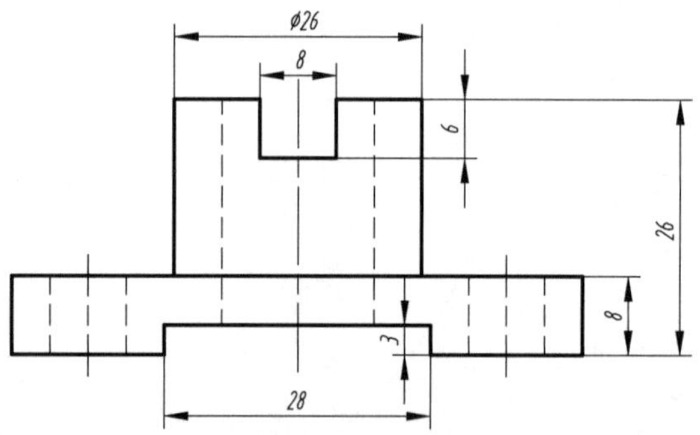

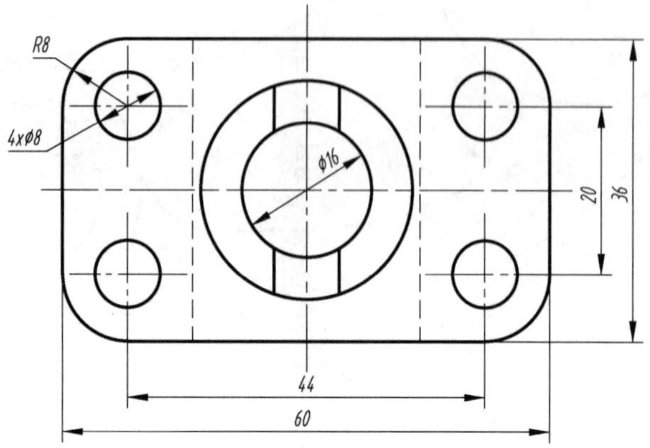

8-2-3 已知管法兰型号为“HG/T 20592 法兰 PL250（B）-1.6 FF Q235A”，根据图中的尺寸，查教材附录，按1∶1的比例，绘制等长双头螺柱联接图（采用简化画法）。

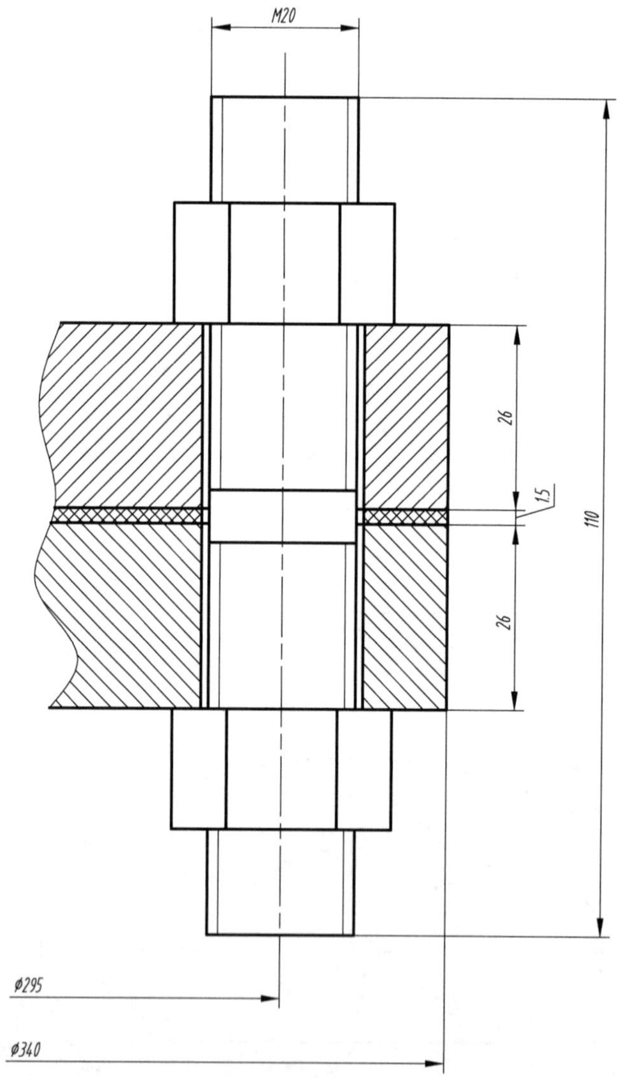

参 考 文 献

[1] HG/T 20519—2009．化工工艺设计施工图内容和深度统一规定．

[2] 成大先．机械设计手册［M］．6版．北京：化学工业出版社，2017．

[3] 董大勤，袁凤隐．压力容器设计手册［M］．2版．北京：化学工业出版社，2014．

[4] 胡建生．化工制图习题集［M］．4版．北京：化学工业出版社，2018．

[5] 胡建生．工程制图习题集［M］．7版．北京：化学工业出版社，2021．

郑 重 声 明